高等学校理工科材料类规划教材

Surface Non-Destructive Testing Technology

表面无损检测技术

陈军 罗忠兵 编著

大连理工大学出版社
Dalian University of Technology Press

图书在版编目(CIP)数据

表面无损检测技术 / 陈军,罗忠兵编著. -- 大连 : 大连理工大学出版社,2019.12
ISBN 978-7-5685-2196-3

Ⅰ.①表… Ⅱ.①陈… ②罗… Ⅲ.①表面—无损检验 Ⅳ.①TG115.28

中国版本图书馆 CIP 数据核字(2019)第 184656 号

表面无损检测技术
BIAOMIAN WUSUN JIANCE JISHU

大连理工大学出版社出版

地址:大连市软件园路 80 号　邮政编码:116023
发行:0411-84708842　邮购:0411-84703636　传真:0411-84701466
E-mail:dutp@dutp.cn　URL:http://dutp.dlut.edu.cn

辽宁星海彩色印刷有限公司印刷　　大连理工大学出版社发行

幅面尺寸:185mm×260mm	印张:15.75	字数:360 千字
2019 年 12 月第 1 版		2019 年 12 月第 1 次印刷

责任编辑:李宏艳　　　　　　　　　　责任校对:周　欢
封面设计:冀贵收

ISBN 978-7-5685-2196-3　　　　　　　定价:39.00 元

前　言

无损检测技术是在物理学、材料科学、机械工程、电子学、计算机技术以及人工智能等学科的基础上发展起来的,广泛应用于产品设计、加工制造、成品检验、质量评价及寿命评估各个阶段,得到了学术界和工程界的广泛重视。

无损检测技术以不损害被检验对象的使用性能为前提,应用多种物理和化学原理,对各种工程材料、结构件进行检验和测试,评价它们的连续性及某些物理性能,为结构完整性和可靠性评估提供支撑,包括探测材料或构件中有无缺陷,并对缺陷的形状、大小、方位、取向、分布和内含物等情况进行判断;还可以提供组织分布、应力状态以及某些力学和物理量等信息。

无损检测技术体经历了从无损探伤、无损检测、无损表征到无损评价的发展历程,新理论、新技术、新设备不断涌现,各种无损检测技术相辅相成,在国民经济和社会发展中发挥了重要作用。表面无损检测技术是无损检测技术体系中的重要组成部分,它是指能够进行表面和近表面检测的相关技术。事实上,除涡流检测、渗透检测和磁粉检测等传统表面检测技术外,其他一些技术如超声检测,也能够对表面和近表面的质量状况进行检测和评价,为此,编著者在参考大量资料的基础上,结合相关无损检测技术的特点,将能够进行表面和近表面检测的部分相关技术也纳入表面无损检测技术范畴,编写了这本《表面无损检测技术》。当然,能够有效进行表面无损检测的技术还有很多,限于篇幅,本书仅介绍了常见的几种。

无损检测技术工程实践背景很强,本书紧紧围绕表面无损检测技术的特点,深入浅出地介绍了几种表面无损检测技术的理论、工艺和设备。为了便于具有不同专业背景的读者能更好地理解和领会相关知识,本书遵循突出概念和原理、弱化理论分析和推导的原则,力求做到言简意赅,图文并茂,并列举了每种技术在实际中的应用实例,以求读者能够通过本书对表面无损检测技术的知识内涵、发展现状及实践应用有比较全面的了解和深入的认识。

本书面向高等院校无损检测专业本、专科学生,也可作为其他相关专业学生和广大无损检测工作者的参考用书。

本书由大连理工大学陈军和罗忠兵共同编写,其中第1~3章和第7章由陈军编写,第4~6章和附录由罗忠兵编写。全书由大连理工大学林莉教授主审。

本书在编写过程中参考了国内外相关教材及文献资料,在此向有关著作者表示衷心的感谢!

由于编著者水平有限,错误和不足之处在所难免,恳请广大读者批评指正。

编著者

2019 年 12 月

目　录

第1章

目视检测

1.1 概　述

无损检测是利用物质的声、光、电、磁等特性,以不损害被检测对象的使用性能为前提,对材料、部件和结构等进行检验和测试,借以评价其连续性、完整性、安全可靠性或其他物理性能,它具有不破坏工件、检测灵敏度高、可靠性好等优点,在材料和零部件的缺陷检测中有广泛应用。

目视检测(visual testing,VT),又称外观检验,它指仅用人的眼睛或借助光学仪器对被检对象表面做观察或测量的一种方法,是一种实施简便而又应用广泛的检验方法,主要是发现材料表面的缺陷。

目视检测原理简单,易于掌握和理解,实施时无须复杂的检测设备和器材,检测结果具有直观、真实、可靠、重复性好等优点。不但能检测工件的几何尺寸和结构完整性,而且还能检测工件表面缺陷和其他细节。但是受到人眼分辨能力和仪器分辨率的限制,目视检测无法发现表面上非常细微的缺陷,同时在观察过程中由于受到被检件表面照度、颜色、几何形状以及检测人员经验的影响,容易发生漏检。

目视检测常用于观察零部件和设备的表面状态、配合面的对准、变形或泄露的迹象等,还可用于确定复合材料(半透明的层压板)表面下的状态。目视检测的主要优点是简单、快速,主要缺点是局限于表面状况,并且检测时需要对表面进行如清洗、除油、去除氧化皮等工作,如果环境条件很差或缺陷很小,常常会造成漏检。目视检测根据其检测方法不同,分为直接目视检测、间接目视检测和透光目视检测三种。

直接目视检测是直接用人的眼睛或使用放大倍数为 6 倍以下的放大镜对被检件进行检测,直接目视检测应能保证在与检测环境相同的条件下,清晰地分辨出 18% 中性灰色卡上面一定宽度的黑线。直接目视检测时,应使眼睛能够与被检件表面达到最佳的距离和角度,眼睛与被检件表面的距离不超过 600 mm,且眼睛与被检件表面所成的夹角不小于 30°。直接目视检测可以采用反光镜改善观察的角度,并可以借助放大镜来分辨细小缺陷。直接目视检测的区域应有足够的照明条件,被检件表面至少要达到 500 勒克斯(lx)的照度,对于必须仔细观察或发现异常情况并需要做进一步观察和检测的区域则至少要达到 1 000 lx 的照度。直接目视检测器材主要有照明光源、反光镜和放大镜。为达到最佳检测效果,应采取以下照明条件:

(1)使照明光线方向相对于观察点达到最佳角度。

(2)避免表面眩光。

(3)优化光源的色温度。

(4)使用与表面反射光相适应的照度。

间接目视检测是指不能直接进行观察而借助光学仪器或设备进行目视观察的方法，在不易或无法进行直接目视检测的被检部位和区域，可采用间接目视检测。间接目视检测可以采用反光镜、望远镜、内窥镜、光导纤维、照相机、视频系统、自动系统、机器人以及其他适合的目视辅助器材进行检测，它应至少具有与直接目视检测相当的分辨力，必要时应验证间接目视检测系统能否满足检测工作的要求。

透光目视检测是借助于人工照明，其中包括一个能产生定向光照的光源，该光源应能提供足够的强度、照亮并均匀地透过被检部位和区域，能检查半透明层压板中任何的厚度变化。周边光线必须事先识别，来自被检表面的反射光或表面眩光，应小于所施加的透过被检部位和区域的光，透光目视检测器材主要有照明光源和放大镜。

1.2 目视检测的理论基础

电磁波谱如图 1-1 所示，波长在 $390\sim760$ nm 的波，人眼能够看到，称为可见光，其他范围的波长人眼就看不到。在可见光范围内，不同波长的光具有不同颜色，我们通常所看见的白光是由不同波长的光混合而成的复色光。

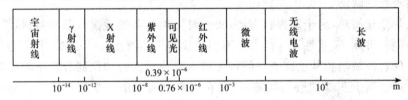

宇宙射线	γ射线	X射线	紫外线	可见光	红外线	微波	无线电波	长波

图 1-1　电磁波谱

能够发光的物体称为光源，光源是光的辐射体，当光源的大小和其辐射距离相比可以忽略不计时就称之为发光点，太阳就可以看作是一个发光点。光的传播路径称为光线，人眼能看见物体，就是因为物体对我们的眼睛引起了光的感觉。光在均匀介质中沿直线传播，在真空中的速度为 3×10^8 m/s，在异质界面上能够产生反射、折射等现象。

1.2.1　光学中的基本物理量

1. 光通量

光的传播过程也是能量的传递过程，物体发光时失去能量，吸收光时得到能量，单位时间内通过某一面积的光能，叫作通过这个面积的辐射通量。人眼对各色光的敏感度不同，即使各色光的辐射通量相等，在视觉上也不能产生同样的明亮程度。可见光是由 7 种颜色的光组成，其中黄绿光有激起最大明亮感觉的本领。按照产生明亮程度来估计辐射通量的物理量称为光通量 $\varPhi$，光通量的 SI 单位是流明(lm)。

一个辐射体或光源发出的总光通量和总辐射能通量之比称为光源的发光效率，对于用电驱动的光源,用每瓦耗电功率所产生的流明数作为其发光效率,例如,一个 100 W 的灯泡发出的总光通量是 1 400 lm,则其发光效率为 14 lm/W,表 1-1 列出了部分光源的发光效率。

表 1-1		部分光源的发光效率			单位:lm/W
光源	发光效率	光源	发光效率	光源	发光效率
钨丝灯	10～20	氙灯	40～60	高压汞灯	60～70
卤素钨灯	30	碳弧灯	40～60	镝灯	80
荧光灯	30～60	钠光灯	60		

2. 发光强度

用发光强度描述光源发光的强弱,发光强度简称光度。点光源向各个方向发出光能,在某一方向划出一个微小的立体角 $d\Omega$,在此立体角范围内光源发出的光通量 $d\Phi$ 与 $d\Omega$ 的比值称为点光源的发光强度 I,即 $I=d\Phi/d\Omega$,如图 1-2 所示。

发光强度的单位是坎德拉(cd),1 cd＝1 lm/sr,其中球面度 sr 为立体角单位。

$$I=d\Phi/d\Omega$$

3. 照度

照射到物体表面的光通量,也就是照明物体的光通量,可用来观察物体表面,所以照度在目视检测中是一个非常重要的概念。物体单位面积上所得到的光通量称为物体表面的光照度,简称照度,即 $E=d\Phi/dS$,如图 1-3 所示。

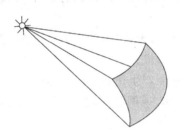
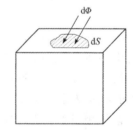

图 1-2　发光强度定义示意图　　　图 1-3　照度定义示意图

照度的单位是勒克斯(lx),1 lx＝1 lm/m²,眼睛能感受到的最低照度为 $1×10^{-9}$ lx。

用点光源照明时,如果光源的发光强度不变,垂直照射面上某点的照度与它到光源距离的平方成反比,称为照度的平方反比定律,也称作照度第一定律。如果光源的尺寸比较大,甚至大于光源到物体之间的距离时,照度并不因距离的改变发生很大的变化,一般地,光源尺寸小于其到物体距离的 1/10 时,平方反比定律是适用的。

照度的大小还与受照面的法线和光线之间的夹角(入射角)有关,物体表面的照度与光线入射角的余弦成正比,称为照度的余弦定律,也称为照度第二定律。

4. 亮度

假定一个有限面积的光源在某方向上的照度和一个点光源在同样方向上的照度相同,我们会明显感觉到点光源更亮一些,这表明仅用发光强度表征光源的发光特征是不全面的,因此引入亮度的概念。亮度是光源单位面积上的发光强度,单位是 cd/m²。一般光源的亮度在不同辐射方向上并不相同,但也有一些光源其亮度不随方向而改变,这种光源称为郎伯光源。一般的漫射表面,如磨砂玻璃等漫透射表面或涂有氧化镁和硫酸钡的漫反射表面,经光源照明后,其漫透射光和漫反射光都具有类似特性,是常被采用的郎伯光源。

1.2.2 人眼的生理学特点及图像形成

1. 人眼的生理学特点

目视检测是利用人的眼睛或眼睛与相关设备配合进行的,人的眼睛就相当一台光学仪器,其结构如下:

(1)角膜:由角质构成的透明球面薄膜,分为 5 层,但厚度仅为 0.5 mm,折射率为 1.377,外界光线进入人眼首先要通过角膜。

(2)前室:角膜后面的一部分空间,充满了折射率为 1.337 的透明水状液体。

(3)虹膜:位于前室后面,中间有一个圆孔,称为瞳孔,相当于一个能自动调节的可变光阑,可随物体亮度的不同随时调节进入眼睛的光束口径。

(4)水晶体:由多层薄膜组成的双凸透镜,外层软,折射率为 1.373,中间硬,折射率为 1.42,水晶体周围肌肉的紧张和松弛可改变前表面的曲率半径,从而使水晶体焦距发生变化。

(5)后室:水晶体后的空间为后室,里面充满了蛋白状液体,叫作玻璃液,折射率为 1.336。

(6)视网膜:后室的内壁为一层由视神经细胞和神经纤维构成的膜,称为视网膜,是眼睛的感光部分。

(7)黄斑:正对瞳孔的一部分视网膜,呈黄色,称为黄斑,其上有一凹处,直径大约为 0.25 mm,称为中心凹,是视网膜中感光最敏感的部位。

(8)盲点:神经纤维的出口,没有感光细胞,不能产生视觉,称为盲点。

从光学的角度看,人眼最主要的部位是水晶体、视网膜和瞳孔,整个人眼相当于一台照相机,其中水晶体相当于镜头,视网膜相当于底片。

2. 图像形成

(1)眼睛的调节:人眼可以自动调节,以便看清距离不同的物体。正常人的眼睛在无限松弛的条件下,能够看清无限远处的物体,观察近距离的物体时,眼睛水晶体的肌肉收缩使水晶体表面曲率半径变小,后焦点前移使物体清晰。实际上,人眼能看清物体的范围是有限的,这个范围也称为调节范围,最适宜观察和阅读的距离是 250 mm,在合适的照明条件下,眼睛能在这个距离上长期工作而不感到疲劳,这个距离称为明视距离。

人眼除了能看清不同距离的物体外,还能适应不同的光亮度。人眼所能感受的光亮度范围是很大的,可以达到 $10^{12}:1$。人眼能感受到的最低照度值大约为 10^{-9} lx,称为绝对暗阈值,大约相当于一个蜡烛在 30 km 外产生的照度。

(2)人眼的分辨率:眼睛具有分开靠得很近的相邻两点的能力,称为眼睛的分辨率。如果两点相距太近,其在视网膜上形成的两个像点将落在同一视神经细胞上,会把两点感觉成一点,一般用两点间对人眼的张角(视角)来表示人眼的分辨率。实验证明,在良好的照度条件下,人眼能分辨的最小视角为 $1'$。眼睛的分辨率与被观察物体的亮度和对比度有关:对比度一定时,亮度越大分辨率越高;亮度一定时,对比度越大分辨率越高。

3. 人眼看清物体的条件

(1)视场:眼睛固定注视一点或借助光学仪器注视一点时所能看到的空间范围称为视场。人眼的视场很大,可达150°,但并不是视场内的物体我们都能看清楚,物体的像要成在视网膜上,并且要成在黄斑的中心凹处,这是看清物体的第一个条件。

(2)照度:瞳孔可以自动调节大小以便控制进入眼睛的光通量,调节范围一般在2～8 mm,仅就面积而言相差不过16倍,但光的亮度变化在10万倍左右,一定的照度是看清物体的第二个条件。

(3)视角:视角不仅与物体的大小有关,还与物体的位置有关。物体向眼睛移动时视角变大,但不能超过人眼的近点。物体的视角不能小于$1'$,这是看清物体的第三个条件。

4. 人眼的视觉函数

当人眼从某一方向观察一个发光体时,人眼视觉的强弱,不仅取决于发光体在该方向上的辐射强度,同时还与辐射的波长有关。在可见光的范围内,人眼对不同波长光的视觉敏感度是不一样的,人眼对黄绿光最敏感,对红光和紫光较差,而对可见光以外的如红外线和紫外线则全无反应,引入视觉函数$V(\lambda)$表示人眼对不同波长辐射的敏感度差别,如图1-4所示。

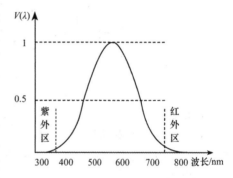

图1-4　人眼对不同波长辐射的敏感度

把对人眼最敏感的波长$\lambda=555$ nm的黄绿光的视觉函数规定为1,即$V(555)=1$,假定人眼同时观察两个相同距离上的发光体A和B,这两个发光体在辐射方向上的强度相等,A发光体的波长为λ,B发光体的波长为555 nm,人眼对A的视觉强度和人眼对B的视觉强度之比称为λ波长的视觉函数,显然$V(\lambda)\leqslant1$,有了视觉函数就能比较两个发光体对人眼产生视觉的强弱。黑暗环境中,视觉函数的极大值向短波长方向移动,极大值对应的波长为505 nm,属蓝绿光范围。除人眼外,其他光探测器如硅光电池、光电二极管、光电倍增管、感光乳剂等,也同样具有相应的光谱曲线表征其感光灵敏度。

5. 人眼的视觉敏锐度

视觉敏锐度,又称视锐度,是人眼分辨物体精细形状的能力,定义为人眼恰能分辨出的两点对人眼所张视角的倒数,在临床医学上,视锐度又称为视力。视锐度与环境密切相关,随亮度增加,视锐度增加,但达到一定程度后就基本不再变化,而且亮度过大时就会感到刺眼,反而无法分辨物体。视锐度也与物体在视网膜上成像的位置有关,随远离眼睛黄斑中心凹而降低,偏离中心凹5°时,视锐度降低一半左右。视锐度与被观察物体的对比度也有关系,对比度大则视锐度大。

1.3　目视检测设备

目视检测设备主要有放大镜、刚性内窥镜、柔性内窥镜和柔性视频内窥镜。

1.3.1　放大镜

放大镜是用来观察物体微小细节的简单目视光学器件,是焦距比人眼的明视距离小得多的会聚透镜。

物体在人眼视网膜上所成像的大小取决于物体对人眼所形成的角度——视角,视角越大,像也越大,分辨细节越清楚。将物体远离人眼,视角变小,移近人眼,视角增大,但受人眼调焦能力的限制,物体离眼睛太近时反而看不清楚,眼睛要根据离物体的远近进行调节。在明视距离处,正常人眼可分辨相距 0.073 mm 的两个物点,这就是人眼的分辨力。放大镜增加了视角,可使人眼更加清楚地分辨物体细节,通过放大镜看到的物体尺寸与将该物体放在明视距离处人眼所看到的尺寸之比称为放大镜的放大率。

虽然放大镜能将物体的细节放大,但其本身有三个固有的缺陷:畸变、球差和色差。

1. 畸变

图像看起来不真实,这与透镜材料、磨削工艺和抛光的质量有关,如图 1-5 所示。

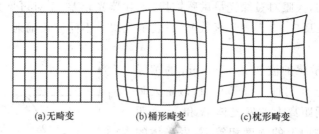

(a)无畸变　　　(b)桶形畸变　　　(c)枕形畸变

图 1-5　图像的畸变

2. 球差

透过透镜中心和透镜外侧边的光线聚焦在不同的位置,相对于理想成像点有偏离,如图 1-6 所示。球差是限制透镜分辨率的最主要因素,可以通过稍微修改弯曲表面来修正。

3. 色差

简单来说就是颜色的差别,是透镜成像的一个严重缺陷。不同波长的光颜色各不相同,通过透镜时的折射率也不相同,这样物方的一个点,在像方则可能形成一个色斑,如图 1-7 所示。色差可用复合透镜来修正,单色光不产生色差。

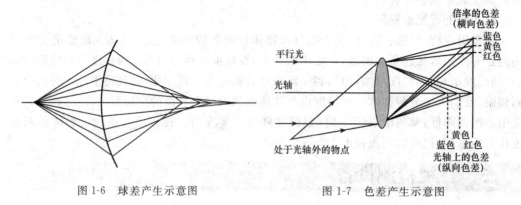

图 1-6　球差产生示意图　　　　　图 1-7　色差产生示意图

放大镜的放大率并不是无限大的,随着放大率的增加,会产生以下问题:

(1)物体不规则表面的峰谷点同时落在焦点上的距离变小了,即视场深度变小。

(2)可观察到的区域变小。

(3)透镜到物体的距离要求更短。

通常而言,放大率一般不超过20。

1.3.2　内窥镜

内窥镜是一种多学科通用的工具,利用内窥镜可以观察眼睛不能直视到的部位,能在密封空腔内观察其内部空间结构与状态,能实现远距离观察与操作。

国内在 20 世纪 70 年代开始引进国外内窥镜产品,主要用于航空航天产品内部多余物控制及一些零部件的质量检查。目前,国内工业内窥镜产品也已成熟,越来越多地运用于产品生产过程的质量控制,并发展成为一种常规的检测手段。

工业内窥镜在航空航天、石油化工、海洋工程、汽车制造、铁路交通、机械制造等领域得到了广泛应用,如涡轮机检修、管道腐蚀状况检查、各种发动机常规维护、寻找脱落部件等。

内窥镜作为目视检测的重要装置,是集光、机、电于一体化的无损检测设备,根据制造工艺特点,内窥镜分为刚性内窥镜、柔性内窥镜和柔性视频内窥镜三类。

1. 刚性内窥镜

刚性内窥镜通常限于观察者和观察区之间是直通道的场合,典型的刚性内窥镜如图 1-8 所示。光导纤维将光从外部光源导入对观察区域进行照明,由物镜、消色差转像透镜和目镜组成的光学系统使观测者可对观测区进行高分辨力观察,放大倍数常为 3 倍或 4 倍,一般不超过 50 倍。这种内窥镜的插入部分管径一般在 4～15 mm,工作长度在 20～1 500 mm,观测方向可以是 0°,45°,90°,110°,视角可以是 10°,20°,30°,…,90°。图像可用肉眼观察,也可通过转接器用照相机拍摄,或者通过转接器在监视器上观察。插入部分可全防水,工作温度在 −10～150 ℃,压力可为 400 kPa。

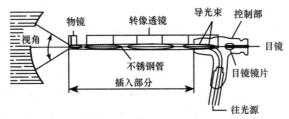

图 1-8　典型的刚性内窥镜

微型刚性内窥镜如图 1-9 所示,在不锈钢镜筒内是光导纤维和由自聚焦透镜等组成的自聚焦光学系统,其插入部分的管径仅为 0.9～2.7 mm,在极小焦距处放大倍数可达30 倍,工作长度可达 200 mm,图像可拍摄或视频观察,插入部分全防水,工作温度在−10～80 ℃。通过连接延伸管可构成可延伸内窥镜,远端用灯泡时长度可达 30 m,用光导纤维时最大长度仅为 8 m,但管径可以做得很小,在 8 mm 左右。高分辨力刚性内窥镜和电荷耦合器件(CCD)照相机可以组合成高放大倍率内窥镜,在监视器上能得到大约

120 倍的放大图像。

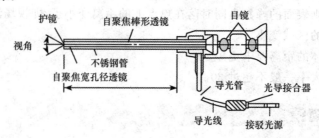

图 1-9　微型刚性内窥镜

2. 柔性内窥镜

由高品质的光导纤维传递图像（导像束）和光线（导光束），通过目镜直接观察。柔性内窥镜由插入部（先端部、弯曲部和柔软部）、操作部和目镜组成，光纤及调校前端摆头角度的钢丝全部内置，另配有专用的冷光源，柔性内窥镜直径一般在 2.4~12 mm，长度在5~6 000 mm，如图 1-10 所示。

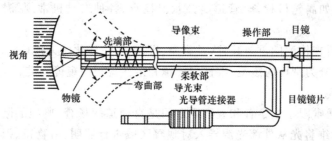

图 1-10　柔性内窥镜

光导纤维是由光学玻璃纤维制成的，截面多为圆形，由具有较高折射率 n_1 的芯体和较低折射率 n_2 的涂层组成，如图 1-11 所示。

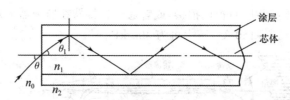

图 1-11　光线在光纤子午面内的传播

如果光线以角 θ 入射到光纤端面，按折射角 θ_1 进入光纤内部，满足全反射条件时可在光纤界面不断发生全反射，最终在另一端面射出。要使光线在包含光纤轴线的平面（子午面）内作全反射传播，入射角的极限值 θ_M 与涂层和芯体的折射率之间应具有如下关系：

$$\sin\theta_M = \sqrt{n_1^2 - n_2^2}$$

只有入射角 $\theta < \theta_M$ 的光线才能在光纤中传播，$\sin\theta_M$ 也称为光纤的数值孔径，它反映了光纤的集光能力，数值孔径越大，集光本领越强。

光纤弯曲时，光线在内部的入射角 φ 将发生变化，如图 1-12 所示，此时，通过光纤轴线的平面也只有一个，一部分光线将在弯曲部分逸出，从而引起传输损失。此外，入射到光纤端面的光线除了处于通过光纤轴线的平面者外,还有许多倾斜的光线,它们的逸出也会引起一定的传输损失。

柔性内窥镜虽然可以在一些狭小弯曲的试件内部进行检测,但分辨力还不够高,图像不够清晰,这主要是由光纤导像束的固有结构引起的。

在柔性光纤内窥镜图像传导束中,每一根光纤都为目镜传送一部分检测图像,但在各根光纤之间仍然有一个很小的空间成为图像传送

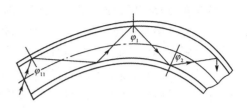

图 1-12　光线在弯曲光纤子午面内的传播

的空白,导致形成"蜂窝"影像或网格图形,这使得图像模糊。另外,光纤束长时间弯曲使用也会折断而无法传送图像,就会出现黑点,产生"黑白点混成灰色"效应,导致分辨力下降。

3. 柔性视频内窥镜

柔性视频内窥镜不但可以提供高分辨力和高清晰度的图像,而且在使用过程中具有很大的灵活性。

柔性视频内窥镜成像系统由先端部、弯曲部、柔软部、控制部及视频内窥镜的控制组和电视监视器构成,如图 1-13 所示。

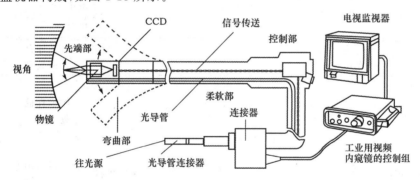

图 1-13　柔性视频内窥镜

柔性视频内窥镜工作时首先将光利用光导管送至检测区,工作长度较长时也可采用发光二极管作为远端照明源,先端部的一只固定焦点透镜则收集由检测区反射回来的光线并将其传至电荷耦合器件芯片表面,数千只细小的光敏电容器将反射光转变成电模拟信号,此信号进入探测头后,经放大、滤波、分频后,由图像处理器将其数字化并加以组合,最后输出至监视器或计算机显示图像。

与柔性内窥镜相比,柔性视频内窥镜具有以下特点:

(1)分辨力高:分辨力与透镜孔径、透镜视场、观测距离及图像平面像素数目有关,某些视频内窥镜每平方毫米可达 1 万像素,因而轮廓鲜明,图像清晰,在典型的检测距离(30 mm 以下)内比柔性内窥镜分辨力高 1 倍。

(2)焦距深:比柔性内窥镜能提供更长的固定场深,即在检测区有更大的清晰范围,可节省探头移动和对焦时间。

（3）不存在光纤的固有缺点：视频内窥镜的图像信号通过电导体传送，图像信号的幅度和稳定性都比较高，使用寿命也比柔性内窥镜高得多，并且在图像传送过程中不使用光纤，不存在"蜂窝"影像或光纤断裂产生的"黑白点混成灰色"效应。

（4）文件编制方便：直接视频成像可使文件检查和保存更方便，检查质量更高。

（5）彩色再现性好：在识别腐蚀、焊接区域烧穿等缺陷时，准确的彩色再现是非常重要的。视频内窥镜成像系统的彩色再现性极佳，它能把每个三基色以全带宽记录下来，每个彩色图像分别存储在独立存储器内，然后以平行方式输出，成为高质量的红、绿、蓝监视器信号，或组合成一个复合视频信号。

三种内窥镜性能特点比较见表1-2。

表1-2   **三种内窥镜性能特点比较**

类型	结构	功能	弯曲性	成像原理	成像效果	信号类型	传递介质	耐用性
刚性内窥镜	简单	少	不可弯曲	光学成像	好	光学信号	透镜	好
柔性内窥镜	简单	少	可弯曲	光学成像	受光纤数量和质量影响，有"蜂窝"现象和"黑白点混成灰色"效应	光学信号	光导纤维	差
柔性视频内窥镜	复杂	多	可弯曲	数字成像	好	电子信号	电线	较好

类型	镜头	可视角度	探头最小直径	探头长度	耐用性	测量功能	图像存储处理	产品价格
刚性内窥镜	不可换	0°	1 mm以下	较短，小于500 mm，采用多杆组接时长度可达10 m	较好	无法进行	图像存储处理	低
柔性内窥镜	可换	一般在0～90°	1 mm以下	较长，一般在1～2 m	差	无法进行	可后装图像采集系统	较高
柔性视频内窥镜	多种镜头互换	0～90°	4 mm以上	很长，可达20 m	很好	可使用测量探头对长度和深度进行直接测量	可直接进行图像存储处理	很高

1.3.3　内窥镜检查的基本要素

使用内窥镜检查的四个基本要素是人员、试件、仪器和照明。

1. 人员

使用内窥镜检查的人员必须具有合适的视力，并应像其他无损检测人员一样经过培训、资格鉴定和认证，否则会使检测结果的置信度严重降低。

2. 试件

检测前应考虑试件的距离、形状和尺寸、表面反射率、试件内部结构、可能的缺陷尺寸、进入口的尺寸、缺陷可能的位置等，上述因素单独或组合的结果决定了对仪器光学和物理特性的要求，如探头直径、长度、观测方向、视场、放大率、分辨力等，有条件时应对试件表面进行清理，以便更加客观真实反映缺陷状况。

3. 仪器

除了用肉眼观察外，可以根据试件的形状尺寸及缺陷特点，借助放大镜及不同种类的内窥镜进行检测。

4. 照明

由于人眼对背景光的限制和敏感程度不同，不同的光照将产生不同的效果。一般检测时，至少要有 160 lx 的光照强度，检测一些小的异常区域时至少要有 540 lx 的光照强度。光源可以是自然光源（日光），也可以是人工光源，常用的人工光源及特点见表 1-3。

表 1-3　　　　　　　　　　　常用的人工光源及特点

光源		特点
温度辐射光源	钨丝白炽灯	连续光谱，显色性较好，灯丝温度升高时色表接近日光。按灯丝形状有点光源、线光源和面光源。
	卤钨灯	发光效率比白炽灯高，灯丝亮度高，寿命长，整个寿命期内可保持 100% 的光通量，灯具和光学系统可小型化。
气体放电光源	钠灯、汞灯、氙灯	能发出不连续的线光谱。
固体放光光源	半导体灯	电压低，耗电少，点燃频率高，寿命长，体积小，但发光效率低。
激光光源	激光灯	单色光源，方向性和相干性好，辐射密度高。

1.4　目视检测技术

这里主要介绍内窥镜检测技术。

1.4.1　内窥镜检测的程序

使用内窥镜检测一般要遵守以下程序：

（1）了解被检工件内部结构特点、检测的具体内容和位置，按规定要求连接仪器设备。

（2）选择合适的探头、镜头及进入工件的通道，检测前应查明通道内是否存在毛刺、氧化皮、腐蚀物等可能对探头造成运动障碍甚至损坏的因素。

（3）对于一些结构复杂，无法了解内部结构的工件，可使用观察镜头观察后再进行检测，检测中尽量使镜头正对检测区域。

（4）检测前应使眼睛适应检测环境及光线，应避免长时间工作，以免眼睛疲劳造成误判或漏检。

（5）检测过程中应小心仔细，可使用辅助工具确保探头顺利到达指定部位，探头在推进过程中如遇明显阻力时应停止前进并查找原因。探头退出时应缓慢，避免用力拉拽，以免造成工件或探头损坏。

（6）一般检测时探头移动速度不宜超过 10 mm/s，应使图像平衡便于观察。大面积检测时应采用直线扫描方式，每次扫查宽度不超过 20 mm，并应在探头的观察范围内。

（7）检测完毕后应对探头进行清洁整理，保持环境整洁，并应对采集的图像进行分析处理。

1.4.2　内窥镜的应用范围

内窥镜的应用范围十分广泛，可以进行内腔检查、焊缝表面缺陷检查、装配检查、状态检查、多余物检查、尺寸测量等。

（1）在航空航天部门，常用于检查飞机发动机的涡轮叶片、燃烧室、起落架、飞机内复合结构二次焊接的完整性、飞机结构中的异物、监视固态火箭燃料的加注操作、检查宇宙飞船内部部件等。

（2）在汽车、船舶部门，常用于检查发动机、变速器、燃料管、喷嘴等。

（3）在动力部门，常用于检查换热器内表面腐蚀和结垢情况、管道的凹坑和焊接缺陷以及蒸汽和燃气轮机的裂纹及腐蚀情况。

（4）在核工业部门，常采用光纤内窥镜进行相关检测工作，主要是因为光纤比较抗辐射，一般不随时间延长而转变颜色或变脆。

（5）对管道、下水道、核动力部件或涉及有害条件以及检查人员无法接近的部位，可依靠挂在自动装置上的摄像机将图像传至监视器进行观察，某些情况下可采用柔性视频内窥镜。

1.4.3　内窥镜检测的判定规则

实际工件的缺陷是各种各样的，利用内窥镜观察应注意不同缺陷的成像特点：

1. 裂纹

当光线照射到物体表面，观察到黑色或者亮色线条，并且在一定的放大倍数下，线条有不规则的边缘时，可判定为裂纹。当裂纹较宽时，探头测量线会发生弯折。

2. 起皮

当光束平行照射时，观察到在凸起部分后面有阴影，改变光束照射角度，观察到表面凸起部分与周围被检物有明显分界线，可判定为起皮。

3. 拉线和划痕

在光束照射下，观察到表面存在较规则的连续长线，可判定为拉线。

4. 凹坑和凸起

光束以一定角度照射时，与周围被检物边界连接，无分界线，离光源近的部分有阴影，离光源远的地方有亮影，可判定为凹坑；光束以一定角度照射时，与周围被检物边界连接，无分界线，离光源近的部分有亮影，离光源远的地方有阴影，可判定为凸起。当凹坑较深或凸起较高时,探头测量线会发生弯折。

5. 斑点

在光束照射下,观察到与周围被检物色泽不同的光滑无凹凸表面为斑点。

6. 腐蚀

在光束照射下,观察到块状、点状不光滑表面,在一定放大倍数下呈现轻微凹凸不平的为腐蚀。

7. 未焊透

观察到熔化金属与母材、焊缝层间有明显的分界线,可判定为未焊透。

8. 焊漏

光束以一定角度照射时,观察到与熔化金属相连、无分界线的凸起,可判定为焊漏。

9. 多余物

光束以任意角度照射时,存在与周围被检物基本颜色和亮度有差异的、结构以外的物体为多余物。

10. 装配缺陷

检测时可观察到不符合图纸技术条件或结构的现象,可判定为装配缺陷。

11. 尺寸测量

在有要求时可用探头测量形位尺寸为尺寸测量。

1.4.4　内窥镜检测的主要影响因素

影响内窥镜检测效果的因素主要有以下几方面:

1. 照明条件

内窥镜检测大多使用自带光源进行照明,一般条件下,要求内窥镜检测照明光源色温不低于 5 600 K,照明强度不低于 2 600 lm。

2. 探头位置与角度

通常在距离检测区域 5~25 mm 观察图像的效果最好,因此往往需要内窥镜探头尽量靠近观测点,探头与观察物平面在 45°~90°都可以达到较好的观察效果。在实际工作中是通过反复改变探头与观察点的位置和角度来确定合适的观察位置,获得最佳的检测效果。

3. 通道

选择通道时应尽量靠近需要检测的区域,选择进入长度最短的通道,尽量减少探头需要弯曲的次数和程度。首先考虑由上到下、由高到低的通道,优先选择宽阔的通道,推荐使用工装,以保证探头在产品通道中的正确方向,应采用边观察边通过的方式在通道中行进。

4. 图像的畸变

随着从透镜中心到边缘距离的增大,图像会发生畸变,从而对缺陷的判断和测量产生影响。刚性内窥镜和柔性内窥镜图像畸变较大,柔性视频内窥镜可通过计算机进行矫正。

5. 内窥镜性能

分辨率、放大倍数等内窥镜自身的技术指标,可直接影响检测缺陷的最小尺寸和观察效果。

6.物体表面的反射率

不同物体表面的反射率不同,和材料本身及表面粗糙度都有关系,因此,实际检测时应根据具体情况选择照明强度,以达到最佳的观察效果。

1.5 偏视技术的应用

偏视(dillracto-sight)技术检测系统由光源、倒反射屏和被检件组成,偏视装置示意图如图 1-14 所示。

来自光源的光在被检面反射到倒反射屏上,倒反射屏由许多镀银的直径在 $25\sim75~\mu m$ 玻璃球组成,该屏以光锥形式将入射光反射回原先的反射点产生偏视效应,成像透镜与光源不重合,在观察一完全的平表面时,光强度是均匀的,此强度取决于成像透镜的偏置,随偏置角的改变而改变,而且变化相当快。如果以某一固定的偏置角观察波纹面,那么表面波纹的斜面看起来是明暗相间的,因此,如果在平的或稍许弯曲的表面上出现缺陷且此缺陷可使表面有大于 $10~\mu m$ 的畸变,那么有可能检出。偏视技术的优点是可同时观察大的表面,装置简单,采

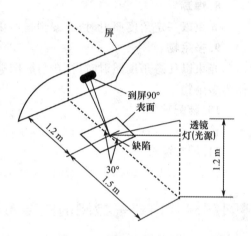

图 1-14 偏视装置示意图

用白光,无须特殊安全管理,无须对试件加载;其局限性是检测质量强烈依赖于表面的反射特性,缺陷的分类是主观的,尚不能自动化,复杂表面应用受限制。

偏视技术常用于飞机构件的检查:

1.冷变形孔的检查

孔通过插入和拔出一锥形的心轴而被冷变形,随着心轴通过孔的被拔出,在孔的周围产生永久性的压应力区,这些残余压应力降低了有效的周期拉应力,从而可提高疲劳抗力。在铝板中围绕孔边所形成的"隆起"大约 0.2 mm 高,用偏视技术可确认孔是否已被冷变形,这可在钻埋头孔和安装紧固件之前进行。

2.金属构件中孔边裂纹的检查

裂纹尖端出现的塑性区可引起表面的永久变形,在 3 mm 厚的 7075-T6 铝合金板上,直径 3 mm 的孔在恒周期载荷作用时产生的孔边裂纹可用偏视技术检查,比一般目视检查具有明显的优越性。如果光源垂直开裂面,裂纹最易检出,而开裂面与光束形成面平行时检测效果很差,因此实际检测时要在两个不同方向进行检测。

3.表面腐蚀的检查

若腐蚀形成了凹坑,可用偏视技术检查,效果较好。

4.复合材料的检查

在复合材料上可检出相当于直径 25 mm 冲击物所造成的撞击损伤所留下的深 0.1 mm 的凹坑,而通常普遍认为肉眼所能见的是深 2.5 mm 的冲击凹坑。

1.6　目视检测技术的新进展

近年来,随着计算机技术的迅速发展,人们开发了许多新型的内窥检测技术产品,它们通常由硬件系统和软件系统组成,硬件系统完成内窥图像的采集与观察,软件系统完成内窥图像的分析、处理和测量。新型内窥系统都采用视频成像,清晰度有明显提高,同时视距加大,内窥探头更小,操作更加灵活,更重要的是它们具有目标区域三维测量功能,从而弥补了传统内窥技术的缺陷。

工业内窥镜技术发展方向如图 1-15 所示。

图 1-15　工业内窥镜技术发展方向

1. 自动化

工业内窥镜自动化发展包括两个方面:一是无线遥控式,从而避免受到传导线长度、质量等因素的限制,图像通过无线方式传送;二是有线式,如采用蛇形机器人等,其主要目的在于探头内部不需要人为操作,而是自动寻的,从而减少对操作人员的经验要求,同时避免仪器的人为损坏。目前,内窥机器人也日臻成熟并已进入实用,该技术在发动机维护中有着显而易见的作用(图 1-16)。

图 1-16　管道内窥爬行机器人

2. 立体显示

工业内窥镜立体显示的最大意义在于可以指导无损条件下的维护工作,这极大地降低了维护成本。目前立体显示研究的最新技术是国外开展的真实景深(real-depth)技术,它不同于利用偏振光、虚拟头盔等技术,不需要任何视觉的附属显示设备。

3. 原位内窥维修

工业内窥镜的原位内窥维修是在不拆卸组件的条件下对部件进行的维修,如叶片卷刃的打磨、积碳的清理、发动机内碎片或异物的清理等,在民航现场维修,特别是军机快速维修中,原位内窥维修能极大地节约时间和成本,应用价值很高。

1.7　应用实例

【**实例 1**】（螺栓检测）螺栓是常见的结构件,在装卸及服役过程中会产生变形、磨损、腐蚀、氧化、缩颈、裂纹等损伤,利用目视检测可以简便快速地对螺栓、螺母、垫圈、衬套等紧固件进行有效检测,图 1-17 是螺栓服役过程中产生的裂纹,如不及时更换,将造成重大安全隐患。

图 1-17　螺栓服役过程中产生的裂纹

【**实例 2**】（管道检测）工业中大量应用的管道经常发生各种损伤,利用直接目视技术可以发现管道表面裂纹（图 1-18）、爆裂（图 1-19）、腐蚀、弯曲等;利用间接目视技术可以对管道内部损伤状况进行评价,通过对某介质输送管道检测的图像采集,可以很明显地看到管子内部存在着起皮（图 1-20）和腐蚀（图 1-21）。

图 1-18　管道表面裂纹

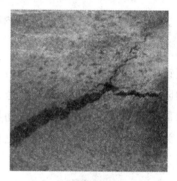

图 1-19　管道爆裂

图 1-20　管道起皮

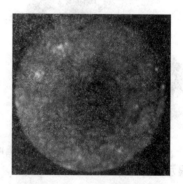

图 1-21　管道腐蚀

【**实例 3**】（汽车检测）在汽车维修中内窥镜主要用于检测和诊断发动机、汽缸、燃料管、引擎、输送系统、差速器、水箱、油箱、齿轮箱的磨损、积碳、堵塞等情况（图 1-22）。

【**实例 4**】（航空检测）主要用于检查飞机发动机内腔、焊缝表面、导管表面、飞机叶片、涡轮、燃烧室以及发动机的汽缸、燃料管、油压部件、喷嘴部件等方面,是飞机维护检修中不用分解发动机而了解内部结构的实用检测手段,具有直观、准确、节省时间和成本的特点(图1-23)。

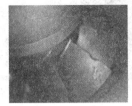
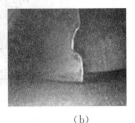

(a)　　　　　　　　　　(b)

图1-22　用内窥镜检查汽车部件　　　图1-23　飞机发动机叶片损伤

　　某型号飞机在飞行过程中左发动机停车,安全降落后经内窥镜检查发现该发动机第一级功率涡轮转子二片叶片损伤,第一个叶片碎裂,第二个叶片从根部断裂,其他叶片也受到断裂碎片的撞击,如图1-24所示。

(a)　　　　　　　　　　(b)

图1-24　断裂的转子叶片

　　近距离可观察到冷杉树形的楔形裂纹,经实验室分析测试,断裂的原因是叶片微动磨损疲劳形成了表面裂纹,导致叶片破裂。

　　【实例5】(铁路检测)在铁路车辆的检测中,内窥镜主要用于包括齿轮箱、空心水平车轴、转向架侧架、摇枕、避震弹簧、空气换气系统等方面的检查。

　　随着机车运行时间的增加,牵引齿轮箱不可避免地会出现齿轮磨损、咬合不良等问题,情况严重的甚至会导致齿轮箱报废。利用内窥镜可弯曲导向的插入管,通过齿轮箱的油量观察孔进入齿轮箱内部,检查齿轮情况和齿轮箱底部是否有异物存在,能够非常直观地显示齿轮箱的内部状况(图1-25)。

图1-25　齿轮检查

　　在铁路段修规程和厂修规程中,都有对转向架侧架、摇枕和避震弹簧的检查要求,要求检查其裂纹和磨损情况,然后根据检修规程对其进行维修。使用内窥镜可以不用对弹簧进行分解拆卸,将内窥镜插入,就可以检查弹簧内部的裂纹情况,观察最容易产生损伤的弹簧顶部的状况,如图1-26所示。

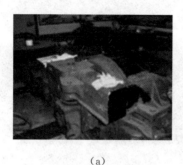

（a）　　　　　　　　　　　　（b）

图 1-26　避震弹簧检查

　　内燃机车柴油发动机排气阀上如果有积碳现象,就会使得内燃机的有效功率下降,燃油消耗量增加。以前需要在维修车间对发动机拆卸才能进行检查,现在只要通过拆除火花塞,将内窥镜插入汽缸就可以进行检查了,积碳情况非常容易辨别,如图 1-27 所示。

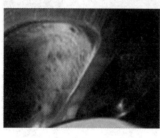

（a）　　　　　　　　　　　　（b）

图 1-27　内燃机积碳检查

参考文献

[1]　李家伟. 无损检测手册[M]. 北京:机械工业出版社,2011.

[2]　刘贵民. 无损检测技术[M]. 北京:国防工业出版社,2006.

[3]　沈玉娣. 现代无损检测技术[M]. 西安:西安交通大学出版社,2012.

[4]　TANG H J, CAO D S, YAO H Y, et al. Fretting fatigue failure of an aero engine turbine blade[J]. Engineering Failure Analysis, 2009, 16:2004-2008.

[5]　董务江,郭平,胡诚. 航空发动机内窥镜检测技术与无损检测[J]. 无损检测,2013, 35(9):69-73.

第2章

红外检测

2.1 概　述

红外线又称红外光,具有反射、折射、干涉、被物质吸收或透过物质等性质。任何物体,只要它本身的温度高于绝对零度,都能辐射红外线。在电磁波谱中(图 2-1),红外线位于可见光的红光和微波之间,波长在 0.76~1 000 μm,红外线又可进一步分为近红外线(0.76~3 μm)、中红外线(3~6 μm)、远红外线(6~16 μm)和超远红外线(>16 μm)。

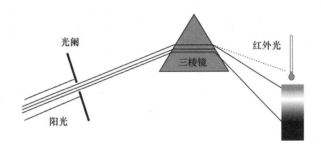

图 2-1　红外线的温度效应

红外线是太阳发射的众多不可见光线中的一种。1800 年,英国科学家赫胥尔(Herschel)在观察太阳光色散光谱各区域的温度时,发现热效应的分布很不均匀,在红光外侧还有热效应,而且比其他部分更明显,因此科学家把这种看不见的"光"称为红外线。

红外线遵循可见光的基本规律,其最大的差别就是波长不同,但人眼看不见红外线。

红外无损检测技术,就是利用红外设备测量被检物体表面红外辐射能,将其转换为电信号后,以彩色图或灰度图的方式显示被检物体表面的温度场,然后根据该温度场的分布状况判断被检物体表面或内部状况的技术。

1.红外检测的优点

(1)检测结果形象直观

采用红外热像仪等检测设备,可以以图像的方式测取物体表面的温度场,一目了然。

(2)检测结果存储方便

检测结果可以以视频文件或数据文件保存,存储、调用和传输都十分方便。

（3）适用范围广

任何高于绝对零度的物体都有红外辐射，几乎不受材料种类和温度范围的限制，具有广泛的适应性。

（4）检测速度快

红外探测器的响应速度在纳秒级，能迅速采集、处理和显示被检对象的红外辐射，可以进行大面积快速扫描，检测效率高。

（5）非接触检测，操作安全

红外检测可以实现远距离非接触式检测，不需要与被检对象直接接触，也不存在辐射隐患，操作安全，适合对带电设备、转动设备、高空设备、高温设备及有毒环境中的检测。

（6）检测灵敏度高

现代的红外探测器对红外辐射的灵敏度很高，目前的红外检测设备可以检出 0.01 ℃ 的温度差，能够检测出设备或结构热状态的细微变化。

2. 红外检测的局限性

（1）检测费用高

红外检测仪器比较昂贵，使用寿命不太长，所以检测费用较高。

（2）仅对表面缺陷较敏感

物体的热辐射主要是表面的红外辐射，只反映表面的热状态，无法直接反映物体内部的热状态，所以，若不使用红外光纤或窗口作为红外辐射传输的途径，则红外检测通常只能直接诊断物体暴露于大气部分的过热故障或热状态异常，而对内部缺陷的检测有困难。

（3）对低发射率材料检测有困难

物体的红外辐射与物体的表面温度和发射率有关，对低发射率材料，较小的温度变化不足以引起红外辐射能的明显变化，因而不能准确表征物体表面温度场的分布。

红外无损检测技术是 20 世纪 60 年代在国外首先发展起来的，最初主要应用于军事领域，目前，随着相关技术的发展，红外无损检测技术已广泛应用于航空航天、石油化工、电力、铁路、建筑、桥梁等的监测监控及状态评价，是具有广阔发展前景的无损检测技术。

2.2 红外检测的理论基础

2.2.1 红外辐射的基本概念

1. 辐射与红外辐射

辐射是指物体受某种因素的激发而向外发射能量的现象，由于物体内部微观粒子的热运动而使物体向外发射辐射能的现象称为热辐射，红外辐射即属于热辐射。任何温度高于绝对零度的物体都会向外辐射红外辐射能，同时也吸收来自外界的红外辐射能，因此，红外辐射是普遍存在的。一个物体吸收辐射的能力强，那么它辐射自身能量的能力也强，反之亦然，如图 2-2 所示，一把茶壶右上部分玻璃的表面辐射率比左下部分不锈钢的表面辐射率高，则其温度场也高。

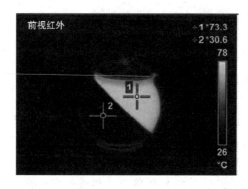

(a)

(b)

图 2-2 茶壶表面的温度场

2. 吸收、反射与透射

热量通常是从高温处传到低温处,传递的能量为物体热力学温度 4 次方之差:

$$\Delta E = T_{high}^4 - T_{low}^4 \qquad (2-1)$$

式中 ΔE——温度不同物体之间传递的能量,J;

T_{high}、T_{low}——物体的热力学温度,K。

除温度之外,其他因素也会影响物体之间热量的传递,如材料本性、物体几何结构、物体表面特征、物体表面方向等。

热量的传递通过三种方式进行:

(1)热传导

热传导是指温度不同的物体各部分之间或温度不同的各物体之间直接接触时,依靠分子、原子、自由电子等微观粒子的热运动而进行热量传递的现象。固体、液体和气体之间均可以发生热传导,热传导过程中,物体各部分之间不发生宏观相对位移。

(2)热对流

热对流仅发生于流体中,是指流体内部存在温度差,由于流体各部分之间发生相对位移,致使冷热流体相互掺杂而产生的热量传递现象。热对流必然同时伴随着热传导,自然界中不存在单一的热对流。

(3)热辐射

热辐射是指由热运动产生的、以电磁波形式传递能量的现象。热辐射不需要介质的存在,在真空中就可以进行,辐射换热过程中伴随着能量形式的转换,红外辐射即属于热辐射。

实际中上述几种热量传递方式一般同时存在。

红外线遵从可见光的基本规律,当红外辐射能投射到物体表面时,其总的辐射能中有一部分被反射,另有一部分被吸收,其余部分透过物体,如图 2-3 所示。它们之间满足如下关系:

$$Q_t = Q_\gamma + Q_\alpha + Q_\tau \qquad (2-2)$$

式中 Q_t——总的红外辐射能,J;

Q_γ——反射能,J;

Q_α——吸收能,J;

Q_τ——透射能，J。

令 $\gamma = \dfrac{Q_\gamma}{Q_t}$，$\alpha = \dfrac{Q_a}{Q_t}$，$\tau = \dfrac{Q_\tau}{Q_t}$，分别称 γ、α、τ 为辐射能反射率、吸收率和透射率，则

$$\gamma + \alpha + \tau = 1 \qquad (2\text{-}3)$$

γ、α、τ 不仅取决于物体本身的性质和表面状况，还与入射光谱的波长和物体温度有关。

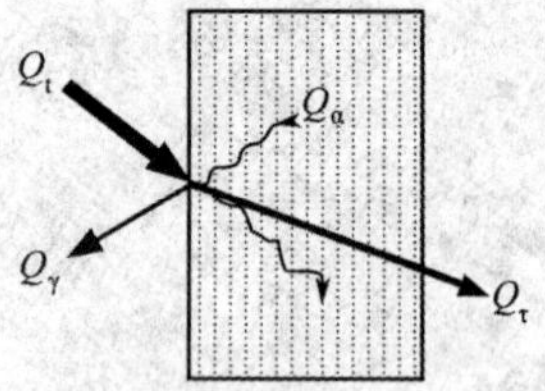

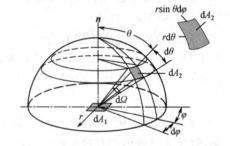

图 2-3　红外辐射能的反射、透射和吸收

3. 黑体、白体、透明体和灰体

根据反射率 γ、吸收率 α 和透射率 τ 的变化，可将物体分为黑体、白体、透明体和灰体。

当 $\alpha = 1$ 时，$\gamma = \tau = 0$，说明入射到物体表面上的辐射能被全部吸收，这样的物体称为"绝对黑体"，简称为黑体。严格意义上讲，黑体指辐射特性不随温度和波长改变，且吸收率恒等于 1 的一类物体。

当 $\gamma = 1$ 时，$\alpha = \tau = 0$，说明入射到物体表面上的辐射能被全部反射，若反射是有规律的，则称此物体为"镜体"；若反射没有规律，则称此物体为"绝对白体"。

当 $\tau = 1$ 时，$\gamma = \alpha = 0$，说明入射到物体表面上的辐射能全部被透射出去，具有这种性质的物体称为"绝对透明体"。

若光谱辐射特性不随波长而改变，这类物体称为"灰体"。

自然界中，绝对黑体、灰体、绝对白体和绝对透明体都是不存在的。

4. 立体角

半径为 r 的球面上面积 A 与球心所对应的空间角度称为立体角：$\Omega = \dfrac{A}{r^2}$，立体角 Ω 的单位为球面度(sr)。如图 2-4 所示，(θ, φ) 方向上的微元面积 $\mathrm{d}A_2$ 对球心所张的微元立体角为

$$\mathrm{d}\Omega = \frac{\mathrm{d}A_2}{r^2} = \frac{r\mathrm{d}\theta \cdot r\sin\theta\mathrm{d}\varphi}{r^2} = \sin\theta\mathrm{d}\theta\mathrm{d}\varphi$$

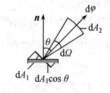

图 2-4　立体角定义示意图

5. 辐射强度

辐射强度是单位时间内从单位投影面积上所发出的包含在单位立体角内的辐射能，如图 2-5 所示。

$$L(\theta, \varphi) = \frac{\mathrm{d}E}{\mathrm{d}A_1 \cos\theta\mathrm{d}\Omega} \qquad (2\text{-}4)$$

式中　$L(\theta, \varphi)$——$\mathrm{d}A_1$ 在 (θ, φ) 方向的辐射强度，或称为定向辐射强度，$\mathrm{W}/(\mathrm{m^2 \cdot sr})$；

$\mathrm{d}E$——微元面 $\mathrm{d}A_1$ 向微元面 $\mathrm{d}A_2$ 所发射的辐射能，J。

图 2-5　辐射强度定义示意图

辐射强度的大小不仅取决于物体种类、表面性质、物体温度，还与方向有关。对于各向同性的物体表面，辐射强度与 φ 无关，即 $L(\theta, \varphi) = L(\theta)$。

在 $\lambda + \mathrm{d}\lambda$ 波长范围内的辐射强度称为光谱辐射强度 L_λ，辐射强度与光谱辐射强度之间的关系为

$$L(\theta) = \int_0^\infty L_\lambda(\theta)\mathrm{d}\lambda \tag{2-5}$$

式中　　$L(\theta)$——辐射强度，$\mathrm{W/(m^2 \cdot sr)}$；

　　　　L_λ——光谱辐射强度，$\mathrm{W/(m^3 \cdot sr)}$ 或 $\mathrm{W/(m^2 \cdot \mu m \cdot sr)}$。

6. 辐射力

单位时间内、单位面积物体表面向半球空间发射的全部波长的辐射能称为辐射力 E，单位为 $\mathrm{W/m^2}$。在 $\lambda + \mathrm{d}\lambda$ 波长范围内单位波长的辐射力称为光谱辐射力 E_λ，单位为 $\mathrm{W/m^3}$。

实际物体的光谱辐射力是波长的函数，E_λ 与波长的关系如图 2-6 所示。

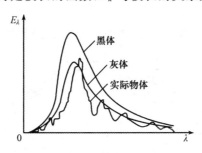

图 2-6　光谱辐射力与波长的关系

单位时间内、单位面积物体表面向某方向发射的单位立体角内辐射能称为定向辐射力 E_θ，单位为 $\mathrm{W/(m^2 \cdot sr)}$，辐射力 E 与 E_λ 和 E_θ 之间具有如下关系：

$$E = \int_0^\infty E_\lambda \mathrm{d}\lambda \tag{2-6}$$

$$E = \int_{\Omega = 2\pi} E_\theta \mathrm{d}\Omega \tag{2-7}$$

辐射力 E 与辐射强度 $L(\theta)$ 之间的关系为

$$E = \int_{\Omega = 2\pi} L(\theta)\cos\theta\mathrm{d}\Omega \tag{2-8}$$

7. 发射率

实际物体的辐射力 E 与同温度下黑体的辐射力 E_b 之比称为该物体的发射率 ε。

实际物体的光谱辐射力 E_λ 与同温度下黑体的光谱辐射力 $E_{\mathrm{b}\lambda}$ 之比称为该物体的光谱发射率 ε_λ，ε_λ 与波长的关系如图 2-7 所示。

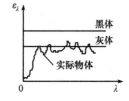

图 2-7　光谱发射率与波长的关系

实际物体的定向辐射力 E_θ 与同温度下黑体在该方向上的定向辐射力 $E_{\mathrm{b}\theta}$ 之比称为该物体在该方向上的定向发射率 ε_θ。定向发射率是方向角 θ 的函数，部分金属材料的 ε_θ 随方向角 θ 的变化规律如图 2-8 所示，部分非金属材料的 ε_θ 随方向角 θ 的变化规律如图 2-9 所示。

由图 2-8 和图 2-9 可以看出，金属材料的发射率较低，非金属材料的发射率较高。不论何种材料，与表面垂直方向的发射率最高，低于 45° 后迅速下降。表面粗糙度高的物体发射率较大，如果表面有油污、覆盖层等会显著影响发射率。材料的发射率是通过实验确定的，部分金属材料的发射率见表 2-1，部分非金属材料的发射率见表 2-2。

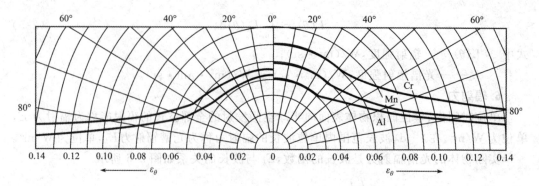

图 2-8　部分金属材料的定向发射率 ε_θ 与方向角 θ 的关系（$t = 150\ ℃$）

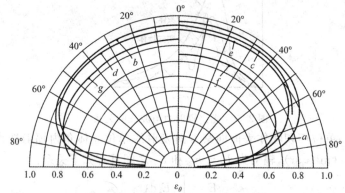

图 2-9　部分非金属材料的定向发射率 ε_θ 与方向角 θ 的关系（t 为 $0 \sim 93\ ℃$）

a— 潮湿的冰；b— 木材；c— 玻璃；d— 纸；e— 黏土；f— 氧化铜；g— 氧化铝

表 2-1　　　　　　　　　　　　　　　部分金属材料的发射率

材料	表面状态	发射率	材料	表面状态	发射率
铝	非氧化的	$0.02 \sim 0.10$	金	—	$0.01 \sim 0.10$
	氧化的	$0.20 \sim 0.40$	铬	—	$0.02 \sim 0.20$
黄铜	抛光的	$0.01 \sim 0.05$	铅	抛光的	$0.05 \sim 0.10$
	磨亮的	0.30		粗糙的	0.40
	氧化的	0.50		氧化的	$0.20 \sim 0.60$

表 2-2　　　　　　　　　　　　　　　部分非金属材料的发射率

材料	发射率	材料	发射率
沥青	0.95	不透明塑料	0.95
玄武岩	0.70	冰	0.95
红砖	0.93	土壤	0.95
混凝土	0.95	涂料	0.95
玻璃	0.85	雪	0.90

2.2.2　红外辐射的基本定律

　　红外辐射定律描述了物体的红外辐射能与其热力学温度 T、红外线波长 λ、物体表面

发射率 ε 或吸收率 α 等参量之间的关系,其中,黑体是被研究得最多的一类物体,自然界和实际物体的辐射特性一般是比照黑体进行的。

黑体辐射定律主要有普朗克定律、维恩位移定律、斯蒂芬‐玻耳兹曼定律、兰贝特定律。

1. 普朗克定律

1900 年,普朗克在量子假设的基础上推导出了与实验结果完全相符的黑体辐射公式,即单位面积黑体在半球面方向发射的光谱辐射力是波长和温度的函数,其数学表达式为

$$E(\lambda, T) = \frac{C_1}{\lambda^5} \cdot \frac{1}{e^{C_2/\lambda T} - 1} \tag{2-9}$$

式中 $E(\lambda, T)$—— 单位面积黑体在半球面方向的光谱辐射力,W/m^3;

         C_1—— 第一辐射常数,$C_1 = 3.743 \times 10^{-16}$ W·m^2;

         C_2—— 第二辐射常数,$C_2 = 1.439 \times 10^{-2}$ m·K;

         λ—— 入射波长,μm;

         T—— 热力学温度,K。

不同温度下黑体的光谱辐射力 $E_{b\lambda}$ 随波长 λ 的变化关系如图 2-10 所示。

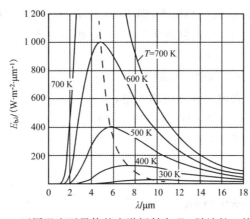

图 2-10   不同温度下黑体的光谱辐射力 $E_{b\lambda}$ 随波长 λ 的变化关系

从图 2-10 中可以看出,黑体的光谱辐射特性随波长和温度的变化具有以下特点:

(1) 温度越高,同一波长下的光谱辐射力越大。

(2) 当温度一定时,黑体的光谱辐射力随波长连续变化,并在某一波长处有最大值。

(3) 随温度升高,光谱辐射力峰值波长越来越短。

2. 维恩位移定律

从图 2-10 可以看出,当黑体温度升高时,辐射力峰值向短波方向移动。1893 年,维恩以简单的形式给出了这种变化的定量关系:最大光谱辐射强度的波长 λ_{max} 与热力学温度 T 成反比关系,称为维恩位移定律,即

$$\lambda_{max} T = C \tag{2-10}$$

式中 λ_{max}—— 最大光谱辐射强度的波长,μm;

         T—— 热力学温度,K;

C——常数，$C = 2.897\ 6 \times 10^{-3}\ \text{m} \cdot \text{K}$。

例如，太阳表面温度约为 5 800 K，由维恩公式可求得 $\lambda_{max} \approx 0.5\ \mu\text{m}$，位于可见光范围内，约占太阳辐射能份额的 44.6%。对于温度为 2 000 K 以下的黑体，由维恩公式可求得 $\lambda_{max} \approx 1.45\ \mu\text{m}$，位于红外线范围内。

由于辐射力峰值波长与热力学温度成反比，因此，随着温度升高，峰值波长向短波方向移动，这就是物体温度升高时其颜色由"红"变"白"再变"蓝"的原因。

3. 斯蒂芬 - 玻耳兹曼定律

普朗克公式给出的是温度为 T 的绝对黑体的辐射强度随波长的变化情况，即单色辐射定律，而斯蒂芬 - 玻耳兹曼定律则描述了绝对黑体辐射能的总和，即全辐射定律：

$$E(T) = \int_0^\infty E(\lambda, T)\mathrm{d}\lambda = \int_0^\infty \frac{C_1}{\lambda^5} \cdot \frac{1}{\mathrm{e}^{C_2/\lambda T} - 1} = \sigma T^4 \tag{2-11}$$

式中　σ——斯蒂芬 - 玻耳兹曼常数，又称为黑体辐射常数，$\sigma = 5.67 \times 10^{-8}\ \text{W}/(\text{m}^2 \cdot \text{K}^4)$。

式（2-11）说明，黑体的辐射力与热力学温度的四次方成正比，故斯蒂芬 - 玻耳兹曼定律又称为四次方定律。

4. 兰贝特定律

普朗克定律描述了物体沿半球方向辐射的总能量。对于黑体而言，其辐射强度与方向无关，半球空间各方向的辐射强度都相等，即 $L(\theta) = L = $ 常数，这样的物体称为漫辐射体。漫辐射体的定向辐射力 E_θ 与辐射强度 $L(\theta)$ 具有如下关系：

$$E_\theta = L(\theta)\cos\theta = E_n\cos\theta \tag{2-12}$$

式中　E_n——表面法线方向的定向辐射力，$\text{W}/(\text{m}^2 \cdot \text{sr})$；

　　　θ——辐射方向与表面法线方向的夹角，°。

兰贝特定律也称为余弦辐射定律，如图 2-11 所示。

根据辐射力与辐射强度的关系，可得

$$
\begin{aligned}
E &= \int_{\Omega = 2\pi} L(\theta)\cos\theta \mathrm{d}\Omega \\
&= \int_{\Omega = 2\pi} L\cos\theta\sin\theta\mathrm{d}\theta\mathrm{d}\varphi \\
&= L \int_0^{2\pi} \mathrm{d}\varphi \int_0^{\frac{\pi}{2}} \sin\theta\cos\theta\mathrm{d}\theta \\
&= \pi L
\end{aligned}
$$

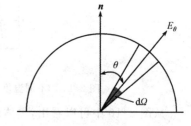

图 2-11　兰贝特定律示意图

即漫辐射体表面的辐射力是辐射强度的 π 倍。

2.2.3　红外辐射的传输与衰减

红外辐射是一种电磁波，可以在大气和一些介质中传输。红外辐射在大气传输过程中，其能量由于大气的吸收而衰减。研究表明，大气对红外辐射的吸收具有选择性，即对某种波长的红外辐射，大气几乎全部吸收，就像大气对这种波长的红外辐射完全不透明一样；而对另外一些红外辐射，大气又几乎一点也不吸收，就像完全透明一样，如图 2-12 所示。

从图 2-12 中可以看出,能够顺利透过大气的红外辐射主要有三个波长范围:1~2.5 μm,3~5 μm 和 8~14 μm,一般将这三个波长范围称为大气窗口。

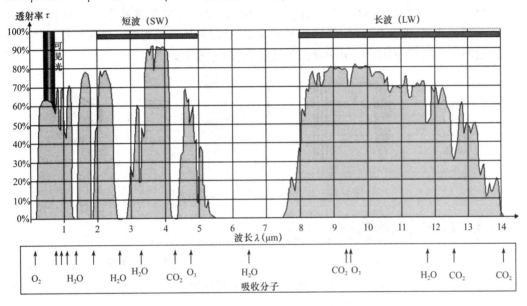

图 2-12 大气对红外辐射的选择性吸收

产生选择性吸收的原因是大气中的水蒸气、二氧化碳、臭氧等气体的分子有选择性地吸收一定波长的辐射,但即使处于大气窗口的红外辐射也会有一定的能量衰减。

2.2.4 红外热成像的基本原理

任何高于绝对零度的物体都具有热辐射现象,只不过在不同的温度下,物体所发出的热辐射波长不同,比如,37 ℃人体的最大辐射出现在约 9.3 μm 处,而 5 500 ℃太阳的最大辐射出现在约 0.5 μm 处,此时热辐射表现为可见光,如图 2-13 所示,热辐射是自然界中存在的最广泛的辐射。热辐射的红外线是一种电磁波,具有电磁波的一切特性。

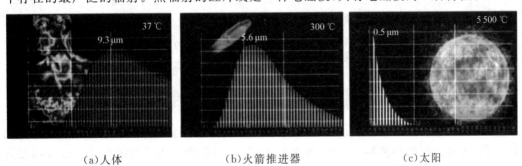

(a)人体　　　　　(b)火箭推进器　　　　　(c)太阳

图 2-13 物体的热辐射特性

红外热成像是利用目标和背景或目标不同区域间的辐射差异形成的红外辐射特征,利用红外探测器采集数据,通过处理系统形成的一种图像。红外图像能够呈现物体各部分的辐射起伏,从而显示出景物的特征,它不同于人眼能看到的可见光图像,而是物体表面温度分布的图像。红外成像是唯一一种可以将热信息瞬间可视化，并加以验证的诊断技术，它将不可见的辐射图像转换为人眼可见的图像。

红外热成像系统的结构示意图如图 2-14 所示，热成像的关键技术主要有热成像镜头、焦平面探测器、图像处理算法、数据处理系统、测温算法和校正等。热成像技术具有非接触、实时、快速、直观、安全、灵敏度高等特点，应用范围十分广泛。

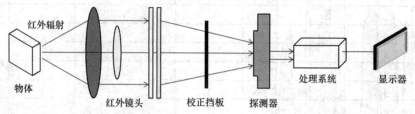

图 2-14　红外热成像系统的结构示意图

2.3　红外检测系统

红外检测系统一般可分为点测量系统和热成像系统，点测量系统常常被称为"斑点"或"点"辐射计；热成像系统可以进一步细分为定量的或辐射测量的系统（测量温度）和定性的或非辐射测量的系统（仅为热成像）。

20 世纪 70 年代，世界上第一台可用于热学无损检测的便携式设备被制造出来。20 世纪 80 年代后期，一项新的技术——焦平面阵列（FPA）从军事上被解禁进入商业市场，FPA 使用了一个大阵列的热敏感半导体探测器，与荷电耦合装置（CCD）可视照相机中的探测器相似，相对于单元素的扫描探测器而言是一项重大改进，图像质量和空间分辨率有了显著提高。与此同时，计算机和图像处理软件的应用也得到了迅速发展。新型检测系统具备量子井集成处理（QWIP）系统，其数据获取速度更快，灵敏度更高，在几种波长下均能够获取和处理图像的可调式传感器也已出现，设备的自动化程度更高，而且成本大大降低。

一个比较完整的红外检测系统应包括光学系统、调制盘、红外探测器、信息处理系统、存储记录系统等，其中光学系统收集目标红外辐射并将其汇聚到红外探测器，调制盘对入射的连续红外辐射进行调制，将其从直流信号转换为交流信号，红外探测器将红外辐射转换为电信号输入信息处理系统，得到所需的数据或图像。

2.3.1　红外探测器

红外探测器是红外检测设备的基础和核心器件，是能将红外辐射能转换为电能的光电器件，也称作红外传感器，它的性能好坏，直接影响整个检测系统的性能。红外探测器一般分为热电型和光电型，热电型探测器的光谱响应宽而均匀，在室温下即可工作，但灵敏度较低，响应时间较长（ms 级）；光电型探测器的峰值灵敏度较高，响应时间较快（μs 级），但光谱响应窄，需在制冷条件下工作。

1. 热电型探测器

热电型探测器是利用某些材料由于温度变化而引起材料的物理性能发生变化，从而对红外辐射进行检测。常用的热电型探测器有以下几种：

(1)热敏电阻探测器

可以在室温下工作,响应率与波长无关,是一种无选择性探测器,对于从 X 射线到微波波段的辐射都可响应。这种探测器是根据物体受热后电阻会发生变化这一性质制成的,受热惯性的制约,它的时间常数大(ms 级),只适用于响应速度不高的场合。

热敏电阻有金属热敏电阻和半导体热敏电阻两种。金属热敏电阻的电阻温度系数多为正的,绝对值比半导体热敏电阻小,它的电阻与温度的关系是线性的,耐高温能力较强,所以多用于温度的模拟测量;半导体热敏电阻的绝对值比金属热敏电阻大十几倍,它的电阻与温度的关系是非线性的,耐高温能力较差,多用于辐射探测,如防盗系统、防火系统、热辐射体搜索和跟踪等。

热敏电阻一般制成薄片状,当红外辐射照射在热敏电阻上时,由于温度升高,导致内部粒子无规则运动加剧,自由电子数量增加,电阻减小,其电阻与温度的关系可用下式描述：

$$R(t) = At^{-C}e^{D/t} \tag{2-13}$$

式中　$R(t)$——电阻值,Ω;

　　　t——温度,℃;

　　　A,C,D——与材料有关的常数。

半导体热敏电阻的实际阻值 $R(t)$ 与其自身温度的关系包括负温度系数(NTC)、正温度系数(PTC)和突变型温度系数(CTR)几种,如图 2-15 所示。

(2)热电偶型探测器

热电偶型探测器是利用温差电效应制成的探测器。当把两种具有不同温差电动势率的金属丝或半导体细丝连接成一封闭环时,若用红外辐射照射一个结点(热端或测量端),它因吸收入射辐射而升温,于是与另一结点(冷端或参考端)形成温差,从而在环内产生温差电动势,根据此电动势的大小就可测出红外辐射功率,这个效应称为温差电效应。温差电动势的大小与热电偶材料和两点处的温差有关：

$$E_{AB} = \alpha_s(t_1 - t_0) \tag{2-14}$$

式中　E_{AB}——温差电动势,V;

　　　α_s——温差电动势率或赛贝克系数,V/℃;

　　　t_1——热端温度,℃;

　　　t_0——冷端温度,℃。

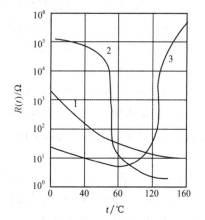

图 2-15　半导体热敏电阻值与温度的关系
1—NTC;2—CTR;3—PTC

由于入射辐射引起的温升很小,因此对热电偶材料要求很高,结构也非常严格和复杂,成本昂贵。热电偶材料既可以是金属,也可以是半导体。

热电偶型探测器时间常数较大,响应时间在几毫秒到几十毫秒,所以动态特性较差,常被用来探测直流状态或低频率的辐射,被测辐射变化频率一般不超过几十赫兹。

为了减少热电偶探测器的响应时间,提高灵敏度,常把辐射接收面分为若干块,每块都接一个热电偶,并把它们串联起来组成热电偶堆。

(3)热释电探测器

一些铁电材料吸收红外辐射后温度升高,表面电荷发生明显变化,通常温度升高,表面电荷减少,这种现象称为热释电效应,利用这种效应制成的探测器称为热释电探测器。常用的制作热释电探测器的材料有硫酸三甘肽、一氧化物单晶、锆钛酸铅以及以它为基础掺杂改性的陶瓷材料和聚合物等。

热释电探测器的电信号正比于温度随时间的变化率,不需要热平衡过程,所以响应速度很快(μs级),同时,热释电探测器还有较宽的、接近MHz的频率响应。热释电探测器有大面积均匀的敏感面,探测率高,而且工作时间可以不外加偏置电压,与热敏电阻相比,受环境温度变化的影响更小,其强度和可靠性比其他大多数热探测器要好,制造也比较容易。但热释电材料作为探测器有一个特殊问题,当热释电材料被稳定不变的红外辐射照射时,其表面电荷也将稳定不再变化,相应的输出电压信号为零,所以必须将入射的红外辐射进行截光调制,使其产生周期性变化,以保证探测器的稳定输出。

热释电探测器是一种几乎纯容性器件,但其电容量很小,所以其阻抗非常高,这就要求必须配以高阻抗负载,一般在$10^9\ \Omega$以上。

2. 光电型探测器

某些半导体材料在红外辐射的照射下产生光电效应,使材料的电学性能发生变化,通过测量这个变化,可以确定红外辐射的强弱,这种探测器称为光电型探测器,其主要特点是灵敏度高,响应速度快,响应频率高,但一般需在低温下工作,探测波段较窄。

(1)光电导型探测器

当红外或其他辐射照射半导体时,使其内部电子处于激发态,形成了自由电子及空穴载流子,使半导体材料的电导率明显增大,这种现象称为光电导效应,利用这种效应制成的探测器称为光电导型探测器,常用的光电导材料有锑化铟、硫化铅、硒化铅及锗掺杂材料等。

光电导型探测器是一种选择性探测器。

当红外或其他辐射照射半导体时,在产生载流子的同时,还存在载流子的复合消失现象,因此,光电导效应只有在辐射照射一段时间后,其电导率才会到达稳定值,辐射停止时也有类似现象,称为光效应惰性,它影响了光电导探测器的响应时间。一般将光电导率上升到90%稳定值或光电导率下降为10%稳定值所需的时间称为光电导效应的时间常数。

(2)光伏型探测器

当红外或其他辐射照射某些半导体的PN结时,会在PN结两边的P区和N区之间产生一定的电压,这种现象称为光伏效应。这个过程中光能转变成电能,根据光伏效应制成的红外探测器称为光伏型探测器,常用的光伏材料有砷化铟、碲镉汞和锑化铟等。

光伏型探测器也是一种选择性探测器,对于确定的波长,在探测率相同的情况下,光伏型探测器的时间常数可以远小于光电导型探测器。

2.3.2 常用的红外检测仪器

红外检测仪器是进行红外无损检测的主体设备,根据其工作原理和结构的不同,一般将红外检测仪器分为红外测温仪、红外热像仪、红外热电视等几大类。红外测温仪在某一时刻只能测取物体表面上某一个小区域的平均温度,而红外热像仪和红外热电视可以测取物体表面较大区域内的温度场。

1. 红外测温仪

红外测温仪种类繁多,可分为高温($>900\ ℃$)、中温($300\sim900\ ℃$)和低温($<300\ ℃$)测温仪。通常是按工作原理将红外测温仪分为三种类型:

(1)全辐射测温仪

收集目标发出的全部能量,由黑体标定出目标温度,其特点是结构简单,使用方便,但灵敏度较低,误差较大。

(2)单色测温仪

利用单色滤光片,选择单一的光谱辐射波段进行测量,以此确定目标温度,其特点是结构简单,使用方便,灵敏度较高,适用于高温和低温范围。

(3)比色测温仪

通过两组不同的单色滤光片收集两个相近辐射波段下的辐射能量进行比较,通过比值确定目标温度,其特点是结构比较复杂,但灵敏度高,适用于中、高温范围。

与传统的接触式测温仪相比较,红外测温仪具有以下优点:

(1)远距离、非接触测量

红外测温仪通过测量物体的红外辐射确定目标物体温度,不需要与被测目标接触,并可远距离测量,特别适合于高速运动体、旋转体、带电体和高温高压物体的测量。

(2)响应速度快

红外测温仪不像热电偶和温度计那样需要与被测目标接触并达到热平衡,它只要接收到目标的红外辐射即可定温,其响应时间在毫秒甚至微秒数量级。

(3)灵敏度高

由于物体温度的微小变化就会引起辐射能量的较大变化,易于被探测器测出,零点几摄氏度的温差即可探测到。

(4)准确度高

红外测温仪是非接触测量,不破坏目标物体的温度场,所测温度真实准确,测量精度可达 $0.1\ ℃$。

(5)测量范围宽

红外测温仪可测温度范围很宽,可从负几十摄氏度至正几千摄氏度。

红外测温仪的不足之处是:

(1)测量精度受其他因素如目标物体的辐射率、环境条件等的影响较大。

(2)对远距离的小目标测量困难,要实现远距离测温,须使用视角很小的测温仪,且难以对准目标。

红外测温仪几乎可以用在所有温度测量场合,如各种工业窑炉、热处理炉、感应加热炉,尤其是钢铁工业中的高速线材、无缝钢管轧制、有色金属连铸、热轧等过程的温度测量;在军事上如各种运载工具发动机的温度测量、导弹红外制导、夜视仪等;一般生活中如非接触人体温度测量、防火检测等。

2. 红外热像仪

红外测温仪显示的是目标物体某一小区域的平均温度,而红外热像仪显示的是一幅热图,通过红外扫描单元把目标物体的红外辐射转化为电子视频信号,经过一系列技术处理后在屏幕上显现出来,实际上是目标物体能量密度的二维分布图,获取物体表面温度场的方式有单元二维扫描、一维线阵扫描、焦平面(FPA)等。

按扫描方式不同,热像仪可以分为光机扫描热像仪和非机械扫描热像仪,主要差别在于扫描系统。光机扫描热像仪利用光学精密机械的适当运动,完成对目标物体的二维扫描并摄取目标红外辐射而成像。探测器输出的信号是与二维分布的辐射通量成正比的一维时序电信号,再转换为视频信号形成目标物体表面热图像,图像质量好,但结构复杂,成本高。

光机扫描热像仪系统框图如图 2-16 所示。

图 2-16   光机扫描热像仪系统框图

(1)光学系统

根据视场大小和像质要求由不同红外光学透镜组成,对目标物体的红外辐射进行接收、汇聚、滤波和聚焦。

(2)制冷红外探测器

一般为多元阵列探测器,扫描方式有串扫、并扫和串并混合扫。采用制冷方式降低热噪声并屏蔽背景噪声,可提高探测器的信噪比和探测率,得到较短的响应时间。

(3)光机扫描系统

将图像分解为一系列像素,又分为物扫描系统、像扫描系统、伪物扫描系统。

(4)前置放大系统

物体辐射的信号较弱,必须在不降低信噪比的情况下对辐射信号进行放大处理。

(5)信号处理系统

一般包括对信号的进一步放大、带宽控制、检波、控制及终端输出显示等,其中,最佳带宽的确定十分重要,取决于信号和噪声二者的频谱特性。

(6)显示记录系统

将一维视频时序信号通过同步扫描过程转变成二维目标物体温度分布图。

按制冷方式不同,红外热像仪有非制冷型和制冷型,非制冷红外热像仪采用焦平面探测器(FPA),不需低温制冷,具有表面积较大、热容量低、绝缘等特点,成本低、功耗小、重量轻、启动快,使用方便灵活,虽然在灵敏度和噪声等方面不如制冷型,但从长远来看,非制冷红外热成像技术更具技术优势,也成为各国发展的重点。目前高端应用的红外热像仪多采用制冷型,灵敏度较非制冷型高,但价格昂贵,图 2-17 为墙上的手印分别采用两种热像仪的效果。

（a）制冷型　　　　　　　　　　（b）非制冷型

图 2-17　两种热像仪红外图像对比

热像仪具有以下优点：

（1）不仅可以测量某一点的温度，还可以测量目标物体的温度场。

（2）分辨力强，现代热像仪可以分辨 0.1 ℃甚至更小的温差。

（3）显示方式灵活多样，温度场的图像可以采用伪色彩显示，也可以通过数字化处理采用数字显示。

（4）现代热像仪体积小、重量轻、测温范围宽，不需制冷装置，可交直流供电，方便了野外现场的使用。

3. 红外热电视

相对于红外热像仪的结构复杂、制造和维修困难，红外热电视具有无高速运动的精密光机扫描装置、制造和维修相对简单、不需制冷等优点，得到了广泛应用。红外热电视和红外热像仪的主要差别在于红外热电视给出的是定性热图像，而红外热像仪给出的是定量热图像。

红外热电视采用电子束扫描成像，其核心部件是红外热释电探测器。红外热电视的主要特点是：

（1）采用电子束扫描或电荷耦合器件（CCD）扫描方式，不需要高速运动的光学和机械元件，成本低，制作容易。

（2）由于采用热释电探测器，不需制冷，使用维护方便，有利于现场作业。

（3）可直接用电视屏幕显示、记录或重放。

红外热电视是近十几年才开发成功的新型红外检测仪器，但其灵敏度还有待于进一步提高，温度的测定方法也有待于改善。

2.4　红外检测技术

2.4.1　检测方式

红外无损检测过程中，按是否需要对被检件施加激励，将其分为被动式检测和主动式检测。

被动式检测利用被检件自身的辐射能，不需要对其施加激励，主要用于运行中的电力设备、石化设备的在役检测。

主动式检测需要在检测过程中对被检件施加激励,使其表面温度场发生变化,通过连续获取被检面的红外热图像,判断其中是否有缺陷。主动式检测一般为动态检测,缺陷热图像的显现是暂时的,导热快的材料更是如此,这也是红外对热导率性材料检测有困难的原因。

主动式检测中,根据检测时激励源、被检件和检测设备的相互位置关系,又可分为透射式和反射式。透射式检测中,激励源和检测设备分别处于被检件的两侧,故又称为双面法检测;反射式检测中,激励源和检测设备处于被检件的同侧,故又称为单面法检测。

两种检测方式如图 2-18 所示。

图 2-18　两种检测方式

2.4.2　激励源和激励方式

主动式检测中需要对被检件施加激励,其目的是在被检件中造成温度场的扰动,使被检件探测面的温度场在激励的作用下不断发生变化,同时利用检测设备连续获取被检件表面的红外辐射能,从而判断被检件表面或内部状况。

根据激励温度与被检件初始温度的相对高低,激励源又分为冷源和热源。冷源是指激励温度低于被检件初始温度的激励源,常用冷源有干冰、冷气等;热源是指激励温度高于被检件初始温度的激励源,常用热源有聚光灯、热流体等。

对激励源的基本要求是:激励均匀、激励速度快、操控简便、价格便宜。

激励方式有均匀激励和脉冲激励两种,每种激励又可进一步划分为面激励、线激励和点激励。

2.4.3　缺陷的判定

红外检测的目的是判断被检件的健康状况。红外无损检测中,一般只能将缺陷分为导热性缺陷和隔热性缺陷,对缺陷真实类型的判断,要在具有丰富材料和加工工艺方面知识的基础上,结合缺陷热图像的形状来进行。红外无损检测中,缺陷的平面位置比较容易确定,一般情况下可将热图像上的缺陷中心看作是实际工件中的缺陷中心,但缺陷的深度确定目前还不够准确,缺陷定量方面的研究成果也比较有限。由于热量在被检件内部的传递没有特定的方向,使得对缺陷边界的判定不准确,厚度方向的尺寸确定更加困难。

2.5　红外检测技术的新进展

　　红外探测器是红外检测设备的关键部件,近年来,随着科学技术的进步,红外探测器也得到了突飞猛进的发展。以红外光电探测器为例,按其特点可分为三代:第一代主要以单元/多元器件进行光机串/并扫描成像的扫描型(scanning)红外焦平面阵列,成像过程需要笨重的扫描系统,且灵敏度低;第二代红外光电探测器是小、中规格的凝视型(staring)红外焦平面阵列,探测元数增加,灵敏度提高,并且不需要光机扫描,大大简化了整个系统;目前,正在发展的第三代光电探测器具有大面阵、小型化、低成本、双色(two-color)与多色(multi-color)、智能型灵巧芯片等特点,并集成高性能数字信号处理功能,可实现单片多波段高分辨率探测与识别。

　　随着红外技术的迅猛发展,对大规模、多色、高分辨率、低功耗的新一代高性能红外成像系统提出了更高要求:一方面应加大探测器阵列规模并缩小像素面积来提高空间分辨率;另一方面对读出电路提出低功耗、低噪声、数字化设计要求。美国、以色列、法国等西方发达国家的制冷型红外焦平面探测器组件正向大规格、多谱段、数字化方向发展,国外已推出 640×512、1280×1024、1920×1536 等规格的数字化中波红外焦平面探测器组件实用化产品,显著提高了红外热像仪的整体性能;尤其是最近两年推出的数字化中波红外焦平面探测器组件,还体现了"SWaP"(Size,Weight and Power)概念。

　　最近十年,红外检测领域重视"SWaP"概念,在保证探测器现有性能或更好性能的前提下,减小系统的尺寸、重量、功耗、价格并提高其可靠性。SWaP 实现途径包括:

　　(1)降低像元中心距。

　　(2)提高工作温度。

　　(3)数字化输出。

　　目前,在低成本"SWaP"概念指引下,国外公司正在采用"HOT"工作、"Small"像素、"Digital"集成等三种技术途径相结合研制 HOT Blackbird 数字中波探测器组件,预计不久就会推出该型产品。

　　除了硬件的发展之外,红外检测技术也有了长足进步。红外热波技术是近年来发展较快的新兴无损检测技术,正在从实验室逐步走向工程应用阶段,其应用领域包括航空航天、国防军工、清洁能源、轨道交通等,可检测的缺陷类型包括裂纹、孔洞、分层、脱粘、锈蚀等。红外热波技术的核心是热激励方式、图像采集及图像处理,该技术与被动红外成像的本质区别是采用主动控制的热激励方式,激励方式有闪光灯激励、激光激励、卤素灯/红外灯激励、超声激励、电磁激励、微波激励等,这些激励方式各有其特点,比如激光激励可以通过快速扫描实现脉冲激励的效果,改变扫描速度可以改变激励能量,还可以实现锁相检测,通过扫描所产生的三维温度场可用来检测垂直表面的裂纹;超声激励对闭合裂纹具有选择性加热的特点,具有很高的细微裂纹识别能力,并且能提供红外图像中缺陷部位和无缺陷部位的对比度,提高检测能力,进行数据处理后可以得到缺陷位置的准确信息和其他特征信息,图 2-19 是超声激励原理示意图。

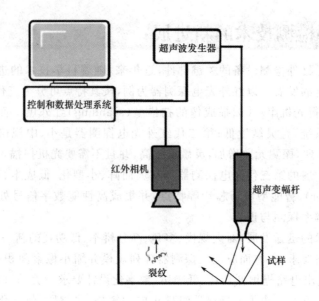

图 2-19　超声激励原理示意图

通常红外探测器的空间分辨率远低于可见光阵列传感器,因此对人眼而言,红外图像的分辨能力比可见光图像差,并且由于大气衰减以及各种干扰和噪声,使得红外图像信噪比低,目前,对红外图像的处理技术有 4 个发展方向:

1. 红外图像降噪技术

传统降噪主要采用线性滤波,保护空域和频域两种方法,但在低信噪比的情况下,经过滤波处理的红外图像信噪比改善不大,而且图像的细节信息也会被屏蔽。小波变换具有局部化分析能力,可以有效消除噪声,保留图像高频信息,得到对原始信号的最佳重构,被誉为"数学显微镜",目前在图像降噪领域得到了广泛应用。

2. 红外图像增强技术

由于常规显示设备的数据宽度远低于红外探测器的 AD 数据宽度,因此需要对大动态范围的图像数据进行压缩,若处理不当,就会使原本探测到的某些微弱信息丢失得不到显示。近年来,红外图像的增强技术成为研究热点,主要有基于统计直方图的增强技术、基于频率变化的增强技术和数字细节增强技术(digital detail enhancement,DDE),其中数字细节增强技术是一种高级非线性图像处理算法,可以在完成大动态范围数字图像压缩的同时,尽可能保持并增强图像细节,是未来发展的重点。

3. 红外序列热图处理技术

受红外热像仪噪声、激励源的不均匀、材料表面吸收率差异等影响,导致单帧图像中缺陷信息可靠性较低,部分细节会被噪声淹没,因此需要对红外序列图像进行处理,主要有热信号重建理论、锁相法、脉冲相位法和主成分分析法,其中锁相法采用周期热激励,可以通过增加采集周期提高热波图像信噪比,进而达到很高的灵敏度,特别适合于分层缺陷、微小缺陷、疲劳损伤的检测。

4. 红外图像缺陷提取

对红外热图降噪、红外图像增强后,需要对红外热图中缺陷区域进行提取,传统边缘检测算子效果不明显,目前人们正在研究区域生长法、小波变换法、BP 神经网络法等提取技术,取得了较好效果。

红外检测技术未来将向着硬件的更新换代、缺陷的自动识别和多种检测技术融合的方向发展。

2.6 应用实例

目前,红外无损检测在电力、石化、航空航天、机械制造、材料、建筑、农业、医学等领域已获得广泛应用。

1. 电力行业

红外检测具有远距离、非接触、准确、实时、快速等特点,在设备不停电、不取样、不解体的情况下,能够快速实时地在线监测和诊断电力设备的大多数故障,可以及早发现设备外部过热故障和内部绝缘故障。

【实例 1】 某公司巡检过程中,利用红外热像仪发现某变电站 330 kV 线路 1120 断路器 B 相灭弧室瓷套温度为 28.9 ℃(环境温度为 23 ℃,负荷电流为 51 A),分别高于 A、C 相相同部位 5.6 ℃ 和 5.1 ℃,由此判断 B 相灭弧室内部存在严重故障。断电后对 B 相灭弧室进行解体检查,发现动主触头与压气缸 8 个不锈钢连接螺栓有 6 个端部已经烧熔,2 个松动脱离,造成动主触头脱离、喷口移位,灭

图 2-20 动主触头固定螺栓烧熔

弧室动静主触头、弧触头严重烧毁,如图 2-20 所示。经分析,造成此次灭弧室故障的直接原因是主触头结构性缺陷,应对断路器进行相关改造。

【实例 2】 绝缘子作为输电线路的重要组成部分,在保证电力系统安全运行过程中发挥了重要作用。但由于绝缘子长期暴露在复杂多变的气候环境中,随着绝缘子服役期的增加,会产生绝缘子材料劣化、强度降低、电气性能下降等问题。利用红外检测技术对某 500 kV 交流输电线路进行检测,发现某杆塔存在异常,如图 2-21 所示。为保证测量的准确性,采用晴天日落后 2 h 进行测温,测量距离 5 m。由图 2-21 可以看出,在绝缘子端部靠近导线处存在严重的发热点,第二大伞至第七大伞间发热严重,相对温升达到了 30 ℃。进一

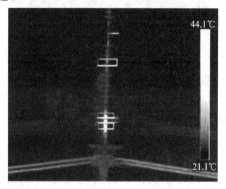

图 2-21 绝缘子红外热像图

步检查表明,复合绝缘子护套已经变脆变硬,表面存在碳化通道和电蚀损,第一大伞到第九大伞间芯棒损坏严重,存在粉化现象,及时更换后保证了安全运行。

【实例 3】 某变电站在巡检过程中发现 35 kV 电抗器隔离开关 C 相刀闸发热,温度为 128 ℃,如图 2-22 所示。经测量,C 相接触电阻超出标准 1 倍多。解体检查发现刀闸触头和触指均有不同程度的灼伤(图 2-23),更换后运行正常。

图 2-22　隔离开关触头红外测温图像　　　　　图 2-23　隔离开关触头灼伤

　　【实例 4】　某电站巡检过程中发现封母与 B 相主变连接处存在明显超温（图 2-24），A 相电流互感器出线连接处有热点，温度明显高于 B、C 两相，温差为 23 K（图 2-25），马上进行停机检修，发现主变 B 相及封母内部存在大量积水，处理后温度恢复正常。而 A 相电流互感器出线连接处由于接触不良导致温升，处理后恢复正常。

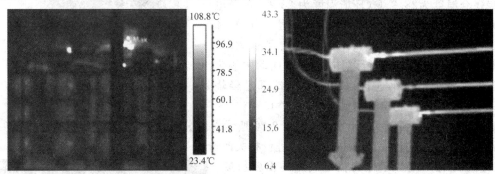

图 2-24　主变 B 相及封母热像图　　　　　图 2-25　主变高压侧三相互感器热像图

　　除上述介绍的几个实例以外，红外检测技术还可以用于高压电气设备内部导流回路故障诊断、高压电气设备内部绝缘故障诊断、发电机和电动机铁芯过热故障、变压器铁芯短路故障、油浸电气设备缺油故障、电力机械磨损故障、火电厂锅炉运行状态诊断等。

2. 石化行业

　　石化行业设备及部件大多带温运行，且含有易燃、易爆、剧毒或腐蚀介质，一旦失效会造成严重后果，采用红外检测技术可以快速发现一些隐患缺陷。

　　【实例】　加热炉在运行过程中，常常由于燃烧状况不好，炉管受热不均，出现局部超温情况，若长期在超温状态下运行，会导致炉管内壁结焦、组织劣化、蠕胀变形甚至爆管，图 2-26 是某焦化炉检测的红外热像图，结焦处温度明显高于其他部位。

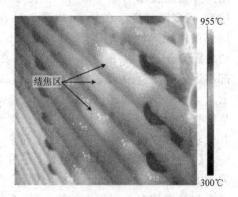

图 2-26　炉管结焦红外热像图

　　除此之外，对于石化行业的蒸馏塔、焦炭塔、保温管线等表面温度检测、散热损失计算、保温效果评估等方面工作也可以采用红外检测技术较好地完成,还可以将红外检测技术应用于换热器、冷冻器、储罐液位、地下管线腐蚀泄漏、安全阀性能、旋转轴承过热等方面的检测。

3. 航空航天

在航空航天领域,复合材料结构广泛使用。除了复杂多变的环境因素外,复合材料结构对外部冲击极为敏感,如起降过程跑道碎石和日常维护中工具的撞击等,都能造成复合材料的损伤,如分层、基体开裂、纤维断裂等,使其承载能力大幅下降,威胁飞行安全。然而这些损伤往往目视不可检,利用红外检测技术,可以有效检测复合材料内部的空穴、裂纹、多孔等缺陷。

【实例 1】　复合材料在低能冲击下的主要损伤形式为层间分层、基体裂纹、纤维断裂等,损伤区域集中在冲击点附近和冲击正下方的背面。采用脉冲闪光热像法对典型冲击试验件进行了红外检测,热像仪灵敏度为 0.08 ℃(30 ℃时),成像距离 30 cm,帧频为50 帧/秒。冲击能量为 9.8 J 时,冲击点可见光图和红外热图如图 2-27 所示,可以看出,可见光图中冲击痕迹轻微,光线差时需仔细观察才能发现,而红外热图没有经过任何处理,仍能观察到内部产生的分层损伤,冲击点背面没有目视可见的损伤。

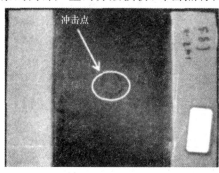 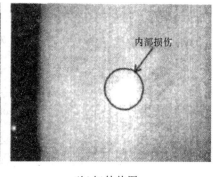

　　　　(a)可见光图　　　　　　　　　　　(b)红外热图

图 2-27　冲击点可见光和红外热图

冲击能量为 56.5 J 时,在可见光图中,冲击痕迹明显,背面有细微的纤维开裂现象。而在红外时序热图中(图 2-28),冲击损伤图像随时间延长出现了明显变化:初期的红外热像主要反映的是靠近冲击正面的损伤情况,后期的红外热像主要反映的是靠近冲击背面的损伤情况。从时序热图中还可以看出,离冲击正面较近的区域,冲击损伤范围较小,损伤形式主要为分层和基体裂纹;随时间延长,距离冲击点较远区域损伤开始呈现,损伤范围明显加大,损伤形式主要为分层,且离冲击点越远,损伤范围越大。

  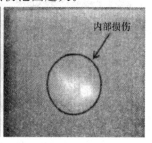

　(a)闪光加热初期　　　(b)闪光加热后一定时间　　　(c)闪光加热后较长时间

图 2-28　红外时序热图

【实例2】 采用主动式红外热成像技术对飞机复合材料构件进行原位检测,用高能闪光灯作为热激励源,通过计算机控制进行周期、脉冲等函数形式的加热,红外热像仪高速记录试件表面温度场的变化,计算机通过特殊算法和特殊图像处理给出检测结果,构件原位检测红外热成像系统如图2-29所示。

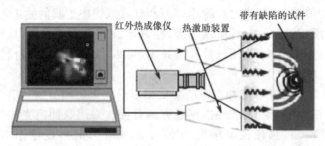

图 2-29 构件原位检测红外热成像系统

复合材料试件采用层压结构,制作不同埋藏深度含 6 mm×6 mm、10 mm×10 mm 和 15 mm×15 mm 三种尺寸的人工缺陷阶梯试件示意图,如图2-30所示。

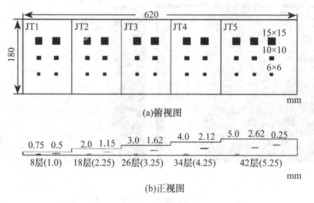

图 2-30 人工缺陷阶梯试件示意图

根据所用复合材料的热特性,设定系统采集频率为 47 Hz,完成一次热图序列采集的时间为 45 s,对试件进行分区检测。图2-31示出了不同成像时间下阶梯试件原始热像图,可以看出,热像图非常清晰地显示出与试件中人工缺陷大小和埋深相吻合的灰度变化,随缺陷尺寸减小,埋深增加,相同成像时间下,缺陷辐射亮度逐渐降低,但对于 6 mm×6 mm 缺陷,即使成像时间达到 2 s,也无法检测到。

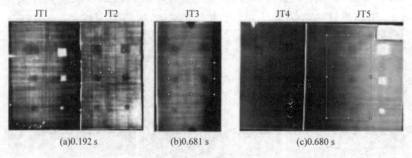

图 2-31 不同成像时间下阶梯试件原始热像图

实际检测中,常利用一阶微分热图(脉冲热激励前后温度差值的自然对数相对于时间的自然对数的变化率)剔除机器等干扰因素,分析材料内部的详细信息,图 2-32 是不同成像时间下阶梯试件一阶微分热像图,由图可见,缺陷的辐射亮度明显提高,但对尺寸较小、埋藏较深的缺陷仍然效果不大。

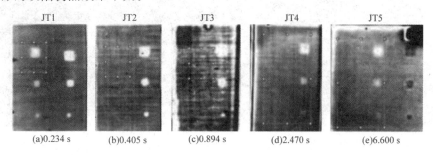

图 2-32　不同成像时间下阶梯试件一阶微分热像图

【实例 3】　航空发动机涡轮叶片在长期服役过程中,不可避免地堆积杂质、积炭、污垢等沉积物,这些沉积物肉眼难以分辨,形成了发动机安全服役的隐患,采用红外热波检测技术可以有效地检测叶片残留物、微裂纹、涂层脱落等表面缺陷。采用德国 VarioCAM 热像仪,探测器为非制冷微热量焦平面阵列。激励源为变化激励方式,这是因为在稳态温度场中,叶片表面温度差异可以忽略不计,观察叶片表面特征非常困难,在非稳态场中可以得到较好的对比度,因此采用电暖器和高压室温空气同时激励的方式,图 2-33 和图 2-34 分别为不同位置有残留物时叶片正、反面的红外热像图。

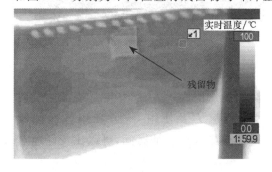 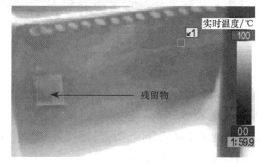

（a）　　　　　　　　　　　　　　　（b）

图 2-33　有残留物时叶片正面的红外热像图

（a）　　　　　　　　　　　　　　　（b）

图 2-34　有残留物时叶片反面的红外热像图

利用 Matlab 图像处理软件对红外热像图进行处理,可得到相应的灰度图或二值图,可以清晰地看到叶片正、反面残留物的形状信息,这种方法也可以用来对叶片表面微小缺陷或热障涂层的损伤进行评价,如图 2-35 和图 2-36 所示。

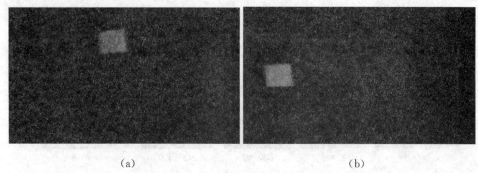

(a)　　　　　　　　　　　　　　　(b)

图 2-35　处理后叶片正面残留物灰度图

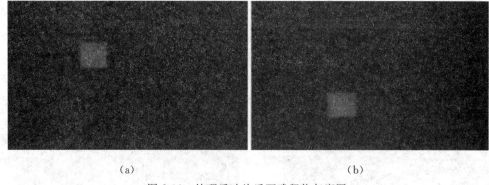

(a)　　　　　　　　　　　　　　　(b)

图 2-36　处理后叶片反面残留物灰度图

【实例 4】　热障涂层是目前最为先进的高温防护涂层之一,涂层厚度是表征涂层质量的关键技术指标,它关系到涂层的结合强度、内应力及使用寿命,利用普通帧频(60 Hz)热像仪结合闪光灯激励红外热波技术,基于热图序列特征时间,可以比较好地对涂层厚度进行测量。

对于一定厚度的陶瓷涂层,传热特性类似有限厚度的平板模型,只要在特定已知涂层厚度的试样上测量不同的温度—时间二阶微分曲线峰值时间 t_{peak},拟合换算后得到一比例系数 α,然后通过测量未知厚度涂层试样的 t_{peak} 值,带入公式 $t_{peak}=\dfrac{d^2}{\pi\alpha}$ 即可得出涂层厚度 d。

采用美国 TWI 公司的 Echo Therm 红外热波检测系统,主要包括热像仪、热激励系统、计算机控制系统、图像采集及处理系统。热像仪为 FLIR 公司 Therma-CAMSC3000 焦平面制冷型热像仪,图像大小为 320×240 像素,响应波段 8~9 μm,采集帧频为60 Hz,采集时间 15 s,热灵敏度为 20 mK,热激励系统为两个 4.8 kJ 的闪光灯,光脉冲宽度为 2 ms。试样为双层热障涂层结构,表层陶瓷层成分为 7%~8%(质量分数)Y_2O_3 稳定 ZrO_2,黏结层成分为 Ni-22Cr-9Al-37Co-0.5Y,基体为 K438 镍基高温合金。在涂层表面喷涂一层水溶性黑漆以增加表面对可见光的吸收以及表面的红外辐射。1～4 号试样的黏结层厚度相同,均为 150 μm,陶瓷层厚度分别为 100 μm、150 μm、200 μm、250 μm。

涂层试样热图检测结果如图 2-37 所示,在第 1 帧 $t=0.017$ s 时,4 个试样灰度呈现明显差别。在以灰度表示的热图中,通常亮度越高温度越高,即 4 块试样呈现的温度场不同,这是涂层厚度的不同导致涂层受热激励后热量传导不一致,反射到表面的热波强度不同。在第 100 帧 $t=1.668$ s 时,4 块试样基本没有明显的灰度差别,即热量从涂层传到基体后达到热平衡状态,表面温度大致相同。

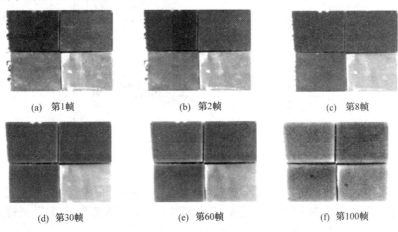

| (a) 第1帧 | (b) 第2帧 | (c) 第8帧 |
| (d) 第30帧 | (e) 第60帧 | (f) 第100帧 |

图 2-37　涂层试样热图检测结果

选择大小为 3×3 像素的一块小区域,将其内所有点的温度取均值后进行归一化,做出不同厚度涂层试样表面温度曲线,如图 2-38 所示,结果表明,初始时脉冲激励作用使 4 块涂层表面都获得了较高温度,并在非常短的时间内快速下降,最后降至室温,4 条曲线逐渐重合在一起。

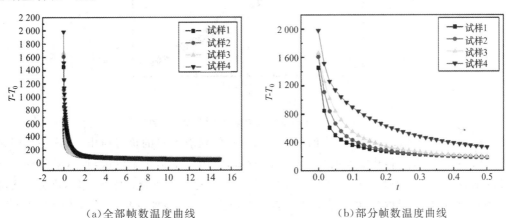

(a)全部帧数温度曲线　　　　　　　　　　(b)部分帧数温度曲线

图 2-38　涂层试样表面温度曲线

图 2-39 为涂层试样表面温度-时间二阶微分曲线,可以看出,曲线上峰值时间较多,且同时出现多个正峰和副峰,难以判断 t_{peak} 具体数值,主要有 3 个原因:

(1)热像仪的采集频率最高为 60 Hz,温度采集过程中不可避免地出现时间间隙,导致曲线出现波动,峰值较多,无法完全符合理论值。

（2）理论曲线是建立在一维热传导模型基础上,而热障涂层并不是严格的各向同性均质体,内含大量的微孔洞、夹杂物等,因此,不可避免地受三维热扩散的影响,导致曲线出现波动。

（3）红外检测时会受到环境温度和气流干扰的影响,导致温度曲线出现波动现象。

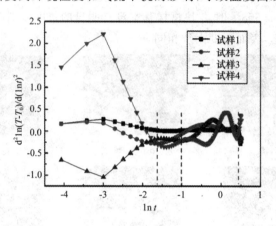

图 2-39　涂层试样表面温度-时间二阶微分曲线

由于试样表面温度-时间二阶微分曲线出现波动,所以需要结合涂层试样表面温度-时间对数曲线综合判断 t_{peak} 的具体数值,如图 2-40 所示。

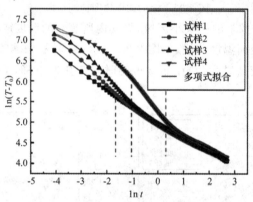

图 2-40　涂层试样表面温度-时间对数曲线

由图 2-39 可知,试样 1 温度-时间二阶微分曲线没有明显的负峰值出现,这是由于试样 1 涂层厚度较小,传热加速的负峰值时间较短,且由于采集频率较低,难以采集到该试样的细微温度变化信息。试样 1 由于涂层厚度较小,近似基体合金传热现象,符合半无限大平板传热模型,温度-时间对数曲线按斜率近似为-0.5 线性变化。当基体合金表面有涂层材料时,热量传导符合有限厚度平板传热模型,热波在涂层界面发生反射,对应表面温度-时间对数曲线偏离线性变化,厚度越大,表面温度越高,线性偏离越大。当传热到涂层/基体界面时,转变为半无限大平板传热模型,表面温度-时间对数曲线趋于线性,该线性回归时间也正是二阶微分曲线的加速传热峰值时间,需选取的负峰值时间（图 2-39 中三条竖直虚线）应与对数曲线的线性回归时间接近,各试样的负峰值时间选取结果见表 2-3。

试样	第 1 次负峰值时间		第 2 次负峰值时间		第 3 次负峰值时间	
	对数时间	绝对时间	对数时间	绝对时间	对数时间	绝对时间
1	—	—	光滑曲线,无负峰值		—	—
2	-1.693	0.184	0.140 63	1.151		
3	-2.996	0.050	-1.002	0.367	0.183	1.201
4	-1.386	0.250	-0.380	0.684	0.395	1.485

表 2-3　表面温度-时间对数/二阶微分曲线的负峰值时间　单位:s

根据表 2-3 中的峰值时间计算的涂层厚度和通过扫描电镜实际测量的涂层厚度测量对比示于表 2-4 中,相对误差小于 10%,满足工程需要,并且该技术具有非接触、观测面积大、设备轻巧便携、数据测量准确可靠等优点,具有较大的应用价值和推广前景。

表 2-4　涂层厚度测量对比

试样	峰值时间/s	计算厚度/m	测量厚度/m	相对误差/%
1	—	陶瓷层太薄无法测量		—
2	0.184	153.65	142.62	7.73
3	0.367	217.01	210.97	2.86
4	1.485	436.53	410.38	6.37

4. 其他领域

【实例 1】　纤维增强复合材料(FRP)-混凝土(RC)黏结界面剥离情况的检测一直是业界的难点,以往一般采用小锤敲击或手压纤维片材表面的方法来检查,具有很大的随机性和不确定性,红外检测技术提供了一种非接触的探测手段,可以通过表面红外辐射能量的差异或不均匀变化,直观地检查缺陷位置、大小和形状。

采用 HY-5000 监控型红外摄像机,其探测器为第三代非制冷焦平面技术,30 ℃时温度分辨率为 0.07 ℃,响应波段 8~14 μm。为提高对比度,对 FRP(碳纤维薄板)通以低压交流电进行均匀加热,检测系统如图 2-41 所示。标准试件长 200 mm,如图 2-42 所示。

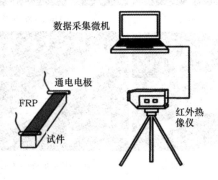

图 2-41　FRP-RC 界面红外检测系统

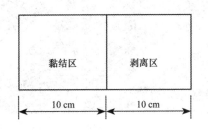

图 2-42　FRP-RC 标准试件

加热后某一时刻标准试件 FRP 表面的红外图像和对应的温度分布如图 2-43 所示，可以看出温度曲线变化均匀连续，两个区域之间有明显的温度梯度。

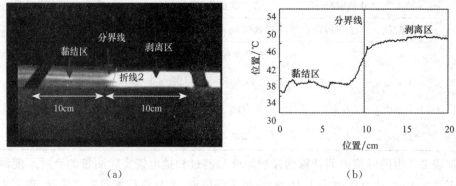

（a）　　　　　　　　　　　（b）

图 2-43　标准试件 FRP 表面温度场分布

分界线温度与黏结区温度试验数据 3 次拟合关系式为

$$T = 0.003\ 3\ T_0^3 - 0.39\ T_0^2 + 15.97\ T_0 - 181.15$$

式中　T——分界线温度（剥离温度）；

T_0——黏结区温度。

以此作为 FRP 加固 RC 梁界面剥离的判断标准，对应于一个特定的初始温度 T_0，当加载后 FRP 表面温度大于等于 T 时，则认为此区域已发生剥离。

制作了 2 个试验用 RC 梁（RC-1 和 RC-2），尺寸均为 1 850 mm×100 mm×200 mm，梁底部受弯拉区粘贴 1.6 m 长的碳纤维薄板，对加固梁进行三点弯曲恒幅疲劳加载，测试的疲劳寿命分别为 1 950 120 次和 902 876 次，两个梁不同阶段的红外热像图如图 2-44 和图 2-45 所示。

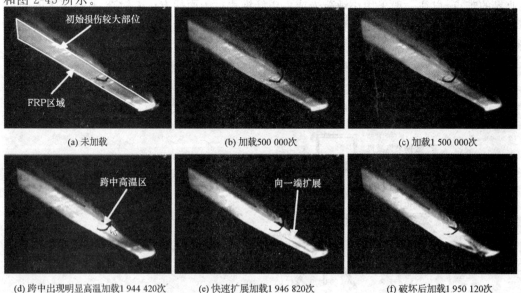

图 2-44　RC-1 梁加载过程红外热像图

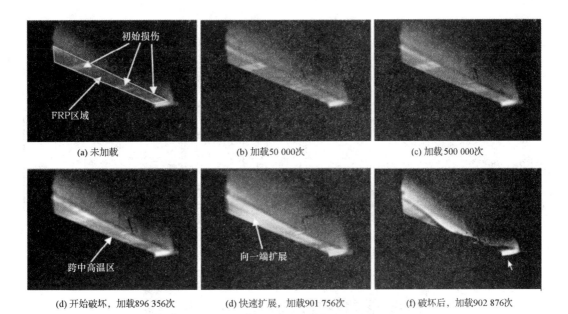

(a) 未加载　　　　　　　　(b) 加载50 000次　　　　　　　(c) 加载500 000次

(d) 开始破坏，加载896 356次　　(d) 快速扩展，加载901 756次　　(f) 破坏后，加载902 876次

图 2-45　RC-2 梁加载过程红外热像图

从图 2-44 和图 2-45 中可以看到,加载前 FRP 上就存在一些温度较高区域,这是由于粘接质量不佳造成的界面空洞或未黏结处,属于界面初始损伤。在开始加载的数千次循环内,RC 梁中产生大量裂缝,造成界面局部区域的剥离,是界面损伤的萌生阶段,接下来的界面剥离稳定扩展阶段是一个长期的过程,红外图像在界面剥离失稳发展前没有明显变化,界面剥离发展缓慢,红外温度场仅在跨中附近和初始损伤区域发生局部变化。当界面裂缝逐渐贯通连接在一起时,进入了剥离失稳阶段,跨中部位 FRP 温度明显升高,高温条带向梁的一端发展,界面有效承载面积不断减少,剥离持续进行,最后断裂。

研究表明,采用红外技术可以有效地探测 FRP 加固 RC 构件黏结界面的状况,界面黏结区和剥离区有明显的温度梯度,界面初始损伤的位置和大小可以在红外温度场中精确标定出来,具有直观、准确、可定量的特点,是一种实用的界面检测方法。

【实例 2】　超声红外热像技术是一种新兴的无损检测技术,它采用超声作为热激励源,可以实现对可能的缺陷部位进行选择性的热激励,同时用红外热像仪捕捉温度场的变化并进行分析,达到检测目的,其原理如图 2-46 所示。

采用超声红外热像技术检查激光焊接焊缝的质量,确定相关的焊接参数,检测装置如图 2-47 所示,超声激励频率为 20 kHz,激励时间 0.8 s,红外热像仪像素为 320×240,工作波段为 2.7~4.8 m,采集频率 100 Hz,采集时间为 8 s。

采用不同的焊接功率制作了 5 个样品,焊接功率太低,会导致试件未焊透,但功率太高,又会增加金属蒸汽的产生,会导致形成气孔,因此焊接时功率的选择十分重要,图 2-48 是超声激励 0.8 s 后的减背景热像图。从图中可以看到,除 1# 试件外,其他试件焊缝中间部位有一条暗线,周围明亮,说明中间部位结合比较紧密,声阻抗小,没有振动摩擦,焊接质量较好。而暗线的周围是焊缝与非焊接区域的过渡区,两块板相互接触但没有完全焊接在一起,超声波会在该处引起振动摩擦转化为热量,因此该区域温度较高。而

$1^\#$试件中间部位看不到暗线,说明该区域结合不紧密,焊接功率过低,导致未焊透。

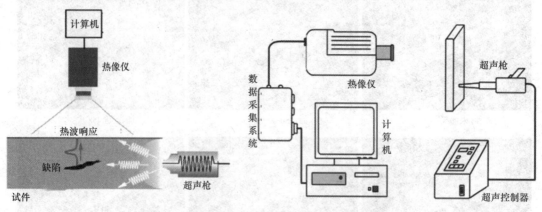

图 2-46   超声红外热像检测原理   图 2-47   焊缝超声红外热像检测装置

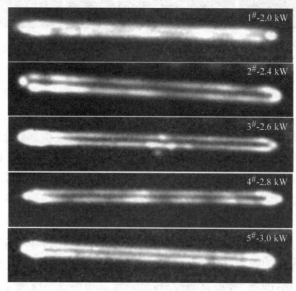

图 2-48   不同的焊接功率试样减背景热像图

采用不同的焊接速度制作了 2 个样品,焊接速度主要影响焊缝的熔宽和熔深,提高焊接速度,焊缝表面光滑,但易导致未焊透,焊接速度低会导致材料过度熔化,甚至焊穿工件,需要根据实际情况合理控制,不同焊接速度试样减背景热像图如图 2-49 所示。

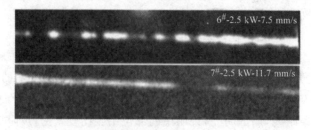

图 2-49   不同焊接速度试样减背景热像图

从图 2-49 中可以看出,6[#] 试件热像图有很多不连续的亮点,并且发亮区域宽度较大,说明超声波引起该处的振动摩擦,使其温度升高,焊接质量不好,熔池较宽,连续性差。而 7[#] 试件的亮线较短,宽度较窄,说明其焊接质量比 6[#] 试件好。利用此种检测技术可以根据实际情况调整焊接参数,确保焊接质量。

【实例 3】　电子元件的过热是降低其可靠性最主要的原因(图 2-50),10～15 ℃的温升可以导致元件寿命降低 50% 以上,特别是在现代化的电子设备中,由于功率的增加及精密度的提高,热效应成为制约电子元件可靠性最主要的因素,对其进行有效的监测和控制非常重要,红外热成像技术提供了一种无损、非干涉、非接触、快速的监测方法。采用带有低倍放大镜和精确三维定位装置及智能分析处理软件的红外热像仪,有助于更准确地确定集成电路故障元件的位置及失效原因。

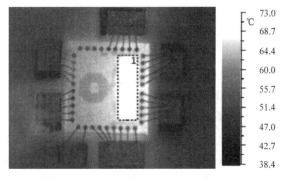

（a）　　　　　　　　　　　　　　（b）

图 2-50　集成电路过热元件的检测

参考文献

[1]　李国华,吴淼. 现代无损检测与评价[M].北京:化学工业出版社,2009.

[2]　SAKAGAMI T，KUBO S. Applications of pulse heating thermography and lock-in thermography to quantitative nondestructive evaluations[J]. Infrared Phys. Technol，2002，43(2/5):211-218.

[3]　冯庆国. 红外检测技术在电气设备状态检修中的应用[J].电力安全技术,2014,16(9):50-51.

[4]　张勇,王建民,闫丽婷. 红外检测技术在输变电设备故障诊断中的应用[J].科技与创新,2014, 8:1-2.

[5]　纪瑞东,张旭刚,王珏.飞机复合材料构件的原位红外热成像检测[J].无损检测,2016,38(1):13-16.

[6]　杨小林,江涛,冯立春.飞机复合材料结构中冲击损伤的红外检测[J].无损检测,2009,31(2):120-122.

[7]　孙全胜. 浅谈如何提高加热炉炉管温度场红外检测与分析的准确性[J].工业加热,2013,42(6):11-14.

[8]　汪力. 航空发动机涡轮叶片表面粘贴残留物红外检测[D].南昌:南昌航空大学,2012.

[9]　仲跻生,李春诚,任迅. 红外热像技术应用于石化设备的检测诊断[J]. 激光与红外,1999,2(5):310-314.

[10]　RAMI H A, WEI B S, SHANE J, et al. Thermoelastic and infrared-thermography methods for surface strain in cracked orthotropic composite materials[J]. Engineering Fracture Mechanics. 2008, 75(1):58-75.

[11]　李永君,肖俊峰,朱立春,等. 红外热波技术在热障涂层厚度检测上的应用研究[J]. 红外技术,2017,39(7):669-674.

[12]　邓江东,黄培彦,宗周红. FRP加固RC梁界面疲劳损伤红外检测分析[J]. 实验力学,2010,25(4):373-377.

[13]　SIDDIQUI J A, ARORA V, MULAVEESALA R, et al. Infrared Thermal Wave Imaging for Nondestructive Testing of Fibre Reinforced Polymers[J]. Experimental Mechanics, 2015, 55:1239-1245.

[14]　陈大鹏,李晓丽,李艳红,等. 超声红外热像技术检测激光焊缝质量[C]. 远东无损检测论坛,2008.

[15]　KONSTANTIN O P, IGOR A K. Non-destructive Testing of Electronic Components Overheating Using Infrared Thermography[C]. VIIIth International Workshop NDT in Progress(NDTP2015), Oct 12-14, 2015, Prague.

[16]　白丕绩,赵俊,韩福忠,等. 数字化中波红外焦平面探测器组件研究进展[J]. 红外与激光工程,2017,46(1):1-7.

[17]　郑凯,江海军,陈力. 红外热波无损检测技术的研究现状与进展[J]. 红外技术,2018,40(5):401-411.

第3章

超声检测

3.1 概　述

超声检测(ultrasonic testing，UT)是最常用的无损检测技术之一，它是利用超声波在传播过程中产生衰减、反射、折射、波形转换等现象，对材料或部件的缺陷状况和力学性能进行评价，广泛应用于航空、航天、核电、石油化工、钢铁、机械制造、船舶、建筑、医疗等领域。

1. 超声检测的优点

(1)超声波的方向性好，具有良好的指向性，对缺陷可以准确定位。

(2)超声波的能量高，具有很强的穿透能力，在一些金属材料中的穿透力可达数米，这是其他无损检测方法无法做到的。

(3)超声波在异质界面会产生反射、折射、波形转换等现象，可以对物体内部或表面状况进行有效判断。

(4)超声检测速度快，可检测金属、非金属、复合材料等多种介质。

(5)超声波对人体无害，不污染环境。

(6)除进行缺陷检测外，利用超声波还可以测定材料的某些性能指标，如硬度、应力、弹性模量、晶粒度等。

2. 超声检测的局限性

(1)超声检测记录性差，无法直观地判断缺陷的几何形状、尺寸和性质。

(2)超声检测的可靠性在很大程度上与检测人员技术水平和责任心有密切关系。

(3)不适合较薄工件的检测，某些情况下对体积型缺陷检出率较低。

3.2　超声检测的理论基础

3.2.1　机械波

物体在一定位置附近做周期性往复运动的过程称为机械振动，振动是波动的产生根源，波动是振动的传播过程。日常生活中，物体振动的现象随处可见，例如钟摆周而复始的摆动、活塞在气缸中来回往复的运动等都是物体振动的表现。

振动分为自由振动和受迫振动。

波有两大类：电磁波和机械波。电磁波是电磁振荡产生的变化电场和变化磁场在空间的传播过程；机械波是机械振动在弹性介质中的传播过程。无线电波、紫外线、X射线、可见光等属于电磁波，水波、声波、超声波等属于机械波。

频率高于20 kHz的声波称为超声波，超声波属于机械波，是机械振动在弹性介质中的传播。弹性介质是指相间由弹性力连系着的质点所组成的物质，可以用图3-1所示的物质的弹性模型来表示。将其看作由许多质量微小的质点集合而成的点阵，质点之间是靠弹性力相互联结的，因此当弹性介质中的质点在外力作用下产生振动时，该振动就会靠弹性作用传递给相邻的下一质点，并且一个接一个地传播下去。由此，振动由振源不断向远处传播，形成机械波。

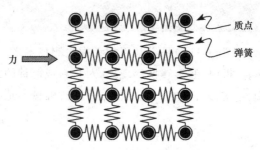

图 3-1　物质的弹性模型

3.2.2　波动方程

在各向同性、无吸收、无限均匀的介质中，当振源振动时，振动传播路径的所有质点都按余弦（或正弦）规律振动，这样的振动称为简谐振动，所形成的波称为简谐波。简谐波是最简单、最基本的波动，任何复杂的波都可以看成是由若干频率不同的简谐波叠加而成的。

如图3-2所示，设有一简谐波沿 x 轴正向传播，介质质点沿 y 轴做上下振动，任取一点 O 作为坐标原点，则点 O（即 $x=0$）处质点的振动方程为

$$y = A\cos\omega t \qquad\qquad (3-1)$$

式中　A——振幅，m；

　　　ω——角频率，$\omega = 2\pi f$，rad/s。

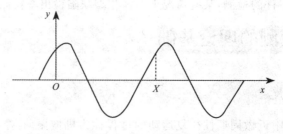

图 3-2　波的传播

假设波的传播速度为 c，振动从点 O 传至点 X 时所需时间为 $t=\dfrac{x}{c}$，即点 X 的振动落后于点 O 的时间为 $\dfrac{x}{c}$，因此 X 处的质点在时刻 t 的位移为

$$y=A\cos\omega\left(t-\frac{x}{c}\right) \tag{3-2}$$

3.2.3　描述超声波的基本物理量

频率 f：单位时间内完成振动的次数，Hz。

声速 c：单位时间内超声波在介质中的传播距离，m/s。

波长 λ：超声波传播时，同一波线上相邻两个相位相同质点之间的距离，mm 或 m。

周期 T：超声波向前传播一个波长距离时所用的时间，s。

角频率 ω：圆周上一点每秒转过的圈数，rad/s。

上述各物理量之间的关系为

$$T=\frac{1}{f}=\frac{2\pi}{\omega}=\frac{\lambda}{c} \tag{3-3}$$

3.2.4　超声波的分类

由于振动的形式是多种多样的，因此由振动引起的波动形式也是多种多样的，通常按质点振动方式或波的形状进行分类。

1. 按质点振动方式

按超声波传播时介质质点振动方向与波传播方向的关系，超声波可分为纵波、横波、表面波、板波等。

(1) 纵波

当弹性介质受到交替变化的拉-压应力作用时，就会相应地产生交替变化的拉伸和压缩变形，同时质点产生疏密相间的纵向波动。已振动的质点又推动相邻质点振动，在介质中继续向前传播，此时质点振动方向与波的传播方向一致，这种波称为纵波，又称压缩波或疏密波，用符号 L 表示，如图 3-3 所示。

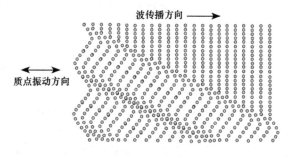

图 3-3　纵波

任何弹性介质在体积变化时都会产生弹性力，所以，纵波可以在任何弹性介质（固体、气体、液体）中传播。纵波的产生和接收都比较容易，在工业无损检测中获得了广泛

应用。

(2)横波

当固体介质受到交变切应力作用时,会产生相应的交变切应变,介质质点产生横向振动并在介质中传播,此时质点的振动方向与波的传播方向垂直,这种波称为横波,又称切变波,用符号 T 表示,如图 3-4 所示。

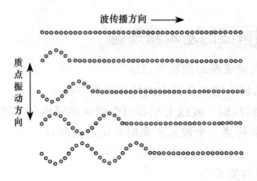

图 3-4　横波

显然只有固体介质才能承受切应力,液体和气体介质不能承受切应力,所以横波只能在固体介质中传播。

根据形成横波时质点振动平面与波传播方向的关系,横波又分为垂直偏振横波(SV波)和水平偏振横波(SH 波)。目前工业超声检测中应用较多的是 SV 波,而 SH 波实际上是地震波的振动模式,仅发生在介质表面非常薄的范围内,并沿介质表面传播,工业应用较少。

(3)表面波

当固体半无限弹性介质表面受到交替变化的表面张力作用时,介质表面质点产生相应的纵向和横向振动,其结果是质点做这两种振动的合成振动,其轨迹是围绕其平衡位置的椭圆,并作用于相邻质点在介质表面传播,这种波称为表面波,用符号 R 表示,如图 3-5所示。

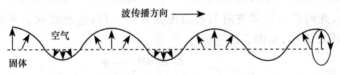

图 3-5　表面波

表面波最早是英国物理学家瑞利(Rayleigh)发现的,所以表面波又称作瑞利波,表面波同横波一样只能在固体介质中传播。

理论和实践都表明,表面波的能量随传播深度的增加迅速减弱。当传播深度超过波长的两倍时,质点振幅已经很小了,因此可以认为表面波只能发现距工件表面两倍波长深度范围内的缺陷,一般用来检测工件表面裂纹、渗碳层和涂覆层质量等。

(4)板波

弹性板状介质受到交替变化的表面张力作用时,当板厚和波长相当时,介质质点将产生相应的纵向和横向振动。两种振动的合成使质点做椭圆轨迹的振动并向前传播,这种波称为板波。板波是 1916 年由兰姆(Lamb)首先从理论上发现的,所以板波又称作兰姆波。

与表面波不同,板波是在板状介质中传播的弹性波,其传播要受到两个界面的束缚,从而形成对称型(S 型)和非对称型(A 型)两种情况。如图 3-6 所示。对称型板波传播过程中,质点的振动以板的中心对称,板上下表面质点振动相位相反,中心面上质点的振动方式类似于纵波。非对称型板波传播过程中,板上下表面质点振动相位是相同的,中心面上质点的振动方式类似于横波。

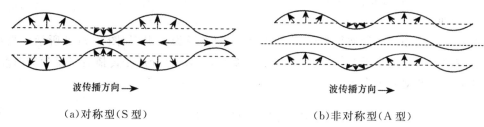

波传播方向 ➡   波传播方向 ➡

(a)对称型(S 型)   (b)非对称型(A 型)

图 3-6 板波

板波的另一个特点是具有频散特性,即板波的相速度随着频率的变化而变化。

板波主要用于检测薄板材料的分层、裂纹等缺陷。

2. 按波阵面形状

同一时刻介质中振动相位相同的所有质点所连成的面称为波阵面,处于最前面的波阵面称为波前,沿波的传播方向假想的一条线称为波线。按波阵面的几何形状,可以将不同波源发出的波分为平面波、柱面波和球面波。

(1)平面波

波阵面为一系列互相平行平面的波称为平面波,平面波的波源为一平面,如图 3-7(a)所示。理想的平面波是不存在的,一个尺寸远大于波长的刚性平面波源向各向同性弹性介质辐射的波可看作是平面波,从无限远处点状波源传来的波也可以视为平面波。平面波的波束不扩散,各质点的振幅为一恒定值,不随距离的变化而变化。若忽略介质对声波传播的衰减,则平面波的声压值也不随传播距离的变化而变化,即声压是一个恒定值。

平面波的波动方程为

$$y = A\cos\omega\left(t - \frac{x}{c}\right) \tag{3-4}$$

式中　y——声压,Pa;

　　　A——声压最大幅值,Pa;

　　　ω——角频率,rad/s;

　　　c——声速,m/s;

　　　x——声波传播距离,m。

(2)柱面波

波阵面为一系列同轴圆柱面的波称为柱面波,柱面波的波源为一条线,如图 3-7(b)所示。理想的柱面波是不存在的。当波源的长度远大于波长,其径向尺寸远小于波长的情况下,此波源在各向同性均匀介质中辐射的波可近似地认为是柱面波。

柱面波的波动方程为

$$y = \frac{A}{\sqrt{x}}\cos\omega\left(t - \frac{x}{c}\right)$$ (3-5)

式中　y——声压,Pa;

　　　A——声压最大幅值,Pa;

　　　ω——角频率,rad/s;

　　　c——声速,m/s;

　　　x——声波传播距离,m。

（3）球面波

波阵面为同心球面的波称为球面波,球面波的波源为一点,如图 3-7（c）所示。当一个点状波源的尺寸远小于波长,它所发出的声波在各向同性介质中传播时可视为球面波。

球面波的波动方程为

$$y = \frac{A}{x}\cos\omega\left(t - \frac{x}{c}\right)$$ (3-6)

式中　y——声压,Pa;

　　　A——声压最大幅值,Pa;

　　　ω——角频率,rad/s;

　　　c——声速,m/s;

　　　x——声波传播距离,m。

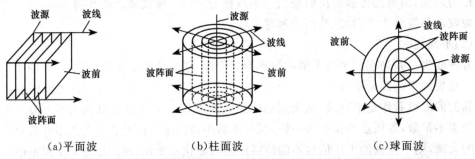

(a)平面波　　　　　　　　(b)柱面波　　　　　　　　(c)球面波

图 3-7　按波阵面形状分类的超声波波形

3. 按波源振动的持续时间

按波源振动的持续时间,可将超声波分为连续波和脉冲波。

（1）连续波

波源持续振动所产生的波称为连续波,如图 3-8（a）所示,连续波通常用于透射法检测。

（2）脉冲波

波源间歇振动所产生的波称为脉冲波,如图 3-8（b）所示,脉冲波通常用于反射法检测。

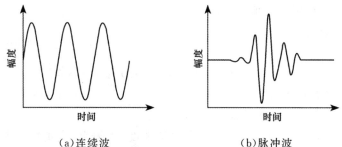

(a)连续波   (b)脉冲波

图 3-8　连续波与脉冲波

按照傅立叶分析方法可知,一个脉冲波可以分解为多个不同频率的谐振波的叠加,如图 3-9 所示。可以看出,以时间为自变量的一个复杂波形,其实包含着一系列不同频率的正弦(余弦)波,这些频率成分及其幅度均可以在频域中给出清晰地描述。

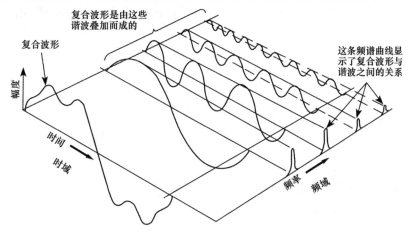

图 3-9　一个时域波形的谐波组成

3.2.5　超声场及其特征量

充满超声波的空间或超声振动所涉及的介质部分称为超声场,通常用声压、声强、声阻抗等几个特征量来描述超声场的特性。

1. 声压

超声场中某一点某一瞬间所具有的压强 p_1 与该点没有超声波存在时的静态压强 p_0 之差称为该点的声压,用符号 p 表示,即 $p = p_1 - p_0$,单位为帕斯卡(Pa)。

对于平面余弦波,由其波动方程 $y = A\cos\omega\left(t - \dfrac{x}{c}\right)$ 可以证明:

$$p = \rho c A\omega\cos\left[\omega\left(t - \frac{x}{2}\right) + \frac{\pi}{2}\right] \tag{3-7}$$

式中　ρ——介质密度,kg/m³;

　　　c——介质中的声速,m/s;

　　　A——介质质点的位移振幅,m;

ω——介质质点振动的角频率，$\omega=2\pi f$，rad/s；

x——至波源的距离，m。

可以推导出：

$$|p_{\mathrm{m}}|=|\rho cA\omega|=|\rho cu_{\mathrm{m}}| \tag{3-8}$$

式中　p_{m}——声压幅值，Pa；

　　　u_{m}——介质质点振动速度幅值，m/s。

可见，声压大小与介质密度、声速、质点振动速度（角频率）成正比。由于超声波的频率很高，所以超声波的声压远比一般可闻声波高。

在实际的超声检测中，判定工件中有无缺陷或缺陷大小的依据主要是根据超声波探伤仪显示屏上的波高，它被设计成与探头接收到的声波声压成正比。

2. 声强

在垂直于声波传播方向上，单位时间内通过单位面积的声能称为声强，用符号 I 表示，常用单位是瓦/厘米²（W/cm²）。

对于平面余弦波，由其波动方程 $y=A\cos\omega\left(t-\dfrac{x}{c}\right)$ 可以证明：

$$I=\frac{1}{2}\rho cA^2\omega^2=\frac{1}{2}p_{\mathrm{m}}^2\frac{1}{\rho c}=\frac{1}{2}\rho cu_{\mathrm{m}}^2 \tag{3-9}$$

式中　ρ——介质密度，kg/m³；

　　　c——介质中的声速，m/s；

　　　A——介质质点的位移振幅，m；

　　　ω——介质质点振动的角频率，$\omega=2\pi f$，rad/s；

　　　p_{m}——声压幅值，Pa；

　　　u_{m}——介质质点振动速度幅值，m/s。

可见，超声波的声强与质点位移振幅的平方、质点振动角频率的平方成正比。由于超声波的频率高，其强度（能量）远远大于一般可闻声波的强度。例如，大炮的声强为 10^{-4} W/cm²，而超声波的声强可达 10^5 W/cm²，是大炮声强的 10^9 倍。

声强具有方向性，它的指向就是声波传播的方向。可以预料，当同时存在前进波与反射波时，总的声强应为 $I=I_++I_-$，若前进波与反射波声强相等，则总声强 $I=0$，因而在有反射波存在的声场中，声强这一物理量往往不能反映其能量关系，此时必须用平均声能量密度来描述。

在相同质点速度幅值的情况下，声强还与介质的声阻抗成正比，例如，两列相同的平面声波，在水中传播时的声强要比在空气中传播时的声强大 3 600 倍。可见在声阻抗较大的介质中，声源只需较小的振动速度就可以辐射出较大能量，这在实际检测中是很有利的。

3. 声阻抗

超声场中某一点的声压 p 与该处介质质点的振动速度 u 的比值称为声阻抗，用符号 Z 表示，常用单位是千克/（米²·秒）[kg/(m²·s)]。根据定义：

$$Z=\frac{p}{u}=\frac{\rho cA\omega}{A\omega}=\rho c \tag{3-10}$$

式中　　ρ——介质密度,kg/m³ ;

　　　　c——介质中的声速,m/s。

可见,同一声压下,声阻抗越大,介质质点振动速度越小,反之亦然。

声阻抗反映了介质对质点振动的阻碍作用,并非表示介质对超声波通过的阻碍能力。

3.2.6　超声波的传播特性

超声波在介质中以一定的速度传播,传播过程中存在叠加、干涉、衍射、波形转换等现象,这也是超声波可以用来进行无损检测的基础。

1.声速

超声波在介质中的传播速度与介质密度和弹性模量有关。对一定的介质,密度和弹性模量都是常数,故声速也是常数。介质不同,声速不同;波形不同,声速也不同,所以,声速是表征介质声学特性的重要参数。

声速又可分为相速度和群速度。相速度是单一频率的声波在介质中的传播速度;群速度是多个频率的波群在同一介质中传播时合成后包络的传播速度,也是波群的能量传播速度,是指在声波包络线上具有某种特性(如幅值最大)的点的传播速度,如图 3-10 所示。

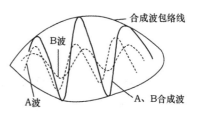

图 3-10　相速度和群速度

(1)固体介质中的声速

固体介质不仅能传播纵波,也能传播横波、表面波、板波等,但它们的声速是不同的。此外,介质的尺寸对声速也有一定的影响,无限大介质和有限尺寸介质中的声速也是不一样的。若固体介质的尺寸远大于声波波长,界面反射回波可以忽略时,介质可以视为无限大,否则视为有限尺寸介质。

在无限大介质中,各种波形的声速为

$$c_L = \sqrt{\frac{E}{\rho} \cdot \frac{1-\nu}{(1+\nu)(1-2\nu)}} \tag{3-11}$$

$$c_T = \sqrt{\frac{E}{\rho} \cdot \frac{1}{2(1+\nu)}} = \sqrt{\frac{G}{\rho}} \tag{3-12}$$

$$c_R = \frac{0.87+1.12\nu}{1+\nu}\sqrt{\frac{G}{\rho}} \tag{3-13}$$

细棒(棒直径≤波长)中纵波声速为

$$c_L = \sqrt{\frac{E}{\rho}} \tag{3-14}$$

薄板中的纵波声速为

$$c_L = \sqrt{\frac{E}{\rho} \cdot \frac{1}{1-\nu^2}} \tag{3-15}$$

板波的声速取决于薄板的厚度和频率的乘积,并且具有频散特性,其相速度 c_P 可用双曲函数的形式表示。

对称型板波：

$$c_P = \frac{\tanh \pi f d(R_T / c_P)}{\tanh \pi f d(R_L / c_P)} = \frac{(1 + R_T^2)^2}{4 R_L R_T} \tag{3-16}$$

非对称型板波：

$$c_P = \left[\frac{\tanh \pi f d(R_T / c_P)}{\tanh \pi f d(R_L / c_P)} \right]^{-1} = \frac{4 R_L R_T}{(1 + R_T^2)^2} \tag{3-17}$$

其中，$R_T = \left(1 - \dfrac{c_P}{c_T}\right)^{1/2}$，$R_L = \left(1 - \dfrac{c_P}{c_L}\right)^{1/2}$。

由上式可知，板波相速度是频率和板厚的乘积，只有在板厚和板波波长相当时才会有板波产生，当板厚远大于波长时，板波声速与表面波声速计算公式相同。

上面各式中：

c_L——纵波声速，m/s；

c_T——横波声速，m/s；

c_R——表面波声速，m/s；

c_P——板波相速度，m/s；

E——介质弹性模量，Pa；

G——介质切变弹性模量，Pa；

ρ——介质密度，kg/m³；

ν——介质泊松比；

d——板厚，m；

f——频率，Hz。

实际上超声波在工件中传播时，往往会受到工件轮廓界面回波的影响，声速的表达式变得很复杂，这里不再讨论。

几种常见固体材料室温下的密度、泊松比、声速和声阻抗的值见表 3-1。

表 3-1　　　　　　　几种常见固体材料室温下的密度、泊松比、声速和声阻抗的值

介质	密度 $\rho/(\mathrm{g \cdot cm^{-3}})$	泊松比 ν	纵波声速 $c_L/(\mathrm{m \cdot s^{-1}})$	横波声速 $c_T/(\mathrm{m \cdot s^{-1}})$	声阻抗 $Z/(10^6\,\mathrm{g \cdot cm^{-2} \cdot s^{-1}})$
铝	2.7	0.34	6 260	3 080	1.69
钢	7.7	0.28	5 900	3 230	4.53
铜	8.9	0.35	4 700	2 260	4.18
铅	11.1	0.42	2 170	700	2.46
有机玻璃	1.18	0.32	2 730	1 460	0.32
聚苯乙烯	1.05	0.34	2 350	1 150	0.25
环氧树脂	1.1	0.42	2 900	1 100	0.27
橡胶	1.2	0.47	2 300	1 000	0.28

(2)液体和气体介质中的声速

由于气体和液体的剪切模量为零，因此在液体和气体介质中只能传播纵波，不能传播横波、表面波和板波。液体介质中纵波声速为

$$c_L = \sqrt{\frac{K}{\rho}} = \sqrt{\frac{1}{\rho\beta}} \tag{3-18}$$

气体介质中纵波声速为

$$c_L = \sqrt{\frac{Yp_0}{\rho}} \tag{3-19}$$

式中　K——体积弹性模量，Pa；

　　　β——绝热压缩系数，Pa；

　　　ρ——液体或气体密度，kg/m^3；

　　　p_0——静态压强，Pa；

　　　Y——比热容。

几种常见液体和气体介质中的声速和声阻抗值见表 3-2。

表 3-2　　　　　　　　　几种常见液体和气体介质中的声速和声阻抗值

介质	密度 $\rho/(g \cdot cm^{-3})$	纵波声速 $c_L/(m \cdot s^{-1})$	声阻抗 $Z/(10^6 \, g \cdot cm^{-2} \cdot s^{-1})$
汽油	0.805	1 250	0.101
煤油	0.825	1 295	0.106
酒精	0.790	1 440	0.114
变压器油	0.859	1 425	0.122
水（20 ℃）	0.997	1 480	0.148
甘油（100%）	1.270	1 880	0.238
水玻璃（100%）	1.700	2 350	0.399
空气	0.001 3	344	0.000 04

（3）影响声速的因素

超声波在介质中传播时的声速会随条件不同而发生变化，主要影响因素有温度、材料组织状态、应力等。

①温度

一般情况下，固体中的声速随温度升高而降低，如纯铁中的横波声速随温度的升高而降低，见表 3-3。液体中的声速也受温度的影响，除水之外的所有液体，声速也随温度升高而降低。在水中，温度为 74 ℃左右其声速达到最大值，低于 74 ℃时，水中声速随温度升高而增大，高于 74 ℃时，水中声速随温度升高而降低，见表 3-4。水中声速与温度的一般关系为

$$c_L = 1\,557 - 0.024\,5 \times (74-t)^2 \tag{3-20}$$

式中　c_L——纵波声速，m/s；

　　　t——水的温度，℃。

表 3-3　　　　　　　　　　　不同温度下纯铁中的横波声速

温度 $t/℃$	26	100	200	300
声速 $c_T/(m \cdot s^{-1})$	3 229	3 185	3 154	3 077

温度/℃	10	20	25	30	40	50	60	70	80
声速/$(m \cdot s^{-1})$	1 448	1 483	1 497	1 510	1 530	1 544	1 552	1 555	1 554

表 3-4   不同温度下水中的声速

利用介质中的声速与温度有关这一特性,可以用于非接触测量介质温度、熔点、沸点、比热容、溶解热、反应热等指标。

②材料组织状态

即使同一种介质,如果其成分、组织结构或分布状态不同时,其声速也有差异。如铸件冷却时,由于表面和中心的冷却速度不同,获得的组织也不同:表面冷却速度快,晶粒细小,声速较大;中心冷却速度慢,晶粒粗大,声速较小。而铸铁中石墨的含量和尺寸增加,声速减小。淬火马氏体低温回火后,点阵畸变程度降低,并伴随碳化物析出,弹性模量增加,导致声速增加。

图 3-11 是 38CrMoAl 钢不同状态下声速的变化情况。

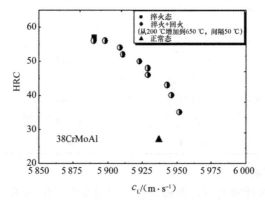

图 3-11   38CrMoAl 钢不同状态下声速的变化情况

根据这一特性,可以利用声速的变化测量某些物理性能或力学性能指标,如利用表面波测量金属表面的硬度或硬化层深度等。

③应力

介质的应力状况不同,声速也不一样。一般而言,压应力使声速增加,而拉应力使声速下降。这一特性可以用来测量混凝土预应力构件的强度、金属材料的强度和残余应力、紧固件内的应力等。

2. 波的叠加

当几列波在同一介质中传播并相遇时,相遇处质点的振动是各列波所引起的分振动的合成,任一时刻该质点的位移是各列波引起的分位移的矢量和,声压是各列波分别作用时的代数和。相遇后各列波仍然保持它们各自原有的特性,其频率、波长、振幅、传播方向不变,好像在传播过程中没有遇到其他波一样,这就是波的叠加原理,它描述了波传播时的独立性及质点振动的叠加性。

3. 波的干涉

两列频率相同、振动方向相同、相位差恒定的波相遇时,由于波的叠加作用,会使某些地方的振动始终相互加强,而另一些地方的振动始终相互减弱或完全抵消,这种现象称为波的干涉。干涉是波动的重要特征,能产生干涉现象的波称为相干波。

干涉现象的产生是由于相干波传播到空间各点时波程不同所致,当波程差等于波长的整数倍时,两列相干波相遇时互相加强,合成振幅最大;当波程差等于半波长的奇数倍时,两列相干波相遇时互相减弱,合成振幅最小;若两列波的振幅相同,则互相完全抵消。

两列振幅相同的相干波在同一直线上沿相反方向传播时互相叠加而形成的波称为驻波,它是干涉现象的特例。超声波探头在设计时,通常将压电晶片的厚度设计为波长的一半,就是为了在其中形成驻波产生共振,此时探头的效率最高。

4. 波的衍射

波在传播过程中遇到障碍物时能绕过其边缘继续前进的现象称为衍射。衍射是波动的又一重要特征,衍射能力的大小取决于障碍物尺寸 D 和波长 λ 的相对大小:

当 D 远小于 λ 时,几乎只衍射,无反射;

当 D 远大于 λ 时,几乎只反射,无衍射;

当 D 与 λ 相当时,既反射,又衍射。

反射法超声波探伤时主要是根据回波的有无及大小来判断缺陷的状况,由于波的衍射使反射回波减弱,一般认为超声波能探测到的最小缺陷尺寸为波长的一半,这是一个重要原因。

5. 波形转换

超声波在传播过程中遇到异质界面时,将会发生反射、折射、波形转换等现象。在两种介质的界面上,一部分波反射回原介质内,称为反射波;另一部分波透过界面在另一种介质中传播,称为透射波。界面上声能、声压、声强的分配和传播方向的变化都遵循一定的规律。

(1)垂直入射到平界面时的反射和透射

如图 3-12 所示,声压为 P_0 的入射波从声阻抗为 Z_1 的介质 I 向声阻抗为 Z_2 的介质 II 中传播时,在两个介质的界面上会产生声压为 P_t 的透射波和声压为 P_r 的反射波,其传播特性服从如下的反射和透射规律:

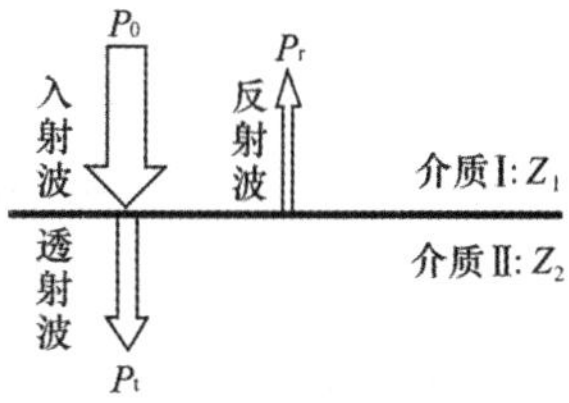

图 3-12　垂直入射时波的反射和透射

声压反射率:

$$r=\frac{P_r}{P_0}=\frac{Z_2-Z_1}{Z_2+Z_1} \qquad (3-21)$$

声压透射率:

$$t=\frac{P_t}{P_0}=\frac{2Z_2}{Z_1+Z_2} \qquad (3-22)$$

声强反射率:

$$R=\frac{I_r}{I_0}=\left(\frac{Z_2-Z_1}{Z_2+Z_1}\right)^2 \qquad (3-23)$$

声强透射率:

$$T=\frac{I_t}{I_0}=\frac{4Z_1Z_2}{(Z_1+Z_2)^2} \qquad (3-24)$$

式中 P_0——入射波声压，Pa；

$\qquad P_r$——反射波声压，Pa；

$\qquad P_t$——透射波声压，Pa；

$\qquad I_0$——入射波声强，W/cm²；

$\qquad I_r$——反射波声强，W/cm²；

$\qquad I_t$——透射波声强，W/cm²；

$\qquad Z_1$——介质Ⅰ的声阻抗，g/(cm²·s)；

$\qquad Z_2$——介质Ⅱ的声阻抗，g/(cm²·s)。

下面讨论几种实际检测中常见的界面上声压和声强的反射和透射情况。

①$Z_2 > Z_1$

此时 $r = \dfrac{Z_2 - Z_1}{Z_2 + Z_1} > 0$，这种情况下反射波声压与入射波声压相位相同，界面上反射波与入射波的叠加类似驻波，合成声压振幅增大，例如超声波垂直入射到水/钢界面的情况，如图 3-13 所示。水的声阻抗 $Z_1 = 0.15 \times 10^6$ g/(cm²·s)，钢的声阻抗 $Z_2 = 4.5 \times 10^6$ g/(cm²·s)，容易计算出声压反射率 $r = 0.935$，声压透射率 $t = 1.935$，声强反射率 $R = 0.875$，声强透射率 $T = 0.125$。粗略地看，声压透射率 $t > 1$，似乎违反能量守恒，其实不然，因为声压是力的概念，而力只会平衡（$P_0 + P_r = P_t$），只有能量才会守恒，从声强方面看，$R + T = 1$，说明符合能量守恒。

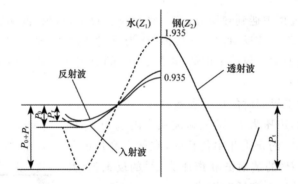

图 3-13 超声波垂直入射到水/钢界面的情况

②$Z_2 < Z_1$

此时 $r = \dfrac{Z_2 - Z_1}{Z_2 + Z_1} < 0$，这种情况下反射波声压与入射波声压相位相反，界面上反射波与入射波的叠加使合成声压振幅减小，例如超声波垂直入射到钢/水界面的情况，如图 3-14 所示。此时可计算出声压反射率 $r = -0.935$，声压透射率 $t = 0.065$，声强反射率 $R = 0.875$，声强透射率 $T = 0.125$，可见声压反射率很高而透射率很低，声强反射率和透射率不变。

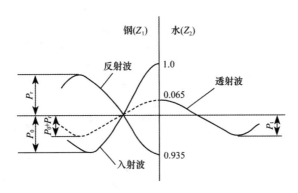

图 3-14　超声波垂直入射到钢/水界面的情况

③$Z_2 \ll Z_1$

例如超声波入射到钢/空气界面的情况,可计算出声压反射率 $r \approx -1$,而声压透射率 $t \approx 0$,说明超声波几乎无法透过界面。

④$Z_2 \approx Z_1$

可计算出声压反射率 $r \approx 0$,而声压透射率 $t \approx 1$,说明超声波垂直入射到声阻抗相差很小的两种介质的界面时几乎全部透射而无反射。

一般情况下,材料中裂纹类缺陷内部是气体介质,其声阻抗与材料本身相差很大,声波几乎全部反射,所以超声波对裂纹类缺陷非常敏感,而对夹杂类缺陷的敏感度就要小一些。

(2)倾斜入射到平界面时的波形转换

当超声波倾斜入射到异质界面时,除了产生与入射波同类型的反射波和折射波以外,还会产生与入射波不同类型的反射波和折射波,这种现象称为波形转换。波形转换只发生在斜入射场合,并且只能在固体介质中产生。

如图 3-15 所示,一列超声纵波从传播速度为 c_{L1} 的介质 Ⅰ 倾斜入射到传播速度为 c_{L2} 的介质 Ⅱ 时,会产生反射纵波、反射横波、折射纵波和折射横波,产生了波形转换现象,反射波的传播方向遵从反射定律,折射波的传播方向遵从折射定律,又称斯涅尔定律。

反射定律:

$$\frac{\sin \alpha_L}{c_{L1}} = \frac{\sin \gamma_L}{c_{L1}} = \frac{\sin \gamma_T}{c_{T1}} \tag{3-25}$$

折射定律:

$$\frac{\sin \alpha_L}{c_{L1}} = \frac{\sin \beta_L}{c_{L2}} = \frac{\sin \beta_T}{c_{T2}} \tag{3-26}$$

式中　α_L——纵波入射角,°;

β_L——纵波折射角,°;

γ_L——纵波反射角,°;

β_T——横波折射角,°;

γ_T——横波反射角,°;

c_{L1}、c_{L2}——纵波在第 Ⅰ 介质和第 Ⅱ 介质中的声速,m/s;

c_{T1}、c_{T2}——横波在第 Ⅰ 介质和第 Ⅱ 介质中的声速,m/s。

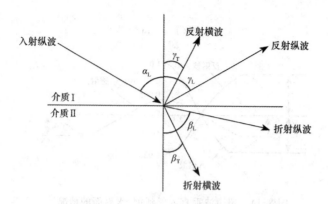

图 3-15　倾斜入射时波的反射和折射

(3)临界角

由图 3-15 中可以看出,随着入射角的增大,折射角也增大。若第Ⅱ介质中的纵波声速大于第Ⅰ介质中的纵波声速,则当纵波折射角达到 90°时,第Ⅱ介质中只有折射横波,无折射纵波,此时的纵波入射角称为第一临界角,用符号 α_1 表示,横波探头就是依此原理设计的。若第Ⅱ介质中的横波声速大于第Ⅰ介质中的纵波声速,则当横波折射角达到 90°时,第Ⅱ介质中既无折射纵波,又无折射横波,而在第Ⅱ介质表面形成表面波,此时的纵波入射角称为第二临界角,用符号 α_{II} 表示,表面波探头就是依此原理设计的。若第Ⅰ介质中是横波入射,则称第Ⅰ介质中纵波反射角达到 90°时的横波入射角为第三临界角,用符号 α_{III} 表示。

6.超声波的衰减

超声波在介质中传播时,其能量将随传播距离的增加而减小,这种现象称为衰减,造成超声波衰减的原因主要有散射衰减、扩散衰减和吸收衰减。

(1)散射衰减

超声波在传播过程中遇到由不同声阻抗介质组成的界面时将产生散乱反射,简称散射,由此造成声能分散,产生衰减,称为散射衰减。材料中的杂质、第二相、多晶体中的晶界、工件中的密集缺陷以及内应力、位错等都能造成散射衰减。当材质晶粒比较粗大时,被散射的声波会被探头接收,在示波屏上出现杂乱的回波,称为"草状回波"或"林状回波",如图 3-16 所示。此时信噪比严重下降,甚至会湮灭缺陷波而无法判别内部状况。对于多晶体金属和大多数固体介质而言,散射衰减是造成超声波衰减的主要原因。

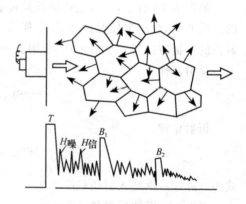

图 3-16　草状回波(林状回波)

(2)扩散衰减

超声波在介质中传播时,随着传播距离的增加,由于波束的扩散引起单位面积上声能的减弱,这种现象称为扩散衰减。扩散衰减主要取决于波阵面的形状,而与传播介质的性质无关。在远离声源的声场中,理想的平面波不存在扩散衰减,球面波的声压与传播距离成反比($p \propto 1/x$)，柱面波的声压与传播距离的平方根成反比($p \propto 1/\sqrt{x}$)。

(3)吸收衰减

超声波在介质中传播时，由于介质质点的内摩擦以及介质内的热交换导致声能损失的现象称为吸收衰减，超声波的吸收衰减可由位错阻尼、非弹性迟滞、弛豫和热弹性效应来解释。

超声波的衰减特性是材料重要的声学性质之一，通过考察介质中超声波的衰减机理及衰减系数的变化规律，不但能够对不同的材质予以区分，同时还可以对介质的组织结构和形态、不连续性以及介质的力学性能等进行无损表征和评价。图 3-17 示出了不同材料的超声波衰减随频率的变化关系，可见，混凝土、灰浆等的衰减吸收非常大，只能在较低的频率下检测，而金属材料的衰减则相对较小。

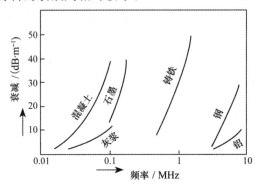

图 3-17　不同材料的超声波衰减随频率的变化关系

工程应用的材料多为多晶体金属材料，多晶体金属材料中造成超声波衰减的主要原因有以下几方面因素：黏性衰减；晶界及组织界面引起的散射衰减；位错运动引起的衰减；强磁性材料磁畴壁运动引起的衰减；基于残余应力的声场紊乱引起的衰减；基于与电子的相互作用及由其他各种内摩擦(也称内耗)引起的衰减等。

7. 衰减的表示方法

衰减的表示方法有两种：一种是定性地比较衰减的相对大小，在仪器灵敏度相同的情况下，测试相同厚度、不同材料试件的透射波大小或底面回波的大小(回波次数)，进而粗略地比较不同材料中超声波的衰减情况。另一种是定量的计算方法，用衰减系数表示超声波在不同介质中的衰减程度。

平面波在介质中传播时，其声压衰减规律为

$$p_x = p_0 e^{-\alpha x} \tag{3-27}$$

式中　　p_0——波源起始声压，Pa；

　　　　p_x——距波源 x 距离处的声压，Pa；

　　　　x——至波源的距离，m；

　　　　α——介质的衰减系数，dB/m。

介质的衰减系数 α 为吸收衰减系数 α_a 和散射衰减系数 α_s 之和，其中

$$\alpha_a = c_1 f \tag{3-28}$$

$$\alpha_s = \begin{cases} c_2 F d^3 f^4, & d \ll \lambda \\ c_3 F d f^2, & d \approx \lambda \\ c_4 F/d, & d \gg \lambda \end{cases} \qquad (3-29)$$

式中　f——超声波频率，Hz；

d——晶粒直径，m；

λ——超声波波长，m；

F——各向异性系数；

c_1、c_2、c_3、c_4——常数。

由式(3-28)和式(3-29)可见，介质的吸收衰减与超声波的频率成正比，散射衰减与超声波频率、晶粒大小及材质的各向异性都有关系。在实际超声检测中，若材质的晶粒粗大，采用过高的检测频率就会引起严重衰减，这就是超声检测奥氏体钢和一些铸件的困难所在。

对于液体介质而言，介质的衰减主要是吸收衰减，衰减系数为

$$\alpha = \alpha_a = \frac{8\pi^2 f^2 \eta}{2\rho c^3} \qquad (3-30)$$

式中　η——介质的黏滞系数，Pa·s；

ρ——介质密度，kg/m^3；

f——超声波频率，Hz；

c——超声波声速，m/s。

由于 η、ρ 和 c 都和温度有关，因此介质的衰减特性也与温度有关，一般情况下，衰减系数随温度的升高而降低。

3.2.7　超声波的声场特性

超声波的声场特性主要指超声场中的声压分布、声场的几何边界和声波指向性等。根据惠更斯原理，任意形状和大小的声源，均可视为无数单一点源的集合，都可以辐射和接收声波。声源辐射到声场中某一点的声压，可以看成是声源表面所有点源辐射到该点的声压的叠加，同理，声源上某一点的反射声压，也可以看成是声场中所有点反射到该点声压的叠加。工程中常用的超声声源有圆盘源和矩形源，以下所讨论的声场特性仅限于圆盘源，矩形源的声场特性可参见相关资料。

1. 声源轴线上的声压分布

如图 3-18 所示，液体介质中有一圆盘声源，沿轴向做活塞运动辐射超声波。假设圆盘源表面上的所有质点都以相同振幅和相位做谐振动，从而声源发射出单一频率的连续正弦波。圆盘源上各微小元面积都可以看作是单一的点源，把所有这些点源辐射的声波声压叠加在一起就得到合成声波的声压，由于液体中声压可以线性叠加，不必考虑声压方向，故在圆盘源的轴线上对整个圆面积分，即可求得轴线上任一点 Q 的声压。

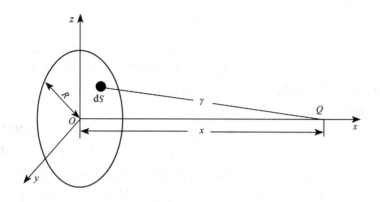

图 3-18 圆盘源轴线上声压推导示意图

可推导出圆盘源声束轴线上任一点 Q 处的声压 P 为

$$P=\left[2P_0\sin\left(\frac{\pi}{\lambda}\sqrt{R^2+x^2}-x\right)\right]\sin(\omega t-kx) \qquad (3\text{-}31)$$

式中　P_0——初始声压，Pa；

　　　R——圆盘源半径，m；

　　　λ——波长，m；

　　　ω——角频率，rad/s；

　　　x——距圆盘源距离，m。

可见，声压随时间做周期性变化，最大值为 $2P_0$，最小值为 0。由于探伤时回波信号高度与声压振幅成正比，故我们只考虑声压振幅即可。在经过简化处理后，可得：

$$P=\frac{P_0 S}{\lambda x} \qquad (3\text{-}32)$$

其中 S 为圆盘源面积，可见，圆盘源轴线上的声压随距离 x 成反比，如图 3-19 所示。

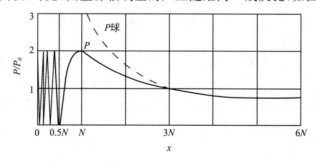

图 3-19 圆盘源轴线上声压的变化

由图 3-19 可见，当 $x<N$ 时，声压有多个极值；当 $x>N$ 时，声压随 x 增加单调下降；当 $x>3N$ 时，声压下降规律符合球面波的规律。我们称声源轴线上声压出现极值的区域为近场区（或菲涅尔区），最后一个声压极大值点至波源的距离 N 称为近场区长度，可以计算出：

$$N=\frac{D^2}{4\lambda} \qquad (3\text{-}33)$$

式中　　D——圆盘源直径,m;

　　　　λ——波长,m。

在近场区内,声压有多个极值,实际检测中,位于声压极小值处的较大缺陷的反射波幅值也可能较小,而位于声压极大值处的较小缺陷的反射波幅值也可能较大,容易造成误判甚至漏检,故一般把近场区视为超声波检测的盲区。

2. 声场的指向性

声源为一点源时,声波从声源向四面八方辐射。若声源尺寸比波长大,则声波从声源集中成一波束,以某一角度辐射。超声场中超声波的能量主要集中在以声束轴线为中心的某一角度范围内,这个范围称为主声束,这种声束向一个方向辐射的性质称为声场的指向性。在主声束角度范围以外,还存在一些能量很低的、只分布在声源附近的副瓣声束,如图 3-20 所示。声场的指向性常用指向角(半扩散角)θ 进行衡量,对于圆盘声源可以计算出:

$$\sin\theta = 1.22\frac{\lambda}{D} \tag{3-34}$$

式中　　λ——波长,m;

　　　　D——声源直径,m。

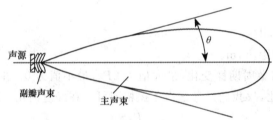

图 3-20　圆盘声源的声场指向性

在实际检测中,希望超声波的能量集中,这样可以提高检测精度和分辨率,也有利于对缺陷的定位和定量,因此希望声束扩散小,即应具有良好的指向性。

3. 非扩散区和扩散区

超声波的能量主要集中于主声束,对于圆盘声源,可以认为在距声源一定距离内,超声能量未逸出以晶片为直径所约束的范围,声束直径小于晶片直径,这一范围称为非扩散区,非扩散区域之外的区域称为扩散区,如图 3-21 所示。按几何关系,可以得到非扩散区的长度为 $b \approx 1.64N$,N 为近场区长度。

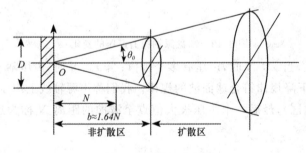

图 3-21　非扩散区和扩散区

非扩散区内,波束可视为直径为 D 的圆柱体,波阵面近似为平面,平均声压基本不变;扩散区内,主波束可视为底面直径为 D 的截头圆锥体,在 $3N$ 外,波束按球面波规律扩散。

4. 声束截面上的声压分布

从前面我们已经知道了声束轴线上的声压分布是不均匀的,实际上,不同位置处声束截面上的声压分布也是不均匀的,甚至同一声束截面上声压分布也是不均匀的,如图 3-22 所示,可见,距离波源越远,同一截面上声压变化幅度越小,但在近场区外,不管距离声源的距离远近,声束轴线上的声压总是最大的。

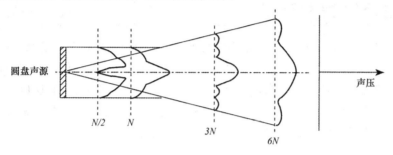

图 3-22 圆盘源声场声束截面的声压分布

3.2.8 固体介质中的脉冲波声场

前面讨论的是理想条件下液体介质中的连续波声场,也称理想声场,而实际的检测常常是采用脉冲波并在固体介质中进行的,称此时所形成的声场为实际声场,其声压分布如图 3-23 所示。

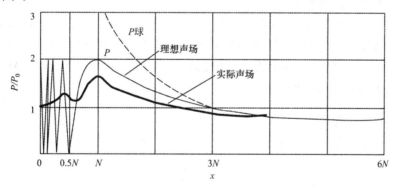

图 3-23 理想声场与实际声场的声压分布

实际声场与理想声场既有相同点,也有不同点:

(1)实际声场同样存在近场区和远场区,并且近场区长度基本等同于理想声场,这是因为实际声场同理想声场一样存在波的干涉。

(2)实际声场与理想声场近场区轴线上声压分布不同:理想声场极值点多,且极大值为 $2P_0$,极小值为 0;而实际声场极值点数量减少,且极大值和极小值的幅度差异减小。这是因为理想声场是连续波产生的完全干涉,而实际声场是脉冲波产生的不完全干涉甚至不干涉。

（3）理想声场是液体介质,因此波源各点在液体介质中某处引起的声压可以进行线性叠加,而实际声场是固体介质,波源在固体介质中某处引起的声压不能进行简单的线性叠加。

（4）距离波源足够远时,波源上各点至某点的声程差较小,干涉较弱,同时波源上各点在该点引起的声压方向也基本一致,可以进行线性叠加,此时实际声场与理想声场无太大差别。

3.3　超声检测设备

超声波在材料或构件中传播时,携带有表征材料性能和完好状况的信息,超声检测设备就是用于提取这些信息来分析和评价被检对象性能和完好状况的仪器。超声检测设备通常指超声波检测仪和超声波探头,由于试块在超声检测中的重要作用,所以也经常将其视为超声检测设备的组成部分。此外,由于实际的超声检测通常使用耦合剂以直接耦合的方式使探头与工件接触,故在此也对耦合剂做简要介绍。

3.3.1　超声波检测仪

超声波检测仪是超声检测的主体设备,其性能的优劣直接影响检测结果的可靠性。超声波检测仪的作用是产生电振荡并施加于超声探头,使之发射超声波,同时还将探头传回的电信号进行滤波、检波和放大等,并以一定的方式将结果显示出来,以此获得被检对象的诸多信息。按缺陷显示方式分类,超声波检测仪可分为以下几种。

1. A 型显示超声波检测仪

A 型显示是一种波形显示,仪器示波屏上的横坐标代表声波的传播时间,若超声波在均质材料中传播,声速是恒定的,则传播时间可以转换为传播距离,纵坐标代表反射波的幅度。由传播时间可以确定缺陷位置,由反射波幅度和形状可以大致确定缺陷性质和估算缺陷的大小,如图 3-24 所示。

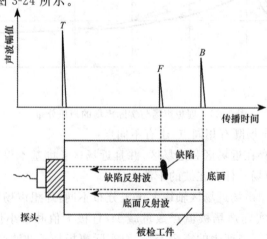

图 3-24　A 型显示超声波检测仪工作原理示意图

T—始发脉冲;F—缺陷反射波;B—底面反射波

2. B 型显示超声波检测仪

B 型显示是一种图像显示,仪器示波屏上的横坐标是靠机械扫描来代表的探头扫查轨迹,纵坐标是靠电子扫描来代表的声波传播时间(或距离),可直观显示出被检对象任一纵截面上缺陷的分布及深度信息,如图 3-25 所示。

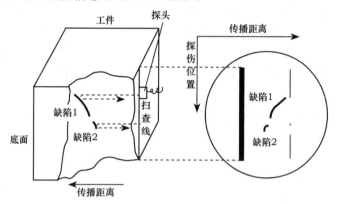

图 3-25　B 型显示超声波检测仪工作原理示意图

3. C 型显示超声波检测仪

C 型显示也是一种图像显示,仪器示波屏上的横坐标和纵坐标都是靠机械扫描来代表的探头在工件表面的位置,探头接收信号幅度以光点辉度表示,因而当探头在被检对象表面移动时,示波屏上便显示出被检对象内部与缺陷的平面图像,但不能显示缺陷深度,如图 3-26 所示。

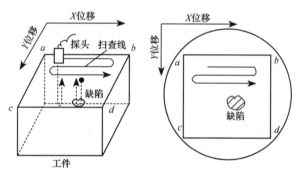

图 3-26　C 型显示超声波检测仪工作原理示意图

3.3.2　超声波检测仪的主要性能指标

超声波检测仪的主要性能指标有垂直线性、水平线性、动态范围、灵敏度、盲区、分辨力等,通过这些指标可以判断超声波检测仪的性能优劣。

1. 垂直线性

垂直线性又称放大线性,是指仪器示波屏上显示的回波高度与输入接收器的信号幅度能按正比关系显示的能力,这一性能指标直接影响缺陷定量的准确性。

示波屏上两个不同波高 H_1、H_2 的分贝差可由下式计算:

$$\Delta dB = 20 \cdot \lg \frac{H_1}{H_2} \tag{3-35}$$

根据式(3-35)作图可得到如图 3-27 中的理想曲线,但实际仪器的测量曲线往往与理想曲线有偏差,垂直线性偏差 Δe 用最大正偏差 e_{max} 和最大负偏差 $-e_{max}$ 绝对值之和表示:

$$\Delta e = (|e_{max}|+|-e_{max}|) \times 100\% \tag{3-36}$$

一般要求超声波检测仪的垂直线性误差小于 8%。

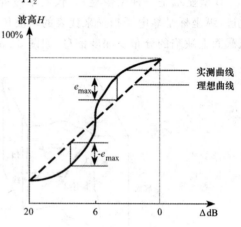

图 3-27　垂直线性误差测量

2. 水平线性

水平线性又称时基线性,它表示回波在时基轴上的显示值与声程之间成正比的程度,这一性能指标直接影响缺陷定位的准确性。

水平线性误差的测量如图 3-28 所示。将探头施加耦合剂置于试块上,调节超声波检测仪使示波屏上显示出第 6 次底波 B_6,当底波 B_1 和 B_6 的幅度分别为满刻度的 50% 时,将它们的前沿分别对准刻度 0 和 10,再依次分别将底波 B_2、B_3、B_4、B_5 调到满刻度的 50%,并分别读出各底波前沿与刻度 2、4、6、8 的偏差 a_2、a_3、a_4、a_5,取其中的最大值 a_{max},则仪器的水平线性误差为 $\Delta L=|a_{max}|$,一般要求仪器的水平线性误差小于 2%。

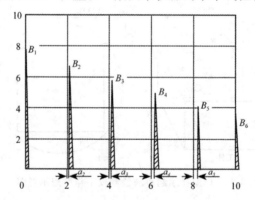

图 3-28　水平线性误差的测量

3. 动态范围

动态范围是指放大器最大不失真输出信号的幅度范围,对超声波检测仪而言,就是将示波屏上的回波高度从 100% 降低到刚好可以分辨的高度时衰减器的调节量,一般要求超声波检测仪的动态范围大于 30 分贝。

4. 灵敏度

灵敏度是指仪器能发现最小缺陷的能力,这里指超声波检测仪与探头组成检测系统后的组合灵敏度,一般以灵敏度余量表示。所谓灵敏度余量是指以一定灵敏度检测规定的人工反射体获得回波时仪器保留的增益量,或者说实际检测灵敏度和仪器最高检测灵敏度之间的差值,一般要求系统的组合灵敏度大于 30 分贝。

5. 盲区

所谓盲区是指在规定检测灵敏度时从检测面到能检测到缺陷的最小距离,它是仪器和探头的组合性能,表征检测系统对缺陷的近距离分辨能力。盲区是由于始发脉冲具有一定的宽度以及放大器的阻塞现象造成的,随着检测灵敏度的提高,盲区也随之增大,有专门的试块来测试系统的盲区大小。

减小盲区最有效的办法是设法减小探头的发射余振,可以通过改进探头结构、采用具有高阻尼背衬的宽频带窄脉冲探头、改进发射电路使脉冲信号陡峭或在探头和被检对象之间采用固体声延迟块等手段减小盲区。

6. 分辨力

分辨力是指系统能够区分两个相邻缺陷的能力,分辨力有远场分辨力、近场分辨力、纵向分辨力和横向分辨力之分,一般超声波检测仪的分辨力指纵向分辨力。

3.3.3　超声波探头

在超声波检测中,声波的产生和接收过程是一个能量转换过程,这种转换是通过探头来实现的,超声波探头的功能就是将电能转换为超声能(发射探头)或将超声能转换为电能(接收探头),因此又将超声波探头称为超声波换能器。

超声波探头有以下几种类型:

1. 机械型

超声波属于机械波,自然最容易想到利用机械能来产生超声波。最早有人采用手摇大齿轮产生频率较低的超声波,后来又采用气哨,即将压缩气体经过环形狭缝喷嘴形成气流,吹动刀口振动形成共振腔产生一定频率、功率较小的超声波。利用带孔圆盘转子调制气流制成旋笛,可产生功率更大的超声波。虽然这些气动式超声波发生器频率不太高,工作也不太稳定,但至今仍有一些应用,如除尘、驱鸟等。

2. 压电型

利用某些材料的压电效应产生和接收超声波,是目前应用最广泛的超声波探头。所谓压电效应是指某些晶体受到拉力或压力作用产生形变时,在晶体界面上出现电荷(正压电效应)或在电场作用下,晶体产生形变(逆压电效应)的现象。具有压电效应的晶体称为压电晶体,常用的压电晶体有石英、硫酸锂、铌酸锂、钛酸钡、锆钛酸铅等。当在压电晶体表面施加高频电压时,压电晶体就会产生高频振动,将振动施加于材料中,就会产生超声波;反之,若超声波使压电晶体产生形变,就会产生电压信号,经放大、检波后可在示波屏上进行观察。

压电型超声波探头制作工艺简单,成本较低,常用于工业无损检测、医疗、水声应用等。

3. 磁致伸缩型

利用某些材料的磁致伸缩效应产生和接收超声波。所谓磁致伸缩效应是指某些材料在磁场作用下,其几何尺寸会发生改变,或其尺寸变化时,可以改变原有磁场的现象,某些镍及铁镍合金都具有磁致伸缩效应。

磁致伸缩型超声波探头一般是采用磁致伸缩材料作为螺管线圈的铁芯,当对线圈施加高频电流时,铁芯就产生高频机械振动,再经介质传递,从而产生超声波。但由于在高频条件下的涡流损失很大,所以,一般磁致伸缩超声波探头的工作频率在 50 kHz 以下,由于其频率较低,目前在工业无损检测中应用较少。

与压电型超声波探头相比,磁致伸缩型超声波探头具有机械强度高、等效输入阻抗低、性能稳定、可在较低激励电压下输出较大功率等特点,在旧轮胎脱硫再生、农业增产、化学反应加速、提高油井产油量等方面有一定应用。

4. 光声型

激光与物质相互作用时可以产生各种类型的超声波。当激光脉冲作用到媒质(液体或固体)上时,媒质吸收光能变热膨胀,在液体中产生超声纵波,在固体中可以产生纵波、横波、表面波等。激光超声波探头最重要的优点是能以非接触方式进行快速、连续、自动检测,特别适合于高温、高压、有毒及放射性等危险、恶劣环境下的检测。同时,由于激光脉冲可以达到纳秒级脉宽,控制其脉宽,可在相当宽的频率范围内产生超声,并可产生频率很高的超声波,可用于微小缺陷的高分辨率检测。但激光超声波探头信噪比低,对声波模式和频率的选择比较困难,长时间使用不够稳定,成本也较高,这限制了其应用范围。

5. 电磁型

将一个线圈放置在金属材料表面时,在金属材料表层将感应出与线圈电流分布相似的涡电流,这种高频涡电流与外加磁场相互作用,将产生一个交变的洛伦兹力,进而在金属表面引发动态应变并产生超声波,其频率与线圈电流频率相同。根据恒定磁场与感应涡电流的方向不同,可以产生横波、纵波、表面波等。电磁型超声波探头的优点是检测过程非接触,不需要耦合剂,适合于高温、粗糙表面工件及高速运动工件的检测,对表面裂纹检测灵敏度较高,但电磁型超声波探头灵敏度较低。

3.3.4 超声波探头的种类和结构

在实际的超声波检测中,由于被检工件的形状、材质及检测目的和条件的不同而使用不同形式的探头,超声波探头常用的分类方法见表3-5。

表 3-5　　　　　　　　　　超声波探头常用的分类方法

分类方法	名称	分类方法	名称
按波形	纵波探头 横波探头 表面波探头 板波探头	按耦合方式	直接接触式探头 液浸式探头
		按频谱	宽频带探头 窄频带探头
按声束入射方向	直探头 斜探头	按晶片数目	单晶探头 双晶探头 多晶探头
按声束形状	聚焦探头 非聚焦探头		

在实际的超声波检测中,常用的探头种类主要有直探头、斜探头、表面波探头、双晶探头、水浸探头和聚焦探头。

1. 直探头

直探头用于发射和接收纵波,又称纵波探头,既可用于单探头反射法,也可用于双探头透射法,主要检测与探测面平行的缺陷如板材、锻件的探伤。

直探头由接头、壳体、引线、阻尼块、压电晶片、保护膜等基本元件组成,如图 3-29 所示。

压电晶片是探头的核心元件,它的作用是发射和接收超声波。晶片两面敷有作为电极的银层,加在晶片上的电脉冲使晶片产生振荡,振荡频率取决于晶片的厚度。

阻尼块也称吸收块,黏附在压电晶片背面,其作用是阻止晶片的惯性振动和吸收晶片背面辐射的声能,从而减小脉冲宽度和杂波信号干扰,提高分辨率和信噪比,减小盲区。阻尼块通常用钨粉和环氧树脂按一定比例配制而成,其声阻抗应尽可能接近压电晶片的声阻抗。

保护膜的作用是保护压电晶片不致磨损或损坏,分为硬保护膜和软保护膜。硬保护膜常用氧

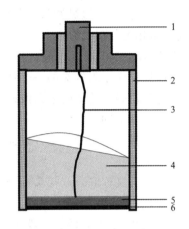

图 3-29 直探头的结构
1—接头;2—壳体;3—引线;4—阻尼块;
5—压电晶片;6—保护膜

化铝、金属片等制成,主要用于表面光洁的工件探伤;软保护膜常用聚氨酯塑料制成,有利于消除因工件表面光洁度差异或压力不均匀造成的耦合差异。

一般直探头上标有工作频率和晶片尺寸。

2. 斜探头

利用透声楔使声束倾斜于工件表面入射的探头称为斜探头。根据入射角的不同,可在工件中产生纵波、横波、表面波,也可在薄板中产生板波,通常所说的斜探头是指横波斜探头,主要用于检测与探测面垂直或成一定角度的缺陷,如焊缝、汽轮机叶片等。

常用横波斜探头由接头、引线、阻尼块、压电晶片、透声楔、吸收材料和壳体组成,如图 3-30 所示。

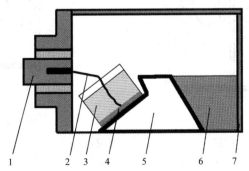

图 3-30 斜探头的结构
1—接头;2—引线;3—阻尼块;4—压电晶片;5—透声楔;6—吸声材料;7—壳体

透声楔的作用是实现波形转换,使被检工件中只存在折射横波,这就要求透声楔中的纵波声速必须小于工件中的纵波声速。制作透声楔的常用材料是有机玻璃,这种材料的衰减系数适当,并且耐磨、易加工。设计透声楔时,楔块前部或上部常开槽,用以减少杂波。

依据入射角不同,斜探头可在工件中产生折射角不同的横波,因此,横波斜探头的标称方式有三种:一是以纵波入射角标称,常用的入射角有 30°、45°、50°等;二是以横波折射角标称,常用的折射角有 40°、50°、60°、70°等;三是以横波折射角的正切值(K 值)标称,常用的 K 值有 1、1.5、2、2.5 等,国产探头大多采用 K 值表示。

表面波探头是斜探头的一个特例。当斜探头入射角等于第二临界角时,在第二介质中可以得到沿表面传播的表面波。表面波探头的结构与横波斜探头完全相同,只是透声楔块的入射角不同。

表面波探头适宜检测工件表面或近表面缺陷。

3. 双晶探头

双晶探头又称联合双探头或分割式 TR 探头,这种探头在一个壳体内装有一发一收两个晶片,晶片之间用隔声层隔开,以防止发射声波直接进入接收晶片。晶片前面带有有机玻璃延迟块,使声波延迟一段时间进入工件,可以大大减小盲区,有利于近表面缺陷的检测。

双晶探头的结构如图 3-31 所示。

双晶探头的晶片大多都倾斜一定角度,一般在 3°~18°,若两个晶片同时发射超声波,其交叉覆盖区即为探伤区,如图 3-32 所示。声束中心线交点处灵敏度最高,改变晶片倾角可改变覆盖区的大小。

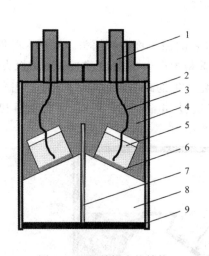
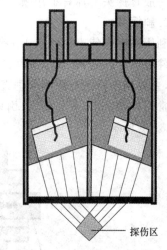

图 3-31 双晶探头的结构   图 3-32 双晶探头的声场

1—接头;2—壳体;3—引线;4—吸声材料;5—阻尼块;
6—压电晶片;7—隔离层;8—延迟块;9—保护膜

4. 聚焦探头

聚焦探头可以大大改善声场的指向性,使超声能量集中,提高了探头的灵敏度和分辨力。常用的聚焦探头是在压电晶片前加一声透镜使声束聚焦,如图 3-33 所示。

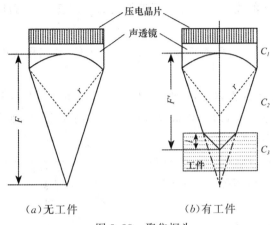

(a)无工件　　　　　　　　(b)有工件

图 3-33　聚焦探头

聚焦探头主要在水中使用,当水中无工件时[图 3-33(a)],探头焦距 $F=\dfrac{c_1}{c_1-c_2} \cdot r$,其中 c_1、c_2 分别为声透镜和水中的声速,r 为声透镜的曲率半径。在实际检测工件时,由于水中声速要小于工件中的声速,因此探头的焦距要发生变化[图 3-33(b)],$F'=F-\dfrac{c_3}{c_2} \cdot l$,其中 c_3 为工件中的声速。

聚焦探头有点聚焦探头和线聚焦探头。

3.3.5　超声波试块

按一定用途设计制作的具有简单形状人工反射体的试件称为试块,也是超声检测中的重要设备,其主要用途有以下几个方面:

(1)测试和校验探伤仪和探头的性能,如组合灵敏度、垂直线性、水平线性、盲区、分辨力等。

(2)确定和校验探伤灵敏度。

(3)调节探测范围,确定缺陷位置。

(4)评价缺陷大小,对被检工件进行评级。

(5)测量材质衰减,确定耦合补偿等。

通常将试块分为标准试块和对比试块两大类。

标准试块(STB 试块)是由权威机构规定的试块,主要用于测试和校验探伤仪和探头的性能,也可用于调整探测范围和探伤灵敏度。

对比试块(RB 试块)是由各部门按具体检测对象规定的试块,主要用于调整探测范围,确定检测灵敏度,评价缺陷大小,是对工件进行评级和判废的依据。

对试块的要求如下:

(1)标准试块探测面的光洁度一般要高于▽6,尺寸公差小于±0.1 mm。

(2)对比试块应选用与被探工件相同的材料制作,否则应对声速、材质衰减等差异进行修正。

（3）对比试块探测面的光洁度应与被探工件表面光洁度一致，否则应对能量损失进行测量和补偿。

（4）试块表面之间的平行度、端面及孔轴线的垂直度、平底孔底面的平整度等都有一定要求。

实际使用的超声试块种类繁多，用途各异，这里只简单介绍几种常用试块。

ⅡW 试块：俗称荷兰试块，由于该试块呈船形，也称船形试块，如图 3-34 所示。

ⅡW 试块的主要用途如下：

（1）利用试块 25 mm 厚度可测定探伤仪的垂直线性、水平线性和动态范围，调整纵波探测范围。

（2）利用 $\phi 50$ mm 圆弧和 $\phi 1.5$ mm 通孔可测定斜探头折射角及直探头灵敏度余量，还可粗略估计直探头的盲区大小及测定仪器与探头组合后的穿透能力。

（3）利用 $R100$ mm 圆弧可测定斜探头入射点和盲区，并可校正时间轴比例和零点。

（4）利用 85 mm、91 mm 和 100 mm 三个槽口平面可测定直探头的纵向分辨力。

（5）利用试块的直角棱边可测定斜探头声束偏斜角等。

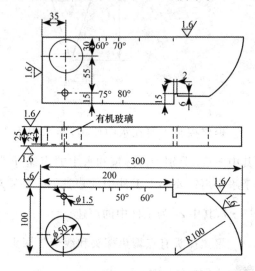

图 3-34　ⅡW 试块

我国对 ⅡW 试块进行了一些修改：一是将 $R100$ mm 圆柱面改为 $R50$ mm 和 $R100$ mm 阶梯圆柱面，可以同时获得两次反射波来调整横波扫描速度；二是将 $\phi 50$ mm 孔改为 $\phi 50$ mm、$\phi 44$ mm、$\phi 40$ mm 阶梯孔，用来测试斜探头的分辨力；三是将折射角改为 K 值，用来测定斜探头 K 值，修改后的试块称为 CSK-IA 试块，如图 3-35 所示。

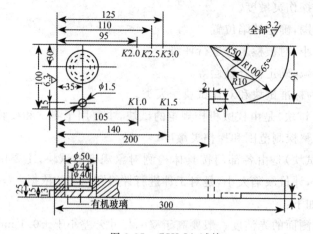

图 3-35　CSK-IA 试块

ⅡW2 试块:也是荷兰人提出来的,由于其外形像牛角,又称牛角试块,如图 3-36 所示。

ⅡW2 试块的主要用途如下:

(1)利用 R50 mm 的圆弧反射面可测定斜探头的入射点和灵敏度余量。

(2)利用 φ5 mm 通孔反射面可测定斜探头的折射角。

(3)利用厚度 12.5 mm 的底面多次纵波反射,可测定探伤仪的水平线性和垂直线性。

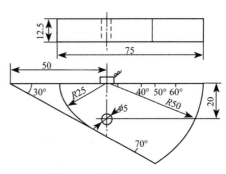

图 3-36　ⅡW2 试块

(4)利用 R50 mm 和 R25 mm 两个圆弧面,可以校正探伤仪的时间轴和零点。

CSK-ⅡA 试块和 CSK Ⅲ A 试块:两种试块如图 3-37 和图 3-38 所示,主要用于锅炉和钢制压力容器对接焊缝的横波检测。两种试块的主要用途有:

(1)用端角和小孔测试探伤仪的水平线性、调整扫描速度、校正斜探头的入射点和折射角。

(2)用不同深度的横孔校验探伤仪的放大线性和探头的声束指向性。

(3)用于测绘距离-波幅曲线,调整探伤范围和探伤灵敏度。

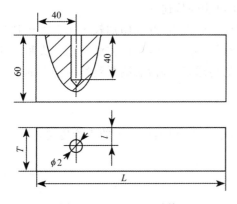

图 3-37　CSK-ⅡA 试块

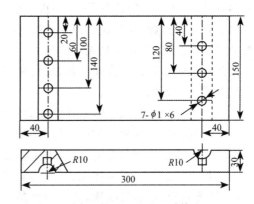

图 3-38　CSK-ⅢA 试块

半圆试块:是超声检测中常用的一种试块,结构简单,制作方便,体积小,重量轻,便于携带。半圆试块的主要用途有:

(1)测定斜探头的入射点。

(2)调整探测范围和扫描速度。

(3)调节探伤灵敏度。

半圆试块分为中心切槽和不切槽两种。中心切槽试块反射波从第一次开始等距离出现,间距为 R mm,但奇次波强,偶次波弱;中心不切槽试块从第二次反射波开始等距离出现,间距为 2R mm,如图 3-39 所示。

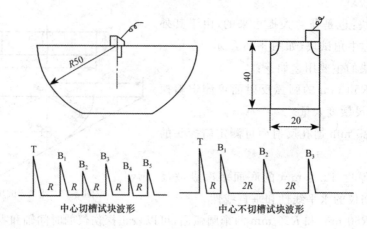

图 3-39　半圆试块

3.3.6　耦合剂

耦合就是实现声能从探头向工件的传递,耦合的好坏对超声检测结果具有重要影响。接触法探伤中,探头与工件的接触情况有两种:固态接触和液态接触。固态接触就是探头与工件之间直接足够紧密地接触以实现声能的传递,在这种情况下,如果探头与工件之间有较多气隙时,由于声阻抗的差异,将极大地阻止声能的传递。

要实现固态接触,探头接触面及工件表面均应十分光滑,并需施加较大压力以达到紧密配合,而这在实际中往往是无法实现的。更为有效、方便和常用的方法是在探头和工件表面之间涂敷液态物质来排除气隙,以实现声能的传递,这种液态物质就称为耦合剂。

耦合剂应具备以下性质:

(1)容易附着在工件表面,具有良好的浸润性。

(2)声阻抗要大,尽量与被检工件的声阻抗差小一些,以实现较大的声能传递。

(3)黏度、流动性和附着力适当,容易清洗。

(4)对工件无腐蚀,对人体无害,不污染环境。

(5)性能稳定,不容易变质,能长期保存。

(6)来源广泛,价格便宜。

部分可用作耦合剂的物质性能特见表 3-6。

表 3-6　　　　　　　　　　　　　　几种耦合剂的性能特点

耦合剂	密度/ $(g \cdot cm^{-3})$	声速/ $(10^3 \ m \cdot s^{-1})$	声阻抗/ $(10^6 \ kg \cdot m^{-2} \cdot s^{-1})$	特点
机油	0.92	1.39	1.28	黏度和附着力适当,流动性好,来源广泛,应用最为普遍
水(20 ℃)	1.00	1.48	1.48	来源广泛,价格低廉,对工件有一定腐蚀
水玻璃(33%体积)	1.26	1.72	2.17	对工件有腐蚀,不易清洗,常用于表面粗糙的工件
甘油(100%)	1.27	1.88	2.39	对工件有腐蚀,价格较贵,常用于一些重要工件
水银	13.6	1.46	19.9	耦合效果最好,对人体有害,污染环境

3.4　超声表面波检测技术

　　超声波既可以检测内部缺陷,也可以检测表面缺陷,利用表面波或爬波检测工件或材料的表面缺陷具有很高的灵敏度。

3.4.1　表面波

　　在平界面上的表面波,其幅度在与波传播方向垂直的方向呈指数变化,其速度通常接近但小于体波速度。在半无限弹性固体介质自由平表面上,表面波的存在首先是由瑞利于 1885 年预示的,因此这种波也称为瑞利波(rayleigh wave)。在两种半无限大弹性固体介质间的平面上所存在的一些瑞利型的波是由斯顿莱所阐明的,通常称为斯顿莱波(stoneley wave)。若在半无限弹性固体介质表面上存在有另一固体薄层,在此层中传播的一种横波称为乐甫波(love wave),其质点振动方向平行于表面而垂直于声波的传播方向。除了这些真正的表面波之外,还存在有另一些类型的波,它们也沿两种介质间的界面传播,传播速度等于介质体波速度,因此,代表着在界面这侧或另一侧介质中的单纯体波,它们能沿界面传播,这些波被称为侧向波(lateral wave),通常所说的表面波仅指瑞利波而言。

　　瑞利波是在固体表面上传播的一种声波,无论是各向同性表面还是各向异性表面,瑞利波具有下列共同特点:

　　(1)质点运动轨迹是一个椭圆。

　　(2)质点位移振幅的包络呈指数衰减,其能量大部分集中在距离表面约一个波长的范围内。

　　(3)它是非频散波。

　　(4)任一表面的任意方向上,它的速度总是小于无限大介质中沿相同方向传播的体波速度。

　　在各向同性和各向异性表面,瑞利波还有下列不同点:

　　(1)对于各向同性表面,它的椭圆偏振面总是与表面法线和传播矢量构成的平面相重合;对于各向异性表面,它的椭圆偏振面一般来说与上述平面有一交角,仅在个别方向上才位于上述平面内。

　　(2)对于各向同性表面,它的振幅是按指数规律衰减的,对于各向异性表面,它的振幅随深度呈振荡衰减,振荡振幅包络线呈指数关系,也称这种波为广义瑞利波。

　　瑞利波在曲面上传播时,其速度随曲面形状和曲率大小的不同而有所不同:凸面上传播时速度比平面大,凹面上传播时速度比平面小。当曲率半径远大于波长(50 倍以上)时,传播速度基本上与平面相同。

3.4.2　表面波的产生

　　产生表面波主要有斜楔块法、叉指换能器法、脉冲激光法和电磁法。

1. 斜楔块法

当纵波通过斜楔块斜入射至半无限大的固体介质表面时,在入射角 α 大于第 II 临界角时就可在介质表面产生表面波,如图 3-40 所示。

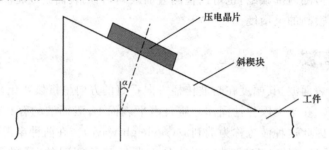

图 3-40　斜楔块法产生表面波

压电晶片一般为矩形,斜楔块一般采用有机玻璃制作,纵波入射角 α 应满足:

$$\sin\alpha = \frac{c_L}{c_R} \tag{3-37}$$

式中　c_L——斜楔块中纵波声速,m/s;

　　　c_R——工件中表面波声速,m/s。

比如,利用有机玻璃斜楔块检查钢制工件时,$c_L \approx 2\,680$ m/s,$c_R \approx 2\,950$ m/s,此时 $\alpha \approx 65°$。

2. 叉指换能器法

典型的叉指换能器(IDT)是将数千埃厚的铝电极喷涂在一基片上。如果基片不是压电材料,可将一压电薄膜(如 ZnO)溅射在基片上,再在此压电薄膜之上做叉指电极,如图 3-41 所示。若电极梳齿间距为 L,压电晶片中表面波速度为 c_R,将激励电压的频率 f_0 调整为 $f_0 = \frac{c_R}{L}$,则会产生在齿下向前后传播的表面波。在电调谐达到最佳的情况下,表面波的幅度与压电耦合系数的平方及梳的齿数成正比,而带宽则取决于齿的数目及长度,若齿长相同则带宽与齿数成反比。

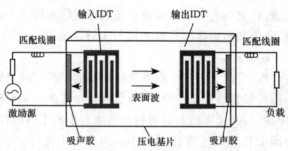

图 3-41　叉指换能器示意图

叉指换能器的电极一般是用光刻法制备的,故可得到很高频率的波,波长由齿间距确定,且可在有机玻璃之类的材料上产生表面波,这是斜楔法所不能实现的。

图 3-42 为 1~10 MHz 叉指换能器示意图,也叫两指换能器,将其用薄油层耦合到试件表面即可使用。将叉指电极沉积在 PVDF 压电薄膜上,再黏合到重要构件如飞机的翼

梁和肋板等部位,可对其进行有效地在役检测,这些部位通常是被外壳或机翼蒙皮所包覆,用其他方式很难有效检测。

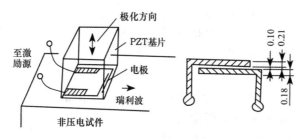

图 3-42 1～10 MHz 叉指换能器示意图

3. 脉冲激光法

脉冲激光法可以在多种物质上产生超声波。当一束激光照射到材料表面时,其部分能量将会因金属表面载流电子和电磁辐射的相互作用被金属吸收,此过程受金属电磁性质和电磁辐射频率的影响,剩余能量将会被金属表面反射或散射,这些过程都发生在材料的近表面。被材料吸收的能量转换为热能,引起温度的局部升高,在材料近表面层产生瞬时的热弹性应力和应变,从而形成了超声波,如图 3-43 所示,可以通过合理选择入射脉冲激光束的波长、能量、脉冲重复频率、光斑形状、脉冲宽度等参数获得所需要的超声波。

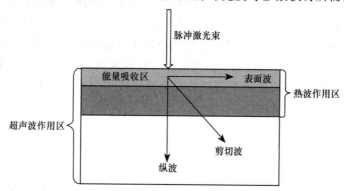

图 3-43 激光超声波产生示意图

根据入射激光的功率密度和材料表面条件,可以把激光超声激发机制分为两种:热弹性机制和烧蚀机制。

(1)热弹性机制

当一束功率密度较小的脉冲激光束照射到材料表面时,不足以使其熔化,激光的一部分能量被其近表面吸收,其余能量被反射或散射,此时,近表面温度迅速上升,同时材料内部的晶格动能也增加,但还在弹性限度范围之内。在产生热弹性膨胀的同时材料发生形变,由于入射激光是脉冲的,所以热弹性膨胀也是周期性的,此时即产生了周期变化的超声波。热弹性机制可以激发纵波、横波和表面波等多种波形,而且重复性好,超声波幅值与激光功率密度成正比。

(2)烧蚀机制

当照射到材料表面的激光束功率密度较大时,材料表面会产生熔化、气化或等离子体激发,形成垂直于材料表面的作用力,从而导致超声波的产生。烧蚀机制的光声转换效率较高,可以达到热弹性机制激发效率的4倍,但是由于烧蚀机制主要产生超声纵波,而且会对材料造成损伤,限制了它的应用。

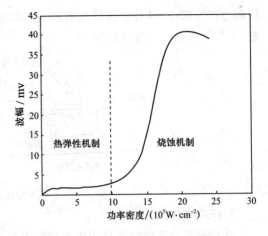

图 3-44　超声波幅值与激光功率密度的关系

在不同机制下产生的超声波特性有所不同。图 3-44 表示随激光功率密度的增加,超声波幅值的变化情况。金属材料的损伤阈值一般在几十 MW/cm² ,从图中可以看出,在热弹性机制下,激发的超声波幅值较小,且随着激光功率密度的增加,超声波幅值增加缓慢,而在烧蚀机制下,超声波幅值随激光功率密度的增加迅速增加,但增加到一定程度时,声波幅值开始下降,此时材料表面已经产生大面积损伤,已不能达到检测的目的。

在不同的激发机制下,所激发超声波的发射特性也不相同,图 3-45 是铝板中分别在热弹性机制和烧蚀机制下激发的纵波声束指向性示意图。由图可知,热弹性机制下激发的纵波以表面法线为对称轴,呈中空锥形向材料内部传播;烧蚀机制下的纵波也以表面法线为对称轴,在材料内部的半空间传播,但烧蚀机制下纵波幅值较大,传播范围更广。二者的指向性也明显不同,热弹性机制下的纵波在与材料表面呈 30°角时幅值最大,垂直于表面法线方向幅值最小;烧蚀机制下的纵波在表面法线方向幅值最大,呈对称减弱形式分布。

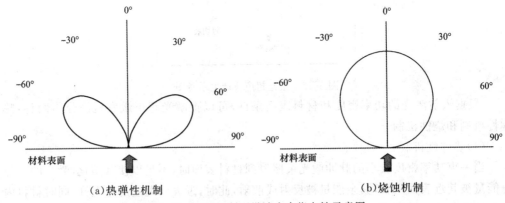

（a）热弹性机制　　　　　　　　　（b）烧蚀机制

图 3-45　两种机制下纵波声束指向性示意图

烧蚀机制下表面波的波形如图 3-46 所示,其中,y 为激励点与接收点之间的距离,u 为质点位移,c_R 为表面波速度。

与传统的压电换能器技术相比,激光超声检测技术具有以下特点:

（1）完全非接触测量,激光束与被检物之间无须耦合剂,能够在腐蚀、高温、高压、辐射等环境下进行检测和远程操控。

（2）可在金属、陶瓷、绝缘体、有机材料等非压电体中直接激发超声波，在热弹性机制下，可以实现非破坏性的无损检测。

（3）声源形式灵活多样，取决于系统参数的调节，可对其他方法难以检测的如薄样品实现检测，除检测缺陷外，还可实现声速、衰减、各向异性等物理量的检测。

（4）受表面状况影响小，分辨力高，可以检测形状复杂的部件。

但激光超声检测技术也有转换效率低、检测灵敏度不理想的局限性。

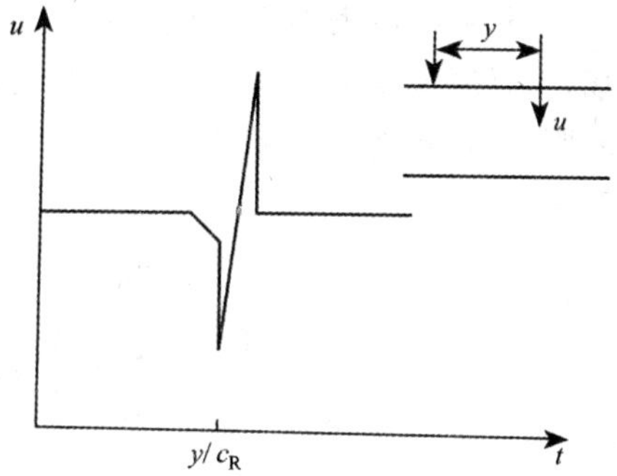

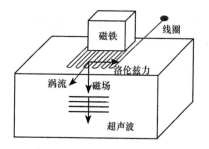

图 3-46　烧蚀机制下表面波的波形示意图

4. 电磁法

处于交变磁场作用下的金属导体，其内部会产生感生电流-涡流，而电流在磁场中受到洛伦兹力的作用，在交变应力的作用下，在材料内部将会产生各种形式的超声波，这就是电磁超声的基本原理。电磁超声只适用于导电介质，在这个过程中，除了通以交变电流的线圈以及产生磁场的元件外，材料本身也是换能器的重要组成部分，电声转换是借助材料表层和近表层完成的，电磁超声的基本原理如图 3-47 所示。

图 3-47　电磁超声产生示意图

常用的磁铁和线圈形式分别如图 3-48 和图 3-49 所示，其中最常用的磁铁是 B 和 C，最常用的线圈是 a、b 和 d。电磁超声可以在材料中产生纵波、横波、表面波、兰姆波等各种波形，不同形式的磁铁和线圈组合可以产生不同的波形，比如 A-a、C-a、C-b、C-c 组合产生纵波，B-a、B-b、C₁-b 组合产生横波，B-d、C-d 组合产生表面波等。

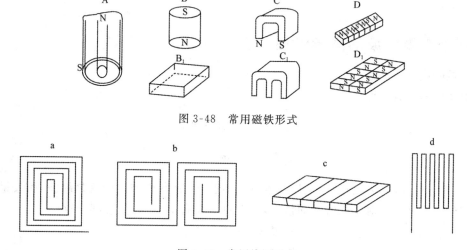

图 3-48　常用磁铁形式

图 3-49　常用线圈形式

电磁超声表面波一般采用 C-d 组合产生,在回折线圈中,施加如图 3-50 所示的磁场,当材料厚度大于 5 倍的波长时,就会在其中产生表面波。表面波的波长由回折线圈的间距决定,传播速度由材料的密度和弹性模量决定,图 3-51 是在钢轨中产生表面波的示意图。

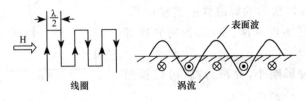

图 3-50　电磁超声表面波的产生

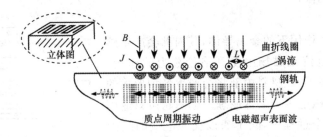

图 3-51　在钢轨中产生表面波的示意图

电磁超声检测技术具有以下特点:

(1)非接触检测,不需要耦合剂,可在高温、有害环境下检测。

(2)对表面状况要求不高,适合于粗糙表面或有涂覆层工件的检测。

(3)通过不同的磁铁和线圈组合,可以方便地产生不同形式的超声波。

(4)电磁超声对端角反射明显,对表面缺陷检测灵敏度高。

但电磁超声系统存在转换效率低、信号幅值小、指向性较差的局限性,且只能检测金属或导电材料。

3.4.3　表面波的声学特性

1. 表面波的势函数

固体中的声波方程为

$$\left. \begin{aligned} \rho \frac{\partial^2 \Phi}{\partial t^2} &= (\lambda + 2\mu)\nabla^2 \Phi \\ \rho \frac{\partial^2 \Psi}{\partial t^2} &= \mu \nabla^2 \Psi \end{aligned} \right\} \tag{3-38}$$

其中,Φ 为标量势,Ψ 为矢量势,理论分析可以知道,标量势 Φ 描述的就是纵波,而矢量 Ψ 势描述的就是横波。对于二维平面情况,并在自由表面 $x=0$ 的位置,可得

$$\left. \begin{aligned} \Phi &= \Phi_a \mathrm{e}^{-\alpha x} \mathrm{e}^{\mathrm{j}(\omega t - k_R Z)} \\ \Psi &= \Psi_a \mathrm{e}^{-\beta x} \mathrm{e}^{\mathrm{j}(\omega t - k_R Z)} \end{aligned} \right\} \tag{3-39}$$

很明显,这种解的形式具有表面传播的特性,在表面足够深处(即 x 足够大),Φ 和 Ψ 都趋

于零。将式(3-39)代入声波方程(3-38),从中确定满足声波方程所应遵循的一些关系:

$$\left.\begin{array}{l} \alpha^2 = k_R^2 - k_L^2 \\ \beta^2 = k_R^2 - k_T^2 \end{array}\right\} \tag{3-40}$$

其中, $k_R = \dfrac{\omega}{c_R}$, $k_L = \dfrac{\omega}{c_L}$, $k_T = \dfrac{\omega}{c_T}$, ω 为角频率, c_R、c_L、c_T 分别为表面波、纵波和横波的声速。

设 $g = \left(\dfrac{c_R}{c_T}\right)^2$, $q = \left(\dfrac{c_T}{c_L}\right)^2$, 代入式(3-40),可得

$$\left.\begin{array}{l} \alpha = \dfrac{\omega}{c_R}\sqrt{1-qg} \\ \beta = \dfrac{\omega}{c_R}\sqrt{1-g} \end{array}\right\} \tag{3-41}$$

推导的前提是固体存在自由表面,就是假设固体的表面与真空状态相接触,实际上只要与气体接触一般已具有足够的近似程度。由于真空中不存在应力,于是,根据应力平衡条件,在固体表面应力等于零,根据声学理论,可得到如下关系式:

$$g^3 - 8g^2 + 8(3-2q)g + 16(q-1) = 0 \tag{3-42}$$

2. 表面波的传播速度

理论上可以从式(3-42)求得表面波的传播速度,但在这个三次代数方程中还包含一个参数 q,因而一般不易获得解析形式的解,而需要用图解法。考虑大多数固体的泊松比小于 0.5,可以求得唯一的表面波速度为 $c_R = \sqrt{g}\, c_T$。根据式(3-41),为了保证 β 有实数解,则 $g < 1$,所以可以肯定固体中表面波速度 c_R 恒小于横波速度 c_T,当泊松比在 0~0.5 时,表面波速度与横波速度比值在 0.814~0.955,例如钢的泊松比 $\nu = 0.29$,则 $c_R = 0.926c_T$。

3. 表面波的质点运动轨迹

因为表面波的势函数由 Φ 和 Ψ 两部分组成,所以声表面波可以看成是由表面纵波与表面横波的合成,利用声波方程可以求得表面波的质点位移为

$$\left.\begin{array}{l} \xi = A\cos\left(\omega t - k_R Z + \dfrac{\pi}{2}\right) \\ \zeta = B\cos(\omega t - k_R Z) \end{array}\right\} \tag{3-43}$$

其中, ζ 为与波传播平行方向的质点位移, ζ 为与波传播垂直方向的质点位移。式(3-43)中 A、B 可分别表示为

$$A = \frac{\Phi_a}{c_R}\left[\mathrm{e}^{-\alpha x} - \frac{2\left(\dfrac{\omega}{c_R}\right)^2}{\beta^2 + \left(\dfrac{\omega}{c_R}\right)^2}\mathrm{e}^{-\beta x}\right] \tag{3-44}$$

$$B = \frac{\alpha\Phi_a}{\omega}\left[\mathrm{e}^{-\alpha x} - \frac{2\alpha\beta}{\beta^2 + \left(\dfrac{\omega}{c_R}\right)^2}\mathrm{e}^{-\beta x}\right] \tag{3-45}$$

对于一定的 x 值,即在离表面一定的深度处, A 与 B 都是常数。两个方向位移的相位差为 $\dfrac{\pi}{2}$,它们的合成是一个椭圆形运动的轨迹方程: $\dfrac{\xi^2}{A^2} + \dfrac{\zeta^2}{B^2} = 1$,因此,表面波可以看

成是沿着固体表面做椭圆偏振的声波。

4.表面波的振幅衰减特性

表面波与体波不同,它的振幅是离表面衰减的,衰减常数 α 和 β 的数值与表面波波长 λ 成反比:

$$\left.\begin{array}{l}\alpha=\dfrac{\omega}{c_R}\sqrt{1-qg}=\dfrac{2\pi}{\lambda}\sqrt{1-qg}\\[2mm]\beta=\dfrac{\omega}{c_R}\sqrt{1-g}=\dfrac{2\pi}{\lambda}\sqrt{1-g}\end{array}\right\}\qquad(3\text{-}46)$$

例如,对于玻璃,$q=1/3$,$g=0.845$,可以算出 $\alpha=5.33/\lambda$,$\beta=2.49/\lambda$,于是当 $x=\lambda$ 时有,$e^{-\alpha x}=e^{-5.33}=0.00484$,$e^{-\beta x}=e^{-2.49}=0.0829$,可见,表面波在离表面以后的衰减是十分迅速的,一般在超过几个波长的深度,它几乎已不存在。

3.4.4 表面波的传播

表面波在传播过程中,当遇到截面突变处如裂纹、凹坑、棱角、转角等部位时,将会产生反射和透射,如图 3-52 所示。

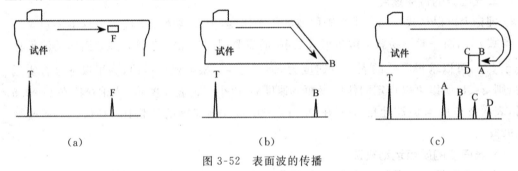

图 3-52 表面波的传播

反射能量的大小与该截面突变处的曲率有关,从理论上而言,曲率越大,反射越强,当拐角大于 90°以后,反射明显减弱,若该边缘呈圆滑过渡或者为大钝角时,甚至无反射波产生而能顺利通过。但在实验中人们发现,其反射波振幅或透射波振幅即使在锐角时也会发生波动,如图 3-53 所示。

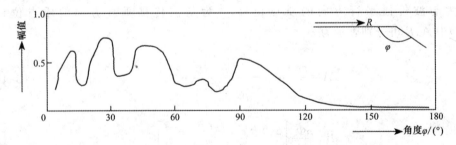

图 3-53 表面波在棱边上的反射波与棱边角度的关系

频率对声压反射率也有较大的影响。图 3-54 是工件表面沟槽深度和频率的变化对声压反射率的影响,可见,频率高,检测灵敏度也高,但频率太高会造成衰减严重,有效检测深度和检测距离减小。实际中采用的表面波频率一般在 1～5 MHz。

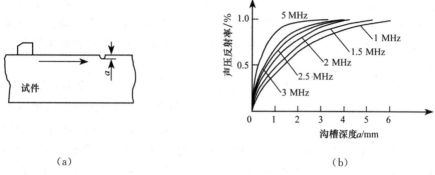

（a）　　　　　　　　　　　　　　　（b）

图 3-54　频率和沟槽深度与声压反射率的关系

如图 3-55 所示，如果在传播过程中遇有裂纹等尖锐缺陷，表面波的传播会发生如下变化：

（1）一部分声波在裂纹开口处仍以表面波的形式被反射，并沿试件表面返回。

（2）一部分声波仍以表面波形式沿裂纹表面继续传播，传播到裂纹顶端时，部分声波被反射而返回，部分声波继续以表面波形式沿裂纹表面向前传播。

（3）一部分声波在表面转折处或裂纹顶端转变为变型纵波或变型横波在材料内部继续传播。

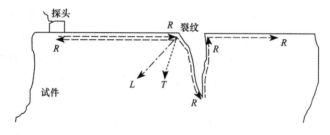

图 3-55　表面波传播过程的波形转换

影响表面波传播的因素还有：

（1）油层

当试件表面附着油层时，会造成表面波的严重衰减，这是由于表面波的垂直成分向油层辐射造成的。单个的油滴有时尚可造成部分反射形成反射波，但若油层面积较大，则无法接收到反射回波，所以表面波检测时对表面状况要求较高。

（2）表面光洁度

表面光洁度对表面波的传播有明显影响，粗糙的表面不但使声耦合不好，还会使波在传播过程中发生散射，造成较大衰减。另外如加工刀痕、铁锈、焊接飞溅等，也会对表面波的传播造成较大影响。

（3）材料组织

均匀的组织有利于表面波的传播，粗大的晶粒对表面波衰减较大，并且晶粒尺寸与波长之比越大，衰减越严重。

(4)表面曲率

表面波在曲面传播时速度会发生变化,凸面上的传播速度大于平面上的传播速度,凹面上的传播速度小于平面上的传播速度,并且会发生波形转换使衰减增大。曲率半径与波长之比越大,传播速度变化也越大,在凹面上的衰减也越大,但若曲率半径与波长之比大于50,则在曲面上的传播情况与平面基本相同。

实际检测时,为了使检出近表面缺陷有较高的灵敏度,通常频率多采用5 MHz。为使耦合剂不至于到处流淌影响表面波的传播,一般多采用甘油或黏度较大的润滑油。为减少表面波的衰减和杂波干扰,对工件表面光洁度的要求比其他方法要高,一定要去除锈蚀露出金属光泽。如果用沾油的手指贴在表面波的反射点或按在其传播路径上,表面波也会被立即衰减,用此方法可以很容易找到反射点,有助于判断反射是来自缺陷还是其他棱角。

3.4.5 爬 波

爬波又称爬行纵波、滑行纵波、表面下纵波等,利用爬波进行检测是20世纪70年代末才开始应用的。

爬波属于散射波范畴,它是在纵波以第一临界角附近的入射角从第一介质入射到第二介质中时,折射纵波全反射并呈掠入射状态,从而在第二介质表面附近激发出来的一种非均匀性波动。

如图3-56所示,当纵波从第一介质中以第一临界角附近的角度(±30′以内)入射至第二介质时,第二介质内不仅存在表面纵波,还存在折射横波,通常把横波的波前称为头波,把沿介质表面下一定距离处在横波和表面纵波之间传播的峰值波称为纵向头波或爬波,同时,斜射横波也可能在底面发生波形转换产生二次爬波,但严格地讲,爬波已不是纯粹的纵波。

爬波检测采用接触法,在有机玻璃斜楔的情况下,钢中横波折射角在33°～37°的情况下即有爬波存在。

爬波的能量多集中在折射角约76°范围,但表面下的爬波也有足够的能量可以一次性探测多部位深度的缺陷。

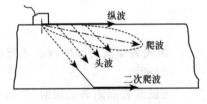

图3-56 头波和爬波

当有爬波存在时,工件表面下质点做相切运动,对表面粗糙度不敏感,这是爬波优于表面波之处。爬波在表面下一定深度(10 mm左右)内具有较高的检测灵敏度,有利于检测粗糙表面下的缺陷,例如铸件、堆焊层等的表面下裂纹、薄板焊缝根部未焊透、螺纹根部裂纹等,它可以不受焊波、焊瘤、焊接飞溅、凹坑等干扰,在对角焊缝检测时也不会受拐角的影响。

利用爬波探伤可以只使用爬波,也可以同时使用爬波和纵波,还可以使用二次爬波,具体采用何种方法要根据工件形状和缺陷位置等条件来确定。由于各种波形的反射回波同时出现在荧光屏上,这使得分析变得困难,因此需要在一定距离内进行左右扫查来判别。

激发爬波的入射角要求比较精确,由于需要足够的辐射功率,探头晶片以大些为宜,目前国内已经有商品化的爬波探头。

理论和实践都表明,将爬波探头的入射角 α 选为第一临界角,可以通过选择 fD(f 为声波频率,D 为晶片直径)值来改变对表面附近缺陷的敏感深度,这也是爬波优于表面波之处。

爬波速度与纵波速度相近,在圆弧面上约为纵波速度的 96%,由于横波吸收能量,爬波离开探头后衰减很快,回波声压大约与距离的 4 次方成反比,因此爬波探测距离较小,一般仅在几十毫米,在很多情况下采用双探头,一发一收布置较为有利。

3.5　应用实例

【实例1】　氢损伤的危害性较大,表面波速度与氢损伤的严重程度有关,据此可评价材料中氢损伤的程度。试验样品为 304 奥氏体不锈钢,截面尺寸为 20 mm×20 mm。测量装置如图 3-57 所示,采用法国 SOCOMATE USPC-3100 超声检测系统激发表面波和纵波,采用 Panametrics 公司 A543 型探头及 ABWML-4T-90°旋入式楔块激发 5 MHz 表面波,采用 A544S 型探头及 ABWML-4ST-90°楔块激发 10 MHz 表面波。

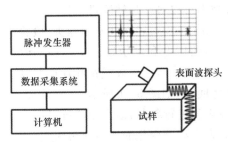

图 3-57　测量装置示意图

充氢试样和未充氢试样的显微组织如图 3-58 所示,氢的渗入会导致相变产生,充氢后产生了 ε 马氏体。

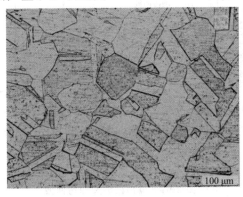
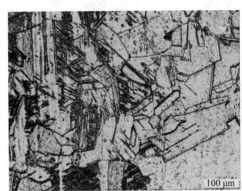

（a）充氢前　　　　　　　　　　　　　（b）充氢后

图 3-58　材料充氢前后的金相组织

充氢时间与表面波速度的变化关系如图 3-59 所示。可见,随充氢时间增加,表面波速度下降,而纵波速度没有明显变化,这是因为充氢后材料的弹性模量降低,虽然表面波速度和纵波速度都与材料的密度和弹性模量有关,但表面波的传播仅限于表面和亚表面区域,对材料表面特性变化十分敏感,而纵波可在试样的整个区域传播,仅仅表面特性的变化不足以引起纵波声速的明显变化,据此可以评价材料的氢损伤程度。

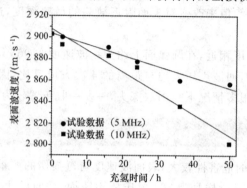

图 3-59　充氢时间与表面波速度的变化关系

【实例 2】　火力发电机风扇叶片一般为铝合金铸造修整而成,表面光滑,有两个结构性棱角,如图 3-60 所示。铝合金强度有限,叶片在高速旋转过程中容易产生裂纹等缺陷造成叶片断裂,采用表面波技术可以对叶片缺陷进行检测。

选用 5 MHz、尺寸为 6 mm×6 mm 表面波专用探头,检验前清洗叶片表面,调整探伤仪扫描速度为 1∶1,确定合适的增益和灵敏度。实际检测时,除了缺陷回波外,结构棱角、叶片边缘等部位也会产生回波。当探头放置在叶片顶部时,表面波沿叶片端部往根部传播,会产生棱角回波及油污回波,如图 3-61 所示,这些均属于非缺陷回波,要仔细甄别判断。棱角回波可根据回波声程进行判断,油污回波可以用手指触摸方法进行判断,一般在回波声程部位点击时波高发生显著变化的即为油污回波。

图 3-60　发电机叶片

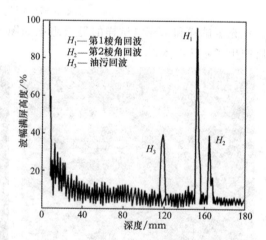

图 3-61　棱角回波及油污回波

若表面清洗干净,则基本不会产生油污回波。若叶片有缺陷,则会产生缺陷回波,缺陷回波一般不高,但顶部尖锐,波宽窄,如图 3-62 所示。最易产生裂纹等危害性缺陷的部位为叶根部位,必要时可采用渗透检测进行验证。

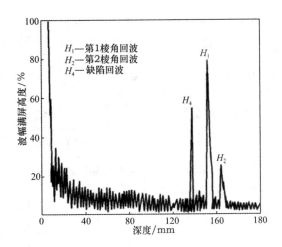

图 3-62　棱角回波及缺陷回波

【实例3】　激光超声技术就是用强度受到调制的激光照射到样品表面,使材料内部非接触地产生超声振荡,能同时产生纵波、横波、表面波等多种模态的声波,利用表面波可以对材料表面微裂纹进行检测。基于光偏转法的光差分检测系统如图 3-63 所示,声表面波是由波长为 532 nm、脉宽为 8 ns 的脉冲激光器激发,入射到样品表面的激光能量可以通过激光器本身和检测光路中的衰减片调节。为方便调节激发光束投射在样品上的位置,将用于改变光束方向的直角三棱镜和聚焦透镜放置在平移台上,M₁、M₂、M₃ 和 M₄ 为反射镜。

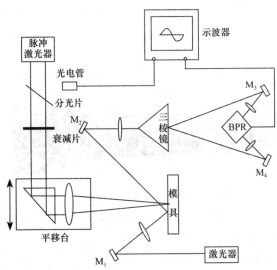

图 3-63　基于光偏转法的光差分激光超声检测系统

在铝制模具上制作深度分别为 0.30 mm、0.40 mm、0.90 mm、1.60 mm 的人工缺陷,图 3-64 为缺陷直达声表面波和反射波频谱分布。由图可知,随缺陷深度增加,反射波频谱幅度呈增加趋势,高频成分也有所增加。

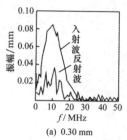
(a) 0.30 mm

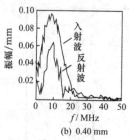
(b) 0.40 mm

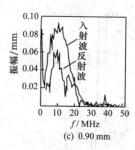
(c) 0.90 mm

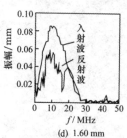
(d) 1.60 mm

图 3-64　不同缺陷深度时声表面波频谱分布

为确定缺陷位置,分别在缺陷前后表面接收相应的反射波和透射波信号,激光源与接收点配置如图 3-65 所示。

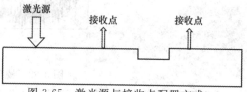

图 3-65　激光源与接收点配置方式

图 3-66 为激光源和接收点在缺陷同侧情况下得到的超声信号,缺陷深度为 0.3 mm,根据图中直达声波和反射回波到达时间可准确确定缺陷位置。

【实例 4】　机车连杆在服役过程中会产生疲劳裂纹,一般情况下用磁粉探伤能比较有效地检测出疲劳裂纹,但需对连杆结构进行拆卸、清洗,以及重新安装,这在现场无法实施,可以通过表面波检测技术对连杆进行不拆卸的现场检测。

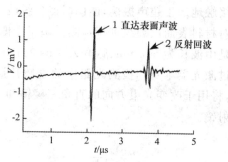

图 3-66　直达波和反射波

连杆易出现疲劳裂纹的位置如图 3-67 所示,选用尺寸为 8 mm×10 mm、频率 2.5 MHz 的表面波探头,耦合剂为机油。

图 3-67　连杆疲劳裂纹易产生部位

在连杆易产生疲劳裂纹位置制作宽度 0.2 mm、不同深度的人工缺陷对比试块,如图 3-68 所示,调节探伤仪扫描速度为 1∶2,设置适当的探伤灵敏度。由于连杆结构相对比较复杂,除缺陷波外,要注意杂波的判别。常见杂波主要有两种:一种是油层波,解决的办法是探测过程中擦除多余的油层;另外一种是连杆表面的折叠、凹坑、缺肉等部位导致的回波,解决办法是探

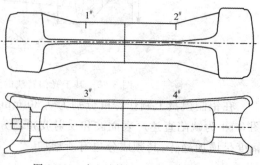

图 3-68　对比试块人工缺陷示意图

测前对这些部位进行打磨。经磁粉检测验证,在对连杆不解体的情况下可以用表面波较好地检测疲劳裂纹。

【实例 5】　高速和重载轨道失效的重要原因之一是轨道头的滚动接触疲劳(RCF),RCF 裂纹通常在轨道头表面形成,形成初期以较小的角度沿滚动方向发展,经过一段时间后,裂纹前端可能重新回到表面引起轨道金属剥落,也可能以更大的角度向轨道内部发展造成断裂,无论何种方式,其危害都是严重的。图 3-69 是轨道头 RCF 横向裂纹,利用常规超声检测方法是困难的,理论和实验都证明,即使轨道头表面不是平面,采用表面波方法检测轨道头表面缺陷也是行之有效的。

表面波由电磁超声(EMAT)探头产生,线圈由绝缘铜线缠绕在一块永久磁铁上,铜线直径 0.3 mm,匝数为 8 匝,磁铁尺寸为 10 mm×20 mm×5 mm。可以将其看作一个线源,其有效作用区域约为 3 mm×20 mm,如图 3-70 所示。探头产生的表面波中心频率为 200 kHz,作用区域距轨道头表面大约 2.5mm,利用固定的干涉仪测量表面波的离面位移。

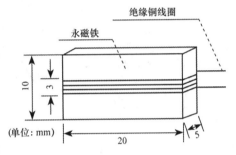

图 3-69　轨道头 RCF 横向裂纹　　　　　图 3-70　EMAT 探头线圈示意图

试样长度 575 mm,在其上预制了 0.9 mm 宽的横向人工缺陷,最大深度 4.5 mm,如图 3-71 所示。EMAT 探头沿试样纵向进行扫描,步进距离 1 mm,干涉仪激光束沿试样横向进行扫描,间隔 5 mm,试样中心的 B 扫描图像如图 3-72 所示。

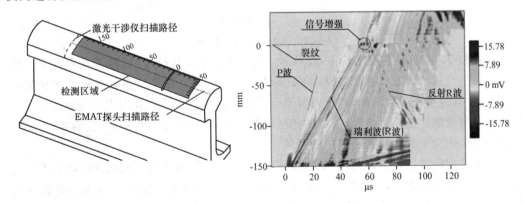

图 3-71　试样及测量区域示意图　　　　图 3-72　试样中心的 B 扫描图像

EMAT 探头产生的超声波具有宽带特性,惯常应用的 Hilbert 变换不太适合用来进行信号分析。B 扫描图像中显现的是与传统超声等价的射频信号,由于波速不同,在 B 扫描图像中的斜率也不同,据此可以对信号进行分析。用颜色标尺表示信号幅值的动态范围和正负脉冲信号幅值的不对称性,图 3-72 就是颜色标尺的灰度级描述,轨道头其他部位的 B 扫描图像的主要特点与图 3-72 基本相同,所不同的是到达时间和信号幅值,这些特点可以被用来对缺陷进行定位和表征,并且在所有 B 扫描图中都可以清晰地看到在裂纹边缘表面波的增强效应,这是由于检测点接近表面缺陷时,一部分表面波被直接反射,另一部分发生了波形转换后被反射,它们与入射波产生了干涉,产生了增强效应,这种效应也可以提供缺陷信息。采用空间平均法对波形进行分离,如图 3-73 所示。首先选择合适的时间量对 B 扫描图的每条线进行偏移,然后进行平均将其压缩成一维时间信号数据,从中可以得到相关的缺陷信息。

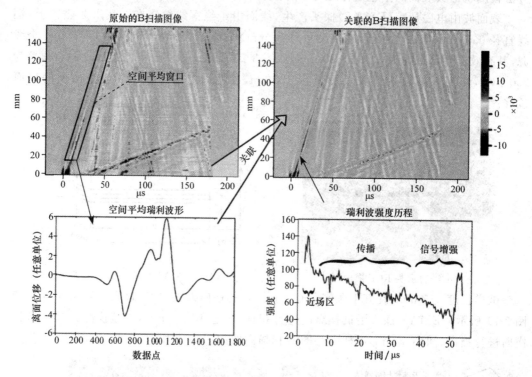

图 3-73　波形的分离及特征

【**实例 6**】 在各种装配结构中,螺栓被大量使用,并且其尺寸、材料等差别很大。螺栓是否处于合适的张紧状态,对结构的安全性有较大影响。如果较多的螺栓处于松弛状态,会导致其他螺栓受力增加,严重时甚至会造成灾难性的后果。利用表面波可以在非接触状态下测量螺栓的受力情况,需要的传感器数量少,可以长距离传播,并能沿曲面传播,可以检查人们无法观察或无法到达的区域。

表面波在传播过程中,如有其他物体与该表面接触,会导致表面波的传播状态发生改变。螺栓在张紧状态下,与被紧固件有很多分散的接触点,实际接触区(RAC)是这些分散点的总和,如图 3-74 所示。随着螺栓张紧力的增加,RAC 的大小也会发生变化,张紧力越大,RAC 也越大,如图 3-75 所示。虽然表观接触区与 RAC 不同,但在高的张紧力时这种差别变得很小。

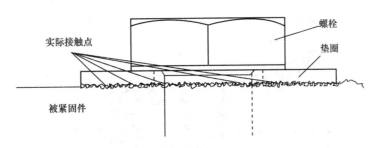

图 3-74　接触点和接触区

可以利用饱和的 RAC 确定螺栓的预紧力,并通过 RAC 的大小评估螺栓张紧力。从图 3-75 中可以看出,随张紧力增大,RAC 从垫圈中心向边缘呈辐射状扩大,这是由螺栓的加载方式决定的,可以利用如图 3-76 所示的方法确定表面波与螺栓和 RAC 的相互作用。表面波探头发射的表面波直接入射至螺栓的结合处,随螺栓张紧力的增加,RAC 增大,反射界面向垫圈外缘移动,如

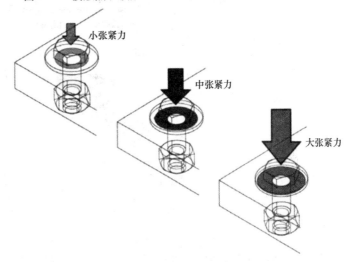

图 3-75　接触区大小随张紧力变化示意图

图 3-77 所示。用相控阵探头采用 B 扫描成像方式对 RAC 进行定量评价,波束的构建和扫描分别如图 3-78、图 3-79 所示,图中 $\tau_1 \sim \tau_N$ 表示延迟时间。

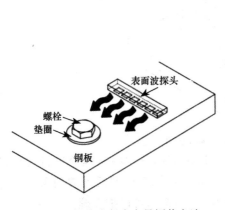

图 3-76　螺栓张紧力定量评价方法

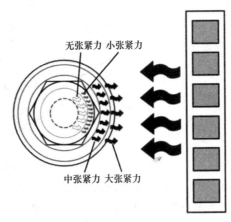

图 3-77　不同张紧力时波的反射

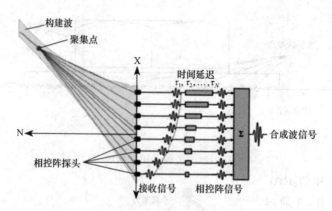

图 3-78　波束的构建

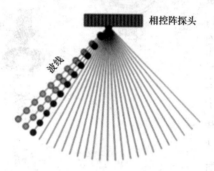

图 3-79　波线连续扫描

选择合适的探头频率,配以特制的楔块将 P 波转换为表面波。通过特制的手动调节装置,保证探头在试件表面线性运动以达到阵列检测效果,同时合理地选择阵列间距、阵列总长度、扫描方向和横向分辨率,避免形成旁瓣,如图 3-80 所示。

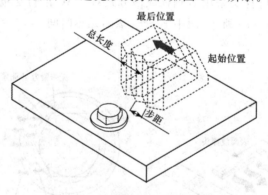

图 3-80　检测装置及过程示意图

在总的阵列长度内,合理设计单元数量,以保证足够的分辨率对螺栓进行成像,图 3-81是动态范围 15 dB 时不同扭矩情况下一个 6.3 mm 不锈钢垫圈反射波的重构图像,从图中可以清晰地看到不同扭矩下反射边界的变化情况,进而可以推算螺栓受力情况。

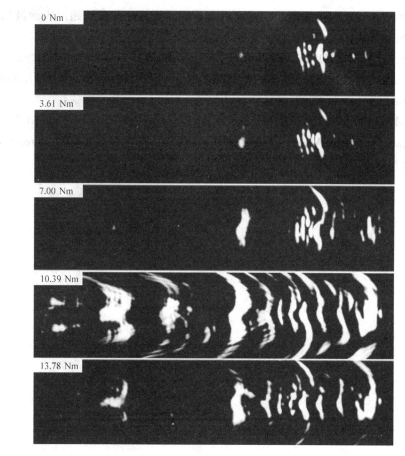

图 3-81　不同扭矩(Nm)时边界反射波的重构图像

参考文献

[1]　李家伟. 无损检测手册[M]. 2 版. 北京:机械工业出版社,2012.

[2]　林莉,李喜孟. 超声波频谱分析技术及其应用[M]. 北京:机械工业出版社,2010.

[3]　李国华,吴淼. 现代无损检测与评价[M]. 北京:化学工业出版社,2009.

[4]　杜功焕,朱哲民,龚秀芬. 声学基础[M]. 3 版. 南京:南京大学出版社,2012.

[5]　曾荣军. 激光超声表面波检测的实验研究[D]. 南昌:南昌航空大学,2012.

[6]　涂世军. 基于激光光声效应的超声表面波无损检测的研究[D]. 上海:上海交通大学,2012.

[7]　张颖志. 基于激光超声技术的金属表面缺陷检测研究[D]. 大连:大连理工大学,2015.

[8]　阚文彬,李勇峰,陈建钧,等. 不锈钢氢脆的超声表面波表征技术[J]. 金属热处理,2011, 36(增刊):486-488.

[9]　敬尚前,董国振,王强,等. SSW 发电机风扇叶片表面波检测工艺及缺陷识别[J]. 冶金自动化,2013,S2:245-247.

［10］ 姚荣文,章文显,朱刚. ND$_5$型机车不解体连杆疲劳裂纹超声表面波探伤[J].
机车车辆工艺,2013(1):29-30.

［11］ FAN Y, DIXON S, EDWARDS R S, et al. Ultrasonic surface wave propagation and interaction with surface defects on rail track head[J]. NDT & E International, 2007, 40(6):471-477.

［12］ MARTINEZ J,SISMAN A,ONEN O, et al. A Synthetic Phased Array Surface Acoustic Wave Sensor for Quantifying Bolt Tension[J]. Sensors, 2012, 12,12265-12278.

第4章

磁粉检测

4.1 概　述

磁粉检测(magnetic particle testing,MT)是漏磁检测方法中最常用的一种,它利用工件缺陷处产生的漏磁场,对铁磁性材料进行缺陷检测,广泛应用于工业生产中。

铁磁性材料工件被磁化后,由于材料中缺陷处的磁导率远小于工件的磁导率,导致磁阻变化,使工件表面和近表面的磁感应线发生局部畸变,产生漏磁场,如图 4-1 所示。磁粉检测的基本原理就是缺陷处漏磁场与磁粉的相互作用,通过磁粉显示出缺陷的位置、大小、形状和严重程度(图 4-2)。然而当缺陷离工件表面较深时,受干扰的磁力线没有溢出工件表面,不会在工件表面产生漏磁场,缺陷难以检测,因此,磁粉检测适用于检测表面和近表面缺陷,具有灵敏度高、重复性好、操作简单、成本低等优点。

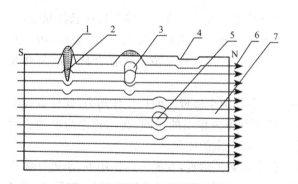

图 4-1　工件中缺陷处的漏磁场

1—漏磁场;2—裂纹;3—近表面气孔;4—划伤;

5—内部气孔;6—磁力线;7—工件

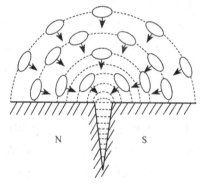

图 4-2　漏磁场与磁粉的相互作用

1. 磁粉检测的优点

(1)能检测出铁磁性材料工件表面和近表面的开口与不开口缺陷,如裂纹、白点、发纹、折叠、疏松、冷隔、气孔和夹杂等,能直观显示缺陷的位置、大小、形状和严重程度,可大致确定缺陷性质。

(2)检测灵敏度高,能检测出微米级裂纹(可检测出长 0.1 mm、宽为微米级的裂纹)和目视难以检出的缺陷。

（3）综合使用多种磁化方法，可以检出工件各个方向的缺陷。

（4）检查缺陷的重复性好，成本低。

（5）单个工件检测速度快，工艺简单，污染小。

2. 磁粉检测的局限性

（1）只能检测铁磁性材料，不能检测奥氏体不锈钢以及铜、铝、镁、钛合金等非铁磁性材料。

（2）只能检查表面和近表面缺陷，一般深度小于 $1\sim2$ mm（直流电磁化时检测深度可大一些）。

（3）检测灵敏度与磁化方向有很大关系，当缺陷方向与磁化方向平行时灵敏度很低，有时受工件几何形状的影响会产生非相关显示。

（4）不适用于检测工件表面浅而宽的划伤、针孔状缺陷和埋藏较深的内部缺陷。

（5）通电法和触头法易产生打火烧伤，大部分工件检查完毕后要进行退磁处理。

4.2　磁粉检测的理论基础

4.2.1　磁的基本现象

自然界中有一类物质，如铁、钴和镍，在一定的情况下能相互吸引，这种性质我们称为磁性，中国人最早利用这一性质发明了指南针。使原来不具有磁性的物体得到磁性的过程称为磁化，这类能够被磁化或能被磁性物质吸引的物质叫作磁体，一般可将其分为永磁体、电磁体和超导磁体。

磁体两端磁性最强的区域称为磁极，磁极具有方向性。将一个棒状磁铁悬挂起来，磁铁的一端会指向南方，另一端则指向北方。指向南方的一端叫作南极，用 S 表示，指向北方的一端叫作北极，用 N 表示。若将一个磁铁一分为二，则生成两个各自具有南极和北极的新的磁铁。

相互靠近的两个磁极，即使不直接接触也会在两个磁极之间产生作用力，同性磁极相斥，异性磁极相吸，这是由于磁体周围存在着具有磁力作用的空间，我们称之为磁场。磁场与物体的万有引力场、电荷的电场一样，都具有一定的能量。

磁场是有大小和方向的。把小磁针放在永久磁铁附近，在磁力的作用下，小磁针都具有一定的取向，N 极的指向就代表磁场的方向，顺着图 4-3(a)所示的小磁针的排列，就可以从磁铁的 N 极到 S 极画出一条光滑的曲线，称为磁力线，如图 4-3(b)所示，我们把 N 极指向 S 极方向定义为磁力线的正方向。磁力线具有以下基本特征：

（1）在磁铁的外部和内部都是连续的，是一个闭合曲线。

（2）曲线每一点的切线方向就是磁场方向，在磁铁内部由 S 极指向 N 极，在磁铁外部由 N 极指向 S 极。

（3）磁力线的数量代表磁场的强弱，在磁极的附近，磁力线密集，磁场很强，在两个磁极的中心面附近磁力线稀疏，磁场很弱，如图 4-3(c)所示。

（4）磁力线互不相交，沿磁阻最小的路径通过。

磁力线是假想的曲线,在磁场中并不存在,只是用来形象地说明磁现象。

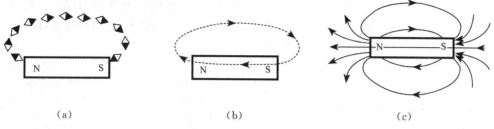

(a)　　　　　　　　　　(b)　　　　　　　　　　(c)

图4-3　永久磁铁的磁场

除永久磁铁可以产生磁场外,移动电荷或载流导体也能够产生磁场。如图 4-4(a)所示,通电导线周围存在磁场,根据安培右手法则,右手握住导线,拇指指向电流方向,其余四指所指方向即为电流产生的磁场方向。如果是螺管线圈,右手握住螺管,四指指向电流方向,那么拇指指向就是磁场方向,如图 4-4(b)所示。

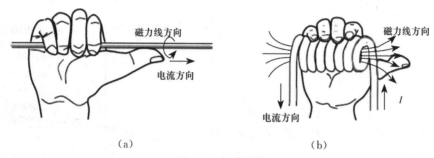

(a)　　　　　　　　　　　　(b)

图4-4　右手法则

4.2.2　磁场的基本物理量

磁场强度 H:是指单位正磁极所受的力,用来描述磁场的强弱。磁场强度是矢量,国际单位制(SI)中,H 的单位是安培/米(A/m),高斯单位制(CGS)中,H 的单位是奥斯特(Oe),二者之间可以换算:1 A/m$=4\times10^{-3}$ Oe。

磁感应强度 B:将原来不具有磁性的铁磁性材料放入外加磁场中,铁磁性材料本身就被磁化,从而具有了磁性,同时自身也具有了磁场,这个磁场称为感应磁场,感应磁场和外加磁场叠加起来的总磁场强度称为磁感应强度。磁感应强度也是矢量,也被称为磁通量密度或磁通密度。SI 单位制中,B 的单位是特斯拉(T),CGS 单位制中,B 的单位是高斯(Gs),二者之间可以换算:1 T$=10^4$ Gs。

磁场强度 H 和磁感应强度 B 是不同的:H 只与励磁电流有关,与被磁化的物质无关。而 B 不仅与磁场强度有关,还与被磁化的物质有关。

磁导率 μ:表示材料磁化的难易程度。在介质中,μ 越大,磁感应强度 B 就越大:

$$\mu=B/H \tag{4-1}$$

其中 μ 的单位为亨/米(H/m)。例如,铁磁性介质的磁导率比空气磁导率大得多,因此在相同磁化条件下,铁磁性介质中所产生的磁感应强度比空气中大得多。真空中 μ 是恒量,用 μ_0 表示,$\mu_0=4\pi\times10^{-7}$ H/m,CGS 单位制中 $\mu_0=1$。任一材料的磁导率和真空磁导率的比值叫作该材料的相对磁导率 μ_r，$\mu_r = \mu / \mu_0$。μ_r 无单位，空气中 $\mu \approx \mu_0$。

磁通量 Φ：设在磁感应强度为 B 的均匀磁场中，有一个面积为 S 且与磁场方向垂直的平面，磁感应强度 B 与面积 S 的乘积，叫作穿过这个平面的磁通量，简称磁通，即：

$$\Phi = BS \tag{4-2}$$

在 SI 单位制中，磁通量的单位是韦伯（Wb）。

4.2.3 磁介质

将一物质放入磁场中，该物质所在空间的磁场将发生变化，即磁场强度将增加或减少，这种能影响磁场的物质叫磁介质。磁介质可分为顺磁、抗磁和铁磁介质。

（1）顺磁介质：$\mu_r > 1$，在外加磁场中呈现微弱磁性并产生与外加磁场同方向的附加磁场，如铝、铬、锰、钠、氯化铜等。

（2）抗磁介质：$\mu_r < 1$，在外加磁场中呈现微弱磁性并产生与外加磁场反方向的附加磁场，如铜、金、银、汞、氯化钠等。

（3）铁磁介质：$\mu_r \gg 1$，在外加磁场中呈现强烈磁性并产生与外加磁场同方向的附加磁场，如铁、钴、镍及其合金。

三类磁介质的磁化曲线如图 4-5 所示。

对于钢而言，主要的金相组织包括铁素体、渗碳体、珠光体、奥氏体、马氏体等，其中，铁素体和马氏体呈铁磁性，渗碳体呈弱磁性，珠光体是铁素体和渗碳体的混合物，呈一定的磁性，而奥氏体不呈现磁性。由此可以看出，普通碳钢、马氏体不锈钢和铁素体不锈钢均为铁磁性材料，可以进行磁粉检测，而奥氏体不锈钢不呈现磁性，因此不能用于磁粉检测。

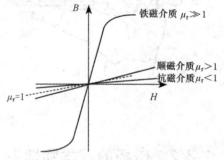

图 4-5　三类磁介质的磁化曲线

4.2.4 磁化曲线和磁滞回线

将铁磁性材料放在磁场中会产生磁化，随磁场强度的变化，磁感应强度也发生变化，表示磁场强度和磁感应强度之间关系的曲线称为磁化曲线，如图 4-6 所示。

当外加磁场强度 H 较小时，磁感应强度 B 随 H 的增加而缓慢增加；继续增加 H，B 也会随之迅速增加；过了点 m 后，随 H 增加，B 增加的速度放缓，当 H 增加到 H_m 时，磁感应强度也达到最大值 B_m，称为饱和磁感应强度，曲线的斜率即为磁导率。可见，磁化过程中，磁导率并不是一个常数，即材料的磁导率随 H 的变化在不同

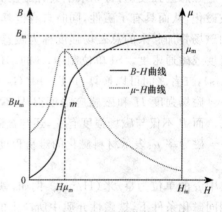

图 4-6　磁化曲线

阶段是不同的，B-H-μ 三者的关系，可以为磁粉检测工艺规范的制定提供重要参考。

磁化过程中，磁感应强度的变化落后于磁场强度的变化，这种现象称为磁滞。磁滞是铁磁性材料的一个重要性质，可以用磁滞回线来描述，它是在一定的磁场强度下进行多次反复磁化时所得到的磁感应强度随磁场强度变化的闭合曲线，如图 4-7 所示。

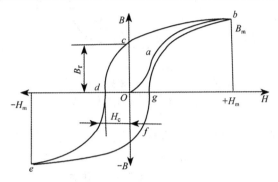

图 4-7　磁滞回线

由图 4-7 可以看出，将完全去磁状态的铁磁性物质在外磁场 H 的作用下逐渐磁化到饱和 B_m 后，如将外磁场 H 减小，B 值不再按照原来的初始磁化曲线 Oab 减小，而是沿 bc 线变化。当外磁场 $H=0$ 时，$B\neq0$，即尚有剩余的磁感应强度 B_r 存在，简称剩磁。为消除剩磁，需要将 H 反向增加到 $-H_c$，此时 $B_r=0$，H_c 称为矫顽力。继续增大反向磁场，材料呈现与原来方向相反的磁性，B 逐渐达到反向最大值（饱和点 e）后随 H 减小而逐渐减小，当 $H=0$ 时，$B=-B_r$。继续增大正向磁场，B 值由 $-B_r$ 逐渐变化为 0 并增加到最大值，对应 b 点，完成整个循环，形成一闭合曲线 $bcdefgb$，称为磁滞回线。上面所说的磁化曲线是直流或低频磁场下的磁化曲线，即静态（或准静态）磁特性曲线，进一步的研究表明，当频率提高时，弛豫现象越来越明显，同时涡流更加显著，交流磁场中回线面积比直流磁场的回线面积大，且形状和大小也与磁场的变化频率有关，其原因是磁芯的涡流增加导致相同磁通密度下磁化电流增加。

4.2.5　铁磁性材料

铁磁性材料具有以下特性：

(1)高导磁性：磁导率很高，能在外加磁场中被强烈磁化，产生很强的附加磁场。

(2)磁饱和性：在磁化过程中，当外加磁场达到一定程度后，铁磁性材料中全部磁畴方向都与外磁场方向一致，B 不再增加，呈现磁饱和性。

(3)磁滞性：当外加磁场 H 发生变化时，B 的变化是滞后的，具有剩磁 B_r。

根据 H_c 的大小，可将铁磁性材料分为软磁材料、半硬磁材料和硬磁材料，如图 4-8 所示。其中，软磁性材料的回线面积最小，呈狭长状，$H_c<10^2$ A/m，具有高的磁导率，易于磁化和退磁；硬磁材料的磁滞回线肥大，矫顽力较大，$H_c>10^4$ A/m，具有低的磁导率，难于磁化和退磁，剩磁也较大，介于二者之间的称为半硬磁材料。特殊情况如铁氧体材料，其磁滞回线则近似于矩形，故亦称矩磁材料。

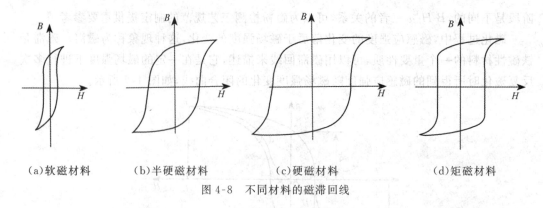

（a）软磁材料　　　　（b）半硬磁材料　　　　（c）硬磁材料　　　　（d）矩磁材料

图 4-8　不同材料的磁滞回线

一般来说，温度、应力和变形、杂质、合金的成分和组织等都会对材料的磁特性造成影响，工程中常见的工具钢、中合金钢、马氏体不锈钢、热处理后硬度较大的材料等都属硬磁材料，而含碳量低于 0.4% 的碳素钢、低合金钢及退火状态下的高碳钢都属软磁材料。

4.2.6　磁化过程

法国科学家维斯（Weiss）在大量实验事实的基础上提出了铁磁性假说，其主要内容有两点：第一，铁磁物质内部存在很强的"分子场"，在"分子场"的作用下，原子磁矩趋于同向平行排列，即自发磁化至饱和，称为自发磁化；第二，在居里点以下，铁磁体自发磁化分成若干个小区域，这种自发磁化至饱和的小区域称为磁畴，无外磁场时，由于热力学的原因各个区域（磁畴）的磁化方向各不相同，其磁性彼此抵消，因此块体铁磁性材料对外不显示磁性。一系列的实验证实了上述假说的正确性，并在此基础上发展了现代的铁磁性理论。在分子场假说的基础上，发展了自发磁化（spontaneous magnetization）理论，解释了铁磁性的本质；在磁畴假说的基础上发展了技术磁化理论，解释了铁磁体在磁场中的行为。

1. 自发磁化

铁磁性材料的磁性是自发产生的，所谓磁化过程只不过是把物质本身的磁性显示出来，而不是由外界向物质提供磁性的过程。

原子中的电子不仅绕核旋转，同时也进行自旋，即相当于一个很小的电流环，产生电子自旋磁矩。实验证明，铁磁性材料自发磁化的根源是原子（正离子）磁矩，而在原子磁矩中起主要作用的是电子自旋磁矩，这就要求原子的电子壳层中存在没有被电子填满的状态，不过，这仅仅是产生铁磁性的必要条件，产生铁磁性不仅仅在于元素的原子磁矩是否高，而且要考虑形成晶体时原子之间相互键合的作用是否对形成铁磁性有利，这是形成铁磁性的第二个条件。第三个条件是原子相互接近形成分子时，电子云会发生重叠，电子也会交换位置，这种交换会产生一种交换能，使相邻分子内未抵消的自旋磁矩同向排列，此时，内部相邻原子的电子交换积分为正，从而实现自发磁化。理论计算结果表明，交换积分不仅与电子运动状态的波函数有关，而且依赖于原子核间距与参与交换作用的电子壳层半径之比，对于铁、钴、镍及某些稀土元素而言，其比值大于 3 才满足自发磁化的条件。

维斯假说认为自发磁化是以小区域的磁畴存在的，指在未加磁场时铁磁体内部已经磁化到饱和状态的小区域,即上述电子自旋磁矩的作用范围,大小在 $1\sim100$ μm,包含 $10^7\sim10^{17}$ 个原子。其中,主畴大而长,自发磁化方向沿晶体的易磁化方向,副畴小而短,磁化方向不定,畴壁是相邻两磁畴之间磁矩按一定规律逐渐改变方向的过渡层,体材料中一般为布洛赫型,如图 4-9 所示。

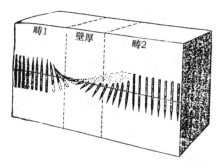

图 4-9　磁畴结构

在没有外磁场作用时,磁畴排列的方向是杂乱无章的,小磁畴间的磁场是相互抵消的,总磁矩为零,整个磁介质对外不呈现磁性。有外加磁场作用时,磁矩转动、畴壁产生位移,全部磁畴的磁矩方向与外加磁场一致,材料显示磁性。外加磁场去掉,磁畴出现局部转动,但仍保留一定的剩余磁性,如图 4-10 所示。

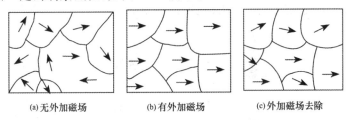

(a)无外加磁场　　　　(b)有外加磁场　　　　(c)外加磁场去除

图 4-10　磁化过程磁畴的排列

2. 技术磁化

技术磁化就是在外加磁场作用下,各个磁畴的磁矩方向转到外磁场方向或近似外磁场方向的过程,该过程的实现有两种形式:磁畴壁的迁移和磁畴的旋转。图 4-11 为磁化曲线分区示意图,Ⅰ区称为磁畴壁可逆迁移区,B 随 H 的增加而缓慢增加,去除外磁场后无剩磁,此时铁磁质内部的畴壁发生逆迁移(畴壁内磁矩转向),使其内部与外磁场成锐角的畴区面积发生变化;Ⅱ区称为不可逆迁移区,又

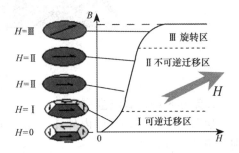

图 4-11　磁化曲线分区示意图

称巴克豪森跳跃区,B 随 H 的增加而呈线性快速增加,去除外磁场后有剩磁,此时较大的外磁场使得磁畴壁克服了某些位垒,形成不可逆迁移。在铁磁质内,与外磁场成锐角的畴区面积进一步扩大,有可能形成单畴;Ⅲ区称为磁畴旋转区。一般铁磁物质的磁化过程总是遵循图 4-11 的普遍规律,即开始一段磁化曲线斜率是由小逐步增大,达到最大值后

又开始减小并逐步成为一条接近水平的直线。各个阶段磁化的方式是以畴壁迁移为主还是以畴壁旋转为主，或者二者重叠进行，与具体材料有关。

4.2.7 典型电流磁场及其分布

电流通过导体时，由于电流磁效应的存在，导体内部和周围都会产生磁场，相应的磁感应强度大小可以通过理论计算得到，磁场方向与电流方向的关系可由右手法则来判断。下面是几种典型情况下的磁场强度与电流之间的关系。

1. 载流直导线

对于有限长直导线，如图 4-12 所示，导线外任一点 P 的磁场强度为

$$H = \frac{I}{4\pi r}(\cos\theta_1 - \cos\theta_2) \tag{4-3}$$

若导线无限长，则点 P 的磁场强度为

$$H = \frac{I}{2\pi r} \tag{4-4}$$

式中　I——通过导线的电流强度，A；

　　　r——点 P 与直电流间的垂直距离，m；

　　　θ_1——终点电流源的方向与 PB 之间的夹角，°；

　　　θ_2——起点电流源的方向与 PA 之间的夹角，°。

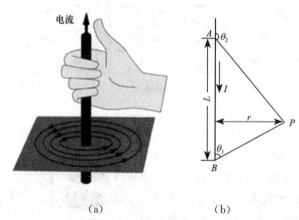

(a)　　　　　　　　　(b)

图 4-12　通电直导线的磁场

2. 无限长均匀载流圆柱体

如图 4-13 所示，导体内外任一点 P 和 P' 处的磁场强度分别可按下式进行计算：

点 P：

$$H = \frac{Ir}{2\pi R^2} \tag{4-5}$$

点 P'：

$$H' = \frac{I}{2\pi r'} \tag{4-6}$$

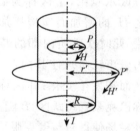

图 4-13　无限长均匀载流圆柱体的磁场

式中　I——通过圆柱体的电流强度，A；

R——圆柱体的半径,m;

r——圆柱体内点 P 与圆柱体轴线之间的距离,m;

r'——圆柱体外点 P' 与圆柱体轴线之间的距离,m。

可见,磁场强度的最大值在圆柱体的外表面处,其值为 $H_{max}=\dfrac{I}{2\pi R}$。

3. 均匀密绕载流直螺线管

如图 4-14 所示,螺线管内中心轴线上任一点 P 处的磁场强度为

$$H=\frac{N \cdot I}{2L}(\cos\beta_1-\cos\beta_2) \qquad (4-7)$$

式中　I——通过线圈的电流强度,A;

N——线圈的匝数;

L——直螺线管的长度,m;

β_1——点 P 和直螺线管一端的连线与中心轴线之间的夹角,°;

β_2——点 P 和直螺线管两端的连线之间的夹角,°。

由式(4-7)可知,螺管线圈中的磁场极不均匀,轴线中心处最强,越往外越弱,两端处的磁场强度仅为中心处的一半左右。当螺管细长时,可认为相应的余弦值为1,此时长螺管线圈内部的磁场为较均匀的平行于轴线的磁场。在实际检测中,多用短螺线管,其线圈长度一般都小于线圈直径。

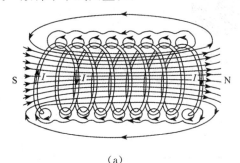

(a)

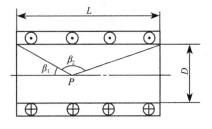

(b)

图 4-14　密绕载流直螺线管的磁场

4. 环形载流螺线管

如图 4-15 所示,环形载流螺线管的磁力线都是同心圆,圆上各处的磁场强度数值相等,方向与该处磁力线的圆弧相切,其内部任一点磁场强度为

$$H=\frac{N \cdot I}{L}=\frac{N \cdot I}{2\pi R} \qquad (4-8)$$

式中　I——通过线圈的电流强度,A;

N——线圈的匝数;

R——任一点距中心距离,m。

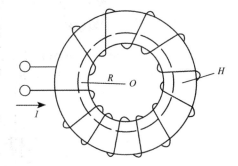

图 4-15　环形载流螺线管的磁场

4.2.8 通电圆柱导体的磁场

基于上述几种典型电流磁场的情况,可以计算不同情况下通电圆柱导体中的磁场分布情况,这对实际检测来说是很重要的。如图 4-16 至图 4-18 所示,分别为钢棒、钢管及采用中心导体法磁化时的磁感应强度和磁场强度分布。对于钢棒而言,导体内部的磁场强度是从中心处的零逐渐升高到表面处的最大值,离开钢棒表面时,磁感应强度迅速减小到 H_m,然后随距离增大而逐渐变小。钢管的磁场分布是从管内壁到管外壁逐渐上升到最大值,离开钢管表面时,磁感应强度迅速减小到 H_m,然后随距离增大而逐渐变小。中心导体法的情况较为特殊,无论用直流电还是交流电,中心导体内、外的磁场分布均与通电圆柱导体的情况相同,而钢管内壁的磁场强度和磁感应强度都大于钢管外表面。

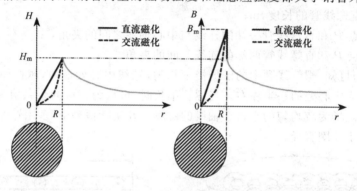

图 4-16　钢棒磁化时的磁场强度和磁感应强度分布

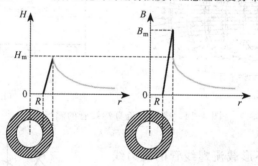

图 4-17　钢管直流磁化时磁场强度和磁感应强度分布

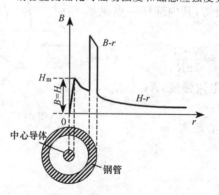

图 4-18　中心导体法磁化钢管时的磁感应强度分布

4.2.9　退磁场

当铁磁性介质在磁场 H_0 中被磁化后,在其两端出现磁极,反过来,产生的磁极又会对磁场产生影响。如图 4-19 所示,H_0 将在介质内外产生一个附加磁场 H',H' 的方向与 H_0 的方向相反,从而空间各处的有效磁场强度 H 在数值上是外加磁场 H_0 和附加磁场 H' 的差值,即 $H=H_0-H'$,称 H' 为退磁场。

退磁场 H' 与物体的磁极化强度成正比,即

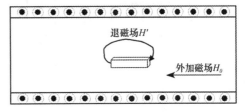

图 4-19　磁极产生的附加磁场

$$H'=N\frac{J}{\mu_0} \tag{4-9}$$

式中　J——磁极化强度,T;

　　　μ_0——真空磁导率,m;

　　　N——退磁因子。

研究表明,N 的大小主要取决于被磁化物体的形状,完整的环形闭合体 $N=0$,球体 $N=0.333$,长、短轴比值为 2 的椭圆体 $N=0.73$。对于棒材,N 与其长度与直径的比值 L/D 成反比,L/D 愈大,N 愈小,见表 4-1。

表 4-1　　　　　　　　　圆钢棒的退磁因子 N 与长径比 L/D 的关系

L/D	1	2	5	10	20
N	0.27	0.14	0.04	0.017	0.006

磁粉检测过程中,对同一工件进行磁化时交流电比直流电产生的退磁场小,原因在于交流电有趋肤效应,比直流电渗入深度浅,所以交流电在钢棒端头形成的磁极磁性小,故产生的退磁场小。尺寸相同的钢棒和钢管,钢管产生的退磁场小,原因在于钢管的有效截面积小,故 L/D 大,因此退磁场小。

4.2.10　磁路定理及其影响因素

1. 磁路定理

铁磁性材料被磁化过程中不但产生附加磁场,而且会将大部分的磁感应线约束在闭合路径上,将磁感应线通过的闭合路径称为磁路。磁路分为无分支回路(串联回路)和有分支回路(并联回路),如图 4-20 所示。在磁粉检测中,工件磁化多采用无分支磁路,常用的电磁轭是典型的无分支磁路,它由电磁铁、工件和空气隙组成[图 4-20(b)]。

磁路上各段的长度与其磁场强度的乘积叫作该段磁路上的磁压。以图 4-20(b)无分支磁路为例,电磁轭的长度为 L_1,磁场强度为 H_1,工件长度为 L_2,磁场强度为 H_2,单侧空气隙的长度为 L_0,磁场强度为 H_0,相应的磁压可表示为 H_1L_1、H_2L_2、H_0L_0,则有

$$H_1L_1+H_2L_2+2H_0L_0=NI \tag{4-10}$$

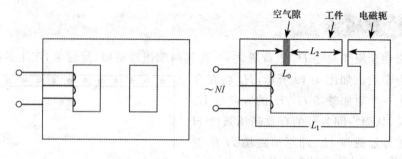

（a）有分支磁路   （b）无分支磁路

图 4-20　两种磁路示意图

即各分段磁路磁压之和与线圈中电流产生的总磁势相等,称为磁路定理。

对于横截面积为 S、长度为 L 的密绕载流螺线环,当线圈匝数为 N 时环中的磁场强度可表示为

$$H=\frac{NI}{L}$$

对应的磁通量为

$$\Phi=BS=\mu HS$$

则

$$\Phi=\frac{\mu SNI}{L}=\frac{NI}{L/\mu S}=\frac{F}{R_{\mathrm{m}}} \tag{4-11}$$

式中　F——磁势,A;

　　　R_{m}——磁阻,$R_{\mathrm{m}}=\dfrac{L}{\mu S}$,$\mathrm{H}^{-1}$。

由 $R_{\mathrm{m}}=\dfrac{L}{\mu S}$ 可知,闭合磁路的磁阻与磁路的长度成正比,与磁路的截面积和磁导率成反比,称为磁路欧姆定律。

2. 影响磁路的因素

由上面的公式可知,影响磁阻的因素都会对磁路造成影响,包括磁路长度、磁路介质的磁导率、磁路界面等。被检工件越长,磁路中的磁阻越大,磁感应强度越小,灵敏度降低。为保证检测灵敏度,除增大磁势外,还可采用分段磁化的方法。同时,磁导率对磁路影响很大,包括空气隙处、磁路固定部分和工件材料之间磁导率的差异都会形成明显的磁界面,造成磁导率的突变。磁路中不等截面也会对磁力线的疏密造成影响,产生磁极形成漏磁场。此外,磁分路现象会造成磁力线"泄漏",磁感应强度减小,应尽量避免。

4.2.11　漏磁场

1. 漏磁场的基本性质

磁路中磁导率差异很大的分界面,由于磁感应线折射将形成磁极,从而形成漏磁场,这是磁粉检测的基础。所谓漏磁场,是指被磁化的物体内部的磁力线在缺陷或磁路截面

发生突变的部位逸出物体表面所形成的磁场。

　　漏磁场的形成起因于磁导率的突变。在含缺陷的工件被磁化后,由于缺陷内所含物质的磁导率一般远低于铁磁性材料的磁导率,因此,磁力线在缺陷附近会发生弯曲和扭折。如图 4-21 所示,当缺陷位于工件的表面或近表面时,工件内部的部分磁力线就会在缺陷处逸出工件表面,绕过缺陷后再折回工件,由此形成了漏磁场。而当缺陷较深时,虽然磁力线在缺陷处仍会弯曲,但不能逸出工件,也就不能形成漏磁场。

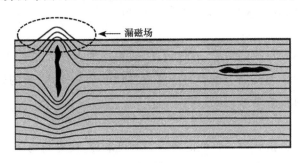

图 4-21　漏磁场的形成

　　漏磁场是看不见的,必须有显示和检测漏磁场的手段。在工件漏磁场处施加磁粉时,磁粉将会在漏磁场处聚集,形成缺陷指示,如图 4-22 所示。

2. 影响漏磁场强度的主要因素

　　漏磁场强度直接影响磁粉检测的灵敏度。实际检测过程中,影响漏磁场强度的因素主要有外加磁场强度、缺陷特征(位置、尺寸、类型、取向、磁导率等)、被检件表面的状态(油污、覆层等)、基体材料的状态:

　　(1)外加磁场强度

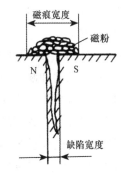

图 4-22　磁粉在漏磁场处聚集形成显示

　　漏磁场强度与工件被磁化程度有关,一般地,外加磁场越大,漏磁场也越大,当外加磁场使被检材料接近磁饱和时,缺陷处漏磁场的强度会显著增加。

　　(2)缺陷特征

　　一般来讲,缺陷深宽比越大,漏磁场也越大;缺陷与基体的磁导率相差越大,漏磁场也越大;缺陷切割磁力线的角度越接近正交,其漏磁场强度越大。

　　(3)被检件表面状态的影响

　　表面油污和覆盖层(涂料)等会降低缺陷漏磁场的强度。

　　(4)基体材料的状态

　　基体材料的成分、组织及成型状态均会影响材料的磁特性,进而影响缺陷的漏磁场,材料越容易被磁化,其所产生的漏磁场也越大。

4.3 磁粉检测材料及设备

4.3.1 磁 粉

磁粉是具有一定形状、大小和颜色的铁磁性物质的粉末,分为荧光磁粉、非荧光磁粉和特种磁粉等,它的性能对检测灵敏度有很大影响。

1. 磁粉的性能

磁粉检测效果不仅与缺陷性质、磁化程度、磁粉施加方法及被检工件表面状态有关,还与磁粉本身有关。作为检测中重要的传感材料和显示介质,磁粉的磁性、粒度、形状和识别度等因素都会对检测结果造成影响。

(1)磁性

一是要求使用的磁粉必须具有低的矫顽力和低剩磁,使磁粉易于分散不结团,在停止磁化后不会吸附在工件表面上影响对比度造成缺陷难以辨认;二是应具有高磁导率,可以在微弱漏磁场作用下保证磁粉的流动性,能够被磁化和吸附。

(2)粒度

磁粉粒度影响磁粉在磁悬液中的悬浮性和缺陷处漏磁场对磁粉颗粒的吸附能力,理论上讲,磁粉粒度和缺陷宽度相同或者为其二分之一时吸附能力最好。对于暴露于工件表面的缺陷,宜采用粒度小的磁粉,它的流动性好,而表面下的缺陷多采用较粗的磁粉,主要原因在于粗磁粉的磁导率较高。在干法检测中,选用较粗的磁粉,容易在空气中散开,如果用细磁粉,会像粉尘一样滞留在工件表面,尤其在有油污、潮湿、指纹或凹凸不平处,容易形成过度背景,影响缺陷辨认或掩盖相关显示。而在湿法检测中宜选用细磁粉,它的悬浮性好,实际检测时一般采用各种粒度磁粉的混合物。磁粉检测灵敏度一般随磁粉粒度的减小而提高,磁粉粒度过大不容易被弱小的漏磁场所吸附,目前常用的湿式磁粉粒度要求在 $5\sim25\ \mu m$。对于特种设备运行中产生的疲劳裂纹和应力腐蚀裂纹,开口较为微小,需要更高灵敏度的磁粉方可检出,应选用粒度范围为 $1\sim10\ \mu m$ 的湿磁粉,干粉法中磁粉粒度一般在 $5\sim150\ \mu m$。

(3)形状

磁粉形状以细长型为佳,原因在于这种形状的磁粉更易于磁化,易于沿磁力线形成磁粉链条,对于裂纹缺陷的磁痕显示有利。但条状磁粉的流动性不如球状磁粉,因此实际中使用的磁粉是条状和球状磁粉按一定比例所组成的混合物。

(4)识别度

识别度指磁粉的光学性能,包括磁粉的颜色、荧光亮度与工件表面颜色的对比度。具有高识别度的磁粉能提高检测灵敏度,有效地降低漏检率,减轻工作人员眼睛疲劳。

除上述几点外,磁粉的密度和流动性也会对检测效果产生影响,这些因素是相互关联和相互制约的,必须综合考虑其性能才能取得较高的检测灵敏度。

2. 磁粉的分类

按磁痕观察的方式可分为荧光磁粉和非荧光磁粉。

(1)荧光磁粉

荧光磁粉是以 Fe_3O_4(或工业纯铁粉、羰基铁粉)为核心,在外面包裹一层荧光物质而成,在紫外光线的照射下能发出鲜明的黄绿色荧光,色泽鲜明、容易观察,可见度和对比度均好,缺陷显示更清晰,使用于任何颜色的受检表面(需配紫外线光源),检测灵敏度较高。

(2)非荧光磁粉

非荧光磁粉是由 Fe_3O_4 或 Fe_2O_3 组成的黑、红、灰、白等颜色粉末,在可见光下进行观察,用染料或其他方法处理成不同的颜色,目的在于适应不同背景颜色的零件,以便在检测过程中与零件表面形成较高的对比度,其中,黑色磁粉适用于背景为浅色或光亮的工件,红色磁粉适用于背景较暗的工件,而灰、白色磁粉适用于干法检测时背景较深暗的工件。

还有一些特殊场合应用的磁粉,比如高温下应用的磁粉,统称为特种磁粉。

4.3.2　磁悬液

磁悬液是将磁粉与某种液体按一定比例混合而成的悬浮液体,用于湿法检测,用来悬浮磁粉的液体称为载液。检测过程中,磁粉颗粒受到工件表面漏磁场的吸引,将分散在液体中的磁粉颗粒聚集在缺陷处形成磁痕显示。为获得理想的检测效果,对磁悬液和载液的黏度、浓度、闪点、毒性等性能都有要求。

按照载液的种类,磁悬液可分为水基磁悬液和油基磁悬液;根据磁粉的种类又可分为荧光磁悬液(水基或油基)和非荧光磁悬液(水基或油基)。

1. 水基磁悬液

水基磁悬液的载液以水为基本液体,同时还需要加入适当添加剂,包括润湿剂、防锈剂等,必要时还需要加入消泡剂,水基磁悬液可自行配制或购买。

水基磁悬液较油基磁悬液的检测灵敏度高、黏度小,流动性好,有利于快速检验,同时不燃,成本低。缺点在于容易引起材料锈蚀,需要进行防锈处理,不适用于经水浸泡可能引起氢脆和腐蚀的某些高强度钢和金属材料。

2. 油基磁悬液

油基磁悬液一般采用普通煤油或无味煤油等作为载液,加入适量的磁粉搅拌均匀而成。

一般要求油基载液具有高闪点、低黏度、无色、无荧光、无臭无毒。油基磁悬液适用于带油零件的表面检测,对于易引起氢脆和腐蚀的高强度钢和金属材料也非常适用。缺点是检测灵敏度低于水基磁悬液,易燃,成本高,清理较为困难。对于一些严格防止腐蚀的钢铁合金,要优先选用油基磁悬液进行检测。

3. 磁悬液的配制

任何一种配方的磁悬液配制时在加磁粉(膏)时必须先取少量载液与磁粉(膏)混合搅

拌成糊状,再加入其余定量载液,且不可以将磁粉(膏)直接全部倒入载液中,这样可能导致磁粉结团难以分散均匀而影响使用效果。配制荧光磁粉油基悬液时,应当采用无味煤油作载液,而不能采用其他本身可发荧光的煤油,因为这些煤油一方面会使工件表面产生荧光,干扰缺陷的显示,另一方面会影响荧光磁粉的发光强度,降低检测灵敏度。配制荧光水基磁悬液时,水载液选择要严格,除了满足水载液各项性能要求外,还不应使磁粉结团和变质。配制液体中含磁粉浓度太低时,小缺陷会漏检;浓度太高时,会降低衬度,而且会在工件的磁极上沾附过量的磁粉,干扰缺陷显示,所以配制浓度要适宜。

4.3.3　反差增强剂

反差增强剂是一种白色粉末的悬浮液,它以快干溶剂为载体,适用于非荧光磁粉检测。实际检测时,若工件表面粗糙或者磁痕与背景的对比度很低时,缺陷便难以检出。若在工件表面施加一层薄薄的反差增强剂,再开始检测过程,既可以提高零件表面颜色造成的深暗背景与磁痕显示的对比度,也有利于填平工件表面的凸凹不平,降低零件表面粗糙度的影响,促进磁悬液的流动。

4.3.4　标准试片和试块

标准试片是检测的必备工具,又称标准灵敏度试片,其作用在于:

(1)检测磁粉检测的设备、磁粉和磁悬液的综合性能,确定系统灵敏度是否达到检测要求。

(2)了解被检零件表面大致的有效磁场强度和方向,及有效检测区域大小。

(3)考察所用检测工艺规程和操作方法是否恰当。

(4)对于形状复杂的工件制定相应的磁化规范。

根据 GB/T 23907—2009《无损检测　磁粉检测用试片》的规定,标准试片按产品类型分为 A 型、C 型和 D 型;按热处理状态分为经退火处理和未经退火处理;按灵敏度等级分为高灵敏度,中灵敏度和低灵敏度。试片为利用超高纯低碳纯铁经轧制而成的薄片,其中,按灵敏度等级分类仅适用于相同热处理状态的试片,对于同一类型和灵敏度等级的试片,未经退火处理的比经退火处理的灵敏度高约 1 倍。不同国家使用标准试片的习惯也有所不同,在日本,一般使用 A 型试片,在美国一般为 QQI 质量定量指示器。我们国家最新制定的 NB/T 47013.4—2015《承压设备无损检测　第 4 部分:磁粉检测》中,在 A 型、C 型和 D 型标准试片基础上增加了 M1 型标准试片。

A 型、M1 型试片的形状分别如图 4-23 和图 4-24 所示,其中,A 型试片圆形人工槽的圆心和十字人工槽的交点均应在试片的中心,十字人工槽的两直线应成直角相交,并分别与试片的两条边平行;M1 型试片的人工槽为三个同心圆,位于试片正中。A 型试片有两种尺寸,具体见表 4-2。A 型试片适用于在较宽大或平整的被检表面上使用,C 型和 D 型试片适用于较窄小或弯曲的被检表面。高灵敏度的试片,用于验证要求有较高检测灵敏度的磁粉检测综合性能,低灵敏度试片用于验证要求较低的情况。此外,标准灵敏度试块必须在连续法磁粉检测中使用,不适用于剩磁法检测。实际检测中,应根据被检零件的材质、检测面的大小和形状、检测验收标准等选用合适的标准灵敏度试片。

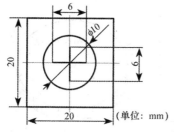

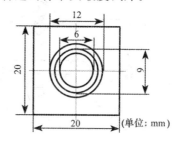

图 4-23　A 型试片形状及尺寸　　　　图 4-24　M1 型试片形状及尺寸

表 4-2　　　　　　　　　　　　　　A 型和 M1 型试片尺寸

类型	厚度/μm	边长/mm	圆形人工槽直径/mm	十字人工槽长度/mm	人工槽深度/μm			人工槽宽度/μm
					高灵敏度	中灵敏度	低灵敏度	
A 型试片	100	20	10	6	15	30	60	60～180
	50	20	10	6	7	15	30	60～180
M1 型试片	50	20	12/9/6	—	7	15	30	60～180

　　磁粉检测用标准试块也是检测的必备工具,其目的与磁粉检测标准试片相似,主要差异在于试块不适用于确定被检零件的磁化规范,不能用于考察被检零件表面的磁场方向和有效磁化区。常见的磁粉检测试块有:磁场指示器、B 型标准试块和 E 型标准试块。

　　磁场指示器又称八角试块,如图 4-25 所示,其用途是在磁粉检测时帮助确定磁场方向,通过观察低碳钢间的八根接缝在铜面上的磁痕显示情况来判断磁场方向。B 型标准试块又称直流试块,用铬钨锰工具钢制成饼型,试块端面有 12 个直径为 $\phi1.78$ mm 的人工通孔,第一孔距外圆表面 1.78 mm,每孔距外圆表面距离依次增加 1.78 mm,通过观察检测过程中试块环圆周上有磁痕显示的孔数,如图 4-26 所示,可用于评价直流和三相全波整流磁粉检验设备及磁悬液综合性能。E 型标准试块又称交流试块,由钢环(退火 10# 钢锻件)、胶木衬套和铜棒组成,钢环通过胶木衬套固定在铜棒上,钢环上有 3 个 $\phi1$ mm 的通孔,适用于交流和单相半波整流磁粉检验设备综合性能及系统灵敏度试验,如图 4-27 所示。

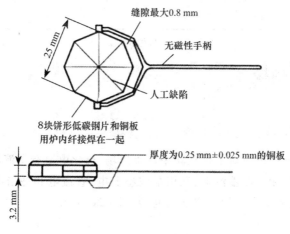

图 4-25　磁场指示器(八角试块)

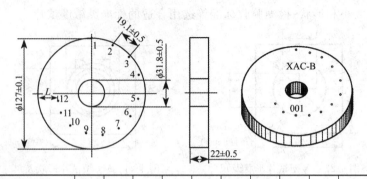

图 4-26 B 型试块

孔号	1	2	3	4	5	6	7	8	9	10	11	12
通孔中心距外缘距离 L/mm	1.78	3.56	5.33	7.11	8.89	10.67	12.45	14.22	16.00	17.78	19.56	21.34

注：①12 个通孔直径为 $\phi(1.78\pm0.08)$ mm。

②通孔中心距外缘距离 L 的尺寸公差为 ±0.08 mm。

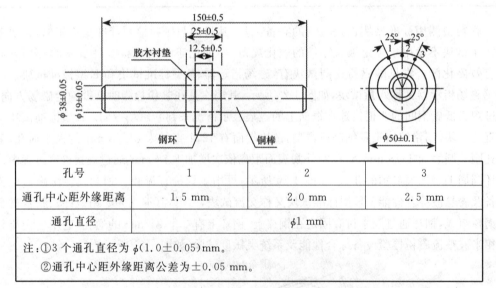

孔号	1	2	3
通孔中心距外缘距离	1.5 mm	2.0 mm	2.5 mm
通孔直径	$\phi1$ mm		

注：①3 个通孔直径为 $\phi(1.0\pm0.05)$mm。

②通孔中心距外缘距离公差为 ±0.05 mm。

图 4-27 E 型试块

4.4 磁粉检测技术

4.4.1 磁化电流

磁粉检测过程中要用电流对工件磁化来产生磁场,磁化电流有交流电、单相半波整流电、单相全波整流电、三相半波整流电、三相全波整流电、直流电和冲击电流,常用的主要有交流电、单相半波整流电和三相全波整流电,如图 4-28 所示。

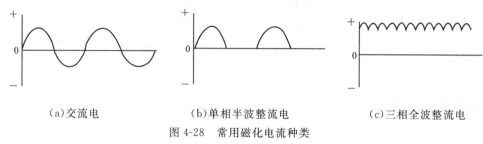

　(a)交流电　　　　　　　(b)单相半波整流电　　　　　(c)三相全波整流电

图 4-28　常用磁化电流种类

1. 交流电

交流电的大小和方向呈周期性变化,交流磁化的主要特点是:

(1)具有趋肤效应,对表面缺陷的检测灵敏度高。

(2)交流电可以在磁路里产生交变磁通,实现感应电流磁化;此外,通过两个交流磁场叠加可以产生旋转磁场,或利用交流磁场和直流磁场矢量合成可实现多向磁化;由于交流电的波动特性,可对磁粉进行搅拌,有利于磁粉迁移聚集,磁痕形成速度较快。

(3)用固定式电磁轭磁化变截面工件时,直流电方法在工件截面突变处有较多的泄露磁场,而交流电方法得到的工件表面磁场较均匀。

(4)由于磁场集中于工件表面,因此用交流电磁化的工件容易退磁,且在检测工序间可以不退磁。

(5)交流电磁化设备轻便,电源结构简单,有利于现场检测。

(6)检测深度较小,对于钢件中 $\phi 1$ mm 横孔,剩磁法的检测深度约为 1 mm,连续法约为 2 mm;此外,剩磁法检验时受断电相位影响,难以保证检测质量。

2. 单相半波整流电

单相半波整流电是将单相工频(50/60 Hz)交流电经过半波整流后作为磁化电流,是磁粉检测中最常用的磁化电流类型之一,其特点如下:

(1)单相半波整流电具有直流电的性质,因此兼有直流电的渗入性和交流电的脉动性,有利于近表面缺陷的检测。

(2)单相半波整流电所产生的磁场是同方向的,磁滞回线是非对称的,无论在何点断电,在工件上总会获得稳定的剩磁,不需要配备其他辅助装置控制断电相位。

(3)具有较高的灵敏度和对比度,在电磁轭干法磁粉检测中优势明显;检测深度比交流电大,对于钢件中 $\phi 1$ mm 横孔,剩磁法的探测深度约为 1.5 mm,连续法约为 4 mm。

(4)退磁较困难。

3. 三相全波整流电

三相全波整流电也是磁粉检测中常用的磁化电流,具有如下特点:

(1)由于接近直流电,所以具有很大的渗入性和很小的脉动性,可检测近表面埋藏较深的缺陷。

(2)同单相半波整流电一样,能产生稳定的剩磁。

(3)适用于焊接件、带涂覆层工件、铸钢件和球墨铸铁毛坯等近表面缺陷检测。

(4)设备需要的输入功率小。

(5)退磁困难,需要使用超低频退磁设备,效率低,设备昂贵复杂;同时,由于直流电磁化时磁场渗入较深,磁化的有效截面比交流电大,所以被磁化零件(尤其是纵向磁化时)的退磁场大;工件变截面处会产生磁化不足或过度磁化,所以变截面工件磁化不均匀;由于对磁粉的搅拌作用较弱,磁粉迁移困难,不适用于干法检验;在周向磁化和纵向磁化工序之间要退磁。

4.4.2 磁化方法

根据工件磁化时磁场的方向,可将磁化方法分为周向磁化、纵向磁化和复合磁化三大类,如图4-29所示。

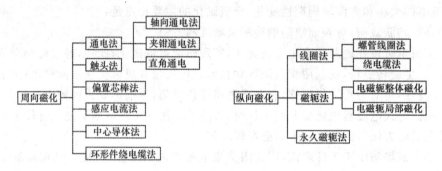

图 4-29 磁化方法分类

1. 周向磁化

周向磁化是指产生围绕被检零件轴向的环绕磁场,用于检测零件上的轴向缺陷,实现方法主要有以下几种:

(1)通电法

使电流直接通过被检零件,形成环绕磁场。根据通电的具体形式不同,又可分为轴向通电法、夹钳通电法和直角通电法,其他也有利用触头、支杆等进行局部通电的方法,典型形式如图4-30所示。该方法的优点在于:磁场较为集中,能对工件整体进行磁化,检测效率高,灵敏度高,工件端头无磁极,不产生退磁场,磁化规范容易计算。其缺点是接触不良时会产生电弧烧伤,不能检测空心工件内表面缺陷。

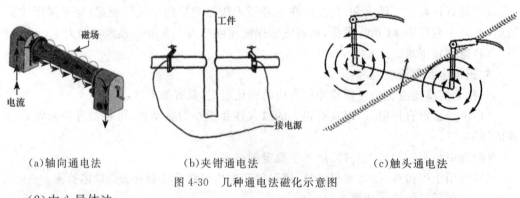

(a)轴向通电法　　　　　(b)夹钳通电法　　　　　(c)触头通电法

图 4-30 几种通电法磁化示意图

(2)中心导体法

电流不直接通过被检零件,而是利用穿过空心工件的导体产生的周向环绕磁场对工件进行磁化，又称为穿棒法、芯棒法或电流贯通法，如图 4-31 所示。该方法在工件中感生的磁感应强度在工件内表面达到最大值，并随着距芯棒中心距离的增加而逐渐降低，因此，内表面较外表面的缺陷检测灵敏度更高，同时，不会产生电弧烧伤，可一次对多个小工件进行磁化，检测效率高。但该方法仅适用于有孔工件，对于管壁较厚的工件内外表面的检测灵敏度差别较大。

对于管径过大或某些特殊形状的工件，通电芯棒的位置要进行调整，一般将其贴近工件内壁放置，称为偏置芯棒法，如图 4-32 所示。由于该方法的有效磁化范围约为芯棒直径的 4 倍，所以检测时要转动工件，且相邻区域至少要有 10% 的重叠，以防漏检。

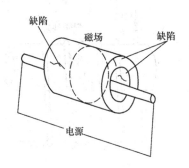

图 4-31　中心导体法

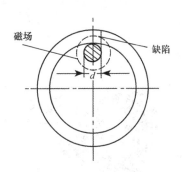

图 4-32　偏置芯棒法

周向磁化方法还有感应电流法、环形件绕电缆法等，分别如图 4-33 和图 4-34 所示。

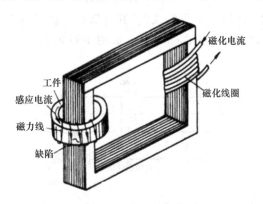

图 4-33　感应电流法

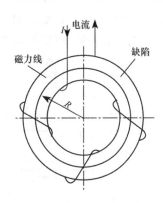

图 4-34　环形件绕电缆法

2. 纵向磁化

纵向磁化是指产生与被检零件轴向平行的磁场，用于检测工件上的横向缺陷，主要有线圈法和磁轭法。

（1）线圈法

线圈法又分为螺管线圈法和绕电缆法。螺管线圈法是将被检工件置于通电线圈中，线圈中产生的纵向磁场使工件感应磁化，磁场的方向可以按照右手定则来确定，典型形式如图 4-35 所示。磁化过程中多用短螺管线圈，其磁场为不均匀的纵向磁场，工件在磁场中得到的是不均匀磁化，在线圈中部磁场最强，在端部发散严重，有效磁场强度也明显降低。线圈法的优点是线圈不与工件接触，工艺简单，灵敏度较高，缺点是零件的长径比（L/D）对检测灵敏度影响较大，必须考虑线圈填充系数以及零件长度、线圈长度、有效磁化长度等因素,此外零件端面缺陷的检测灵敏度低。

线圈磁化过程中,在零件两端产生了磁极,形成了退磁场。因此,磁化效果不仅和材料特性相关,还与工件的 L/D 密切相关。L/D 值越小,退磁场越强,工件也越难于磁化,因此,线圈法磁化时一般要求工件 $L/D>2$,否则应采用铁磁性延长块。此外,磁化时工件纵轴应平行于线圈轴线,对于长工件应分段磁化并应有 10% 的重叠。填充系数 η(工件与线圈的截面积的比值)也影响磁化效果,原因主要在于线圈内部磁场分布不均匀,同时工件退磁因子也可能发生变化,从而影响退磁场。对于一些大型或长工件,也可采用绕电缆法,这种方法灵活方便,如图 4-36 所示。

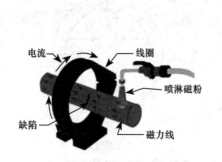
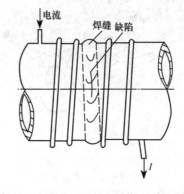

图 4-35 螺管线圈法　　　　图 4-36 绕电缆法

线圈法的有效磁化区域有限,对于中、低填充系数的线圈,其有效磁化区域约为线圈直径;对于高填充系数的线圈,其有效磁化区域大约在 400 mm,如图 4-37 所示。

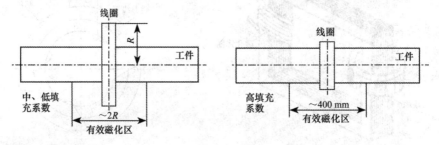

图 4-37 线圈法有效磁化区

(2)磁轭法

利用电磁轭或永久磁轭对工件进行局部或整体感应磁化,可分为固定式磁轭和便携式磁轭两类。固定式磁轭磁化如图 4-38 所示,磁化时,两磁极夹住工件,工件整体作为磁路的一部分,磁极截面要大于工件截面,并应尽量避免工件与电磁轭磁极之间的空气隙,该方法不适宜形状复杂或长工件检测。便携式磁轭磁化如图 4-39 所示,其磁化的有效范围取决于检测装置的性能、检测条件及工件的形状,一般是以两极间的连线为长轴的椭圆形所围的面积。此外,交流电磁轭对工件表面缺陷的检测灵敏度高,直流电磁轭的检测深度更大一些。由于永久磁轭的磁场不可调节,实际中很少采用。

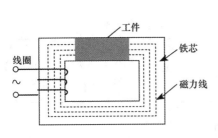

图 4-38　固定式磁轭磁化

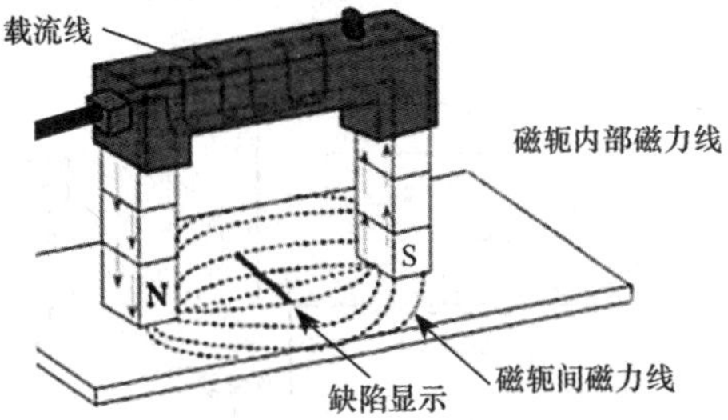

图 4-39　便携式磁轭磁化

　　磁轭法的优点在于磁轭与被检工件是非电接触,不会烧伤工件,通过改变磁轭的方位可发现任何方向的缺陷;缺点是检测几何形状复杂的工件较为困难,为实现不同取向缺陷的有效检出,需不断调整磁轭方位。便携式磁轭检测范围有限,检测效率不高,检测过程中磁极平面与工件存在的磁极间隙会严重降低检测灵敏度。

3. 复合磁化

　　复合磁化是指能在一次磁化过程中获得多个方向的磁场,从而对多个方向缺陷进行检测的方法。其基本原理就是使被磁化工件某一点同时受到几个不同方向和大小的磁场作用,在该点产生叠加,磁场方向和大小随合成磁场周期性改变对工件进行磁化,检测过程中磁场方向和大小都是变化的。常用的复合磁化方法主要有旋转磁场磁化法、螺旋形摆动磁场磁化法、直流磁轭-交流通电磁化法、有相移的整流电多向磁化法等。

　　旋转磁场磁化法是利用交叉线圈或交叉磁轭同时通入有一定相位角差的交流电,其合成磁场为各磁场矢量的叠加,是一个方向随时间变化的旋转磁场。图 4-40 为交叉磁轭法磁化,当两磁场幅值相等时,合成磁场在平面上的轨迹呈圆形或椭圆形。图 4-41 为用直流电磁轭对工件进行纵向磁化,同时对工件轴向进行交流电直接通电的复合磁化方法,所合成的磁场是在 ±45° 之间不断摆动的螺旋形磁场,磁场摆动的范围与交流磁场和直流磁场的比值有关,比值越大,磁场的摆动范围越大,但在某一瞬间,工件中不同部位的磁场大小和方向并不相同。

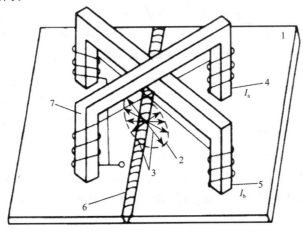

图 4-40　交叉磁轭法磁化

1—工件;2—旋转磁场;3—缺陷;4、5—交流电;6—焊缝;7—交叉磁轭

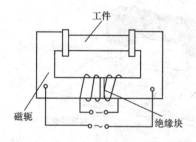
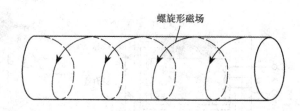

图 4-41　直流磁轭-交流通电法磁化

4.4.3　磁化规范

1. 磁化规范的内容

实际检测过程中,为了获得一定的检测灵敏度,除选择正确的磁化方法和磁化电流外,对磁场强度大小或磁化电流的取值也要作相应规定,这就是磁化规范要涉及的内容。

2. 制定磁化规范的考虑因素

磁化规范的制定应综合考虑工件的特性(磁特性、形状、尺寸、表面状况、热处理状态等)、预计缺陷的特性(缺陷性质、位置、形状、大小等)、磁化方法、检测方法、所要求的灵敏度、检测效率以及检测设备等因素。

磁场方向的选择是十分关键的,当磁场方向与缺陷方向垂直时,缺陷处的漏磁场最大,检测灵敏度最高;当磁场方向与缺陷方向平行时,不产生磁痕显示,无法发现缺陷;当磁场方向与缺陷方向的夹角在二者之间时,漏磁场的强度较垂直时下降,检测灵敏度降低。由于待检工件的缺陷取向不定,因此应根据具体情况、采用不同的方法进行周向、纵向或复合磁化,以便能够发现不同方向的缺陷,图 4-42 是采用通电法产生周向磁场时能够发现的缺陷示意图。

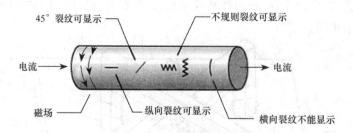

图 4-42　通电法磁化时缺陷的检出能力

3. 制定磁化规范的方法

(1)利用经验公式计算,按相关技术标准规范中工件表面应达到的磁场强度或磁感应强度取值大小来确定磁化电流或安匝数。

(2)用磁场强度计测量工件表面的磁场强度,如连续法时一般在 2 400~4 800 A/m,剩磁法时一般在 8 000~14 400 A/m。

(3)用标准试片(块)确定磁场强度,根据试片上的显示痕迹而定,用于形状复杂或难以计算磁化电流(磁场强度)的工件。

（4）利用材料的磁特性曲线及参数,确定合适的磁场强度,磁特性曲线上,剩磁法要磁化到基本饱和,连续法要磁化到近饱和,一般连续法所要求的磁场强度是剩磁法的 1/3（周向磁化）。

4. 常见的磁化规范

表 4-3～表 4-5 给出了几种常用磁化方法的磁化规范。

表 4-3　轴向通电法和中心导体法磁化规范

检测方法	磁化电流计算公式	
	交流电	直流电、整流电
连续法	$I=(8\sim15)D$	$I=(12\sim32)D$
剩磁法	$I=(25\sim45)D$	$I=(25\sim45)D$

注:I 为磁化电流（A）,D 为工件有效直径（mm）。

表 4-4　线圈法磁化、剩磁法检测磁化规范

L/D	空载线圈中心的磁场强度/(kA·m^{-1})
圆盘形工件	36
$2<L/D\leqslant5$	24
$5<L/D\leqslant10$	16
$10<L/D$	12

注:L 为工件长度（mm）,D 为工件直径（mm）。

表 4-5　　触头法磁化规范

T	I
$T<19$	(3.5～4.5)倍触头间距
$T\geqslant19$	(4～5)倍触头间距

注:T 为工件厚度/长度（mm）,I 为磁化电流（A）。

4.4.4　磁粉检测工艺流程及方法

磁粉检测的流程可分为五个部分:预处理、工件磁化、施加磁粉、磁痕观察和退磁。磁粉检测方法根据磁化时施加的检测介质（磁粉或磁悬液）形式不同,可分为干法和湿法检验;根据施加磁粉的时机不同,可分为连续法和剩磁法检验;根据橡胶液中是否含有磁粉,可分为磁粉探伤-橡胶铸型法和磁橡胶法。

1. 预处理

预处理是对即将进行磁粉检测工件的预备性处理。当被检工件表面粗糙或不清洁时,容易对喷洒的磁粉产生机械挂附,造成伪显示,干扰检验的正常进行,因此对待检工件要预先进行表面处理和清洗,要求工件表面光洁度一般应≤1.6 μm。

对工件的预处理方法主要包括:

（1）清除

去除工件表面的油污、灰尘、铁锈、毛刺、氧化皮、油漆等,以及其他可能影响检测灵敏度的物质。

（2）打磨

用轴向通电法和触头法磁化时,为防止烧伤工件表面和提高导电性,必须将工件与电极接触部位的非导电覆盖层打磨掉。

（3）分解

装配件一般要进行分解后再检测。

（4）封堵

若工件有盲孔或内腔，当磁悬液流入难以清洗时，应先用非研磨性材料将孔洞封堵。

（5）涂敷

如果磁粉与工件表面颜色对比度小或工件表面粗糙不利于磁痕显示，应涂敷反差增强剂。

2.检测方法

（1）干法和湿法

干法检测是将干磁粉均匀喷洒在待检工件表面进行检测的方法，适用于表面粗糙的大型锻件、铸件毛坯、大型结构件和焊接件焊缝的局部检查，常与便携式设备配合使用。干法检测的磁化电流常用单相半波整流电和交流电，通常采用粒度较粗的干磁粉，在外加电流的作用下磁粉在干燥的零件表面跳跃迁移，对大裂纹和近表面缺陷的检测灵敏度高。干法检测适用于现场或大型零件的检测，使用方便。该方法的缺点在于对微小缺陷的检测灵敏度不如湿法，可检深度有限，施加的磁粉不易回收，且不适用于剩磁法检验。

湿法检测是利用磁悬液带动磁粉向漏磁场处流动进行检验的方法。由于磁粉悬浮在载液中，在检测面上的分布比较均匀，因此，该方法适用于任何一种磁化方法的检测，尤其是对锅炉压力容器焊缝、航空航天部件及灵敏度要求高的工件，并且适合于大批量工件的检测，常与固定式设备配合使用。湿法检测磁粉粒度较小，悬浮性能远高于干法所用的粗磁粉，尤其是与交流电磁化相配合，对表面微小裂纹的检测灵敏度很高，在检测疲劳裂纹、磨削裂纹、焊接裂纹和发纹等方面优势明显，可用于剩磁法和连续法检测，与固定式磁粉检测设备配合使用时操作方便，适用于不规则形状小零件的批量检测，检测效率高。湿法检测的缺点是对大裂纹和近表面缺陷的检测灵敏度不如干法，原因在于微细的磁粉难以在开口较宽处聚集。

为保证检测灵敏度，检测过程要注意以下几点：

①磁悬液应充分搅拌使磁粉分布均匀，磁悬液中磁粉的浓度应控制在一定的范围。一般情况下，随着磁悬液的重复使用，工件会带走磁粉从而使浓度降低，因此应经常检查磁悬液的浓度，不要过淡或过浓，以免产生显示不足或显示过度的现象。

②对不同的工件要选择合适的磁粉粒度和浓度，表面粗糙的工件一般不宜用太细的磁粉且应适当降低浓度，以防止形成不良背景；对要求较高且表面粗糙度较小的工件可采用较细磁粉和适当提高浓度；对于检查高强度螺纹根部的缺陷一般浓度不能太大，最好采用荧光磁粉进行检查，这样有利于发现缺陷。

③对磁悬液而言，油液有较好的流动性，应保持适当的黏度，并且注意油的闪点和味道；对于水基磁悬液，则要具有足够的润湿性和磁粉的悬浮性，同时还要注意工件的防锈。

④采用浇法时，要注意液流不要过猛，以免冲掉已经形成的磁痕。

（2）连续法和剩磁法

连续法又称外加磁场法，是在工件磁化的同时，将检测介质施加到工件上进行检验的方法，该方法适用于所有铁磁性材料工件的检测，特别是因材质特性或形状复杂而得不到所需剩磁的工件，如低碳钢、沉淀硬化不锈钢及形状复杂的工件。此外，表面有较厚覆盖层的工件也适宜采用连续法，在一些特殊场合，如组合磁化旋转磁场及磁橡胶法等只能采用连续法进行检测。该方法具有很高的检测灵敏度，使用交流电不受断电相位的影响，能发现近表面缺陷并能用于组合磁化,但检测效率较低,在磁化不当时还容易产生非相关显示。

连续法有湿连续法和干连续法之分。湿连续法就是在连续法中采用湿法操作,可采用手动或半自动化设备进行,在通电的同时浇注磁悬液。干法检测一般只采用连续法进行,对待检工件进行磁化的同时施加干磁粉并进行检测。

剩磁法是利用材料磁化后的剩磁进行检测,检测时首先将工件磁化到饱和,再切断磁化电流或移去外加磁场,最后施加磁悬液进行检验。并不是所有铁磁材料都可以采用剩磁法,只有那些具有较大剩磁的材料制成的工件才能用剩磁法进行检测。一般情况下,凡经过热处理(淬火、回火、渗碳、渗氮等)的高碳钢和合金结构钢,矫顽力 $H_c \geqslant 1\ 000$ A/m 且剩余磁感应强度 $B_r \geqslant 0.8$ T 的材料和工件可以满足以上条件。低碳钢、低合金钢、沉淀硬化不锈钢等不具备这一条件,只能采用连续法检测。剩磁法检测速度快,效率高,有较高的检测灵敏度,目视检测可达性好,工件可与磁化装置脱离,方便观察。该方法磁痕判别较容易,一般不会产生非相关显示,因此应用广泛,但一些大型或剩磁难于把握的工件不宜采用这种方法。采用交流电作磁化电流时,剩磁严重依赖断电相位,如控制不好将严重影响检测质量。另外,剩磁法检测近表面缺陷灵敏度低,并由于剩磁是单方向的,故不能用于组合磁化,因此,为了保证检测灵敏度,剩磁法检验一般要先进行试验以便确定磁化规范。

剩磁法采用湿法进行,一般适用于中小型工件。施加磁悬液时,要保证各检测面均匀湿润,且应保留一定时间以便磁粉在漏磁场处的聚集。磁化后的工件,在检验结束前,不要与任何铁磁性材料接触,防止产生“磁写”。该方法在某些特定场合具有特殊意义,如对筒形工件内表面、螺纹及螺栓根部检查,评价连续法的磁痕显示属于表面缺陷还是近表面缺陷等。另外,有一些情况只能采用剩磁法进行检测,如冲击电流法及橡胶铸型法。

(3)橡胶铸型法和磁橡胶法

橡胶铸型法又称为 MT-RC 法,是将缺陷磁痕显示“镶嵌”在室温硫化橡胶加固化剂后形成的橡胶铸型表面对缺陷磁痕进行复制并分析。该方法适用于剩磁法,可检测金属工件上孔径不小于 3 mm 的内壁和难以观察部位的缺陷,磁痕显示重复性好,对比度高,工艺稳定可靠,可作为永久记录保存,检测灵敏度高,可发现长度为 0.1～0.5 mm 的早期疲劳裂纹并进行间断跟踪。但对于孔壁粗糙、孔形复杂及同心度差的多层结构,橡胶铸型法会增加脱膜难度,同时,该方法的成本较高,且检验过程相当缓慢,不适合大面积检测。

磁橡胶法又称为 MRI 法,是将磁粉弥散于室温硫化硅橡胶中,加入固化剂后迅速倒入受检部位,待磁痕显示形成、橡胶固化后,即可获得含有缺陷磁痕的橡胶铸型,肉眼或借助光学显微镜观察即可。该方法适用于连续法和水下检测,可检测小孔内壁和难以观察部位的缺陷,可间断跟踪检测疲劳裂纹。但该方法颜色对比度小,磁痕显示难以辨认,固化时间与磁化时间难以控制,检测灵敏度比 MT-RC 法低,可检测的孔深受橡胶扯断强度的限制,对于孔壁粗糙、孔形复杂及同心度差的多层结构会增加脱膜的难度,效率低,成本较高,不适合大面积检测。

3. 退磁

实际生产制造过程中,铁磁性材料很容易被磁化而产生剩磁场,例如,电弧焊接、低频加热、磨削工件等,尤其是经剩磁法检测后工件剩磁场更强。

（1）剩磁的危害

剩磁的存在对工件有很多危害，表现在以下几个方面：

①影响工件附近磁罗盘和仪表的正常使用。

②会吸附铁屑和磁粉，进一步加工时影响工件表面质量和刀具寿命。

③给清除磁粉带来困难。

④油路系统的剩磁会吸附铁屑和磁粉，影响供油系统的畅通。

⑤滚珠轴承上的剩磁会吸附铁屑和磁粉，造成轴承磨损。

⑥会导致电弧焊接过程电弧偏吹，焊道偏离。

⑦工件上的剩磁会使电镀电流偏离期望流通的区域，影响电镀质量。

因此，一般工件在经过磁粉检验后均应进行退磁处理，以防止剩磁在工件的后续加工或使用中产生不利的影响。一些特殊情况下不需要对工件进行退磁处理，如工件有剩磁不影响使用、后道工序需要热处理且被加热到居里点以上、低剩磁高磁导率材料或工件将处于强磁场附近或交流电两次磁化工序之间等，但以下情况必须进行退磁处理：

①在对工件进行连续检测时，防止工件相互之间受磁化作用的严重影响。

②被检测工件的剩磁会对以后的机械加工产生恶劣影响。

③被检测工件的剩磁会对测量装置等产生不良影响。

④夹持被检测工件过程中，夹持装置与工件接触时的摩擦或其附近部位吸附的磁粉所增加的磨耗。

⑤其他必要场合。

（2）退磁的原理及方法

退磁的原理是通过打乱方向一致排列的磁畴，让其恢复到磁化前的无序状态，主要方法有：

①直流换向衰减退磁：通过不断改变直流电（包括三相全波整流电）的方向，同时使通过工件的电流递减到零进行退磁。要保证在断电时电流换向，电流衰减的次数应尽可能多，一般要求在 30 次以上，每次衰减的幅度应尽可能小，这样退磁才能彻底。

②超低频电流自动退磁：超低频通常指频率在 0.5～10 Hz 之间，用于对三相全波整流电磁化的工件进行退磁。

③加热工件退磁：将工件温度加热到居里点以上，是最有效的退磁方法，但不经济，也不实用。

退磁过程与磁化过程基本相同，只是在退磁过程中磁场的方向与工件磁化时所施加的磁场方向相反，在施加反向磁场的同时衰减磁场强度，直到符合退磁要求为止，如图 4-43 所示。采用直流磁化方式时，

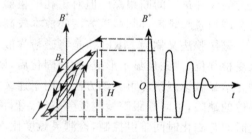

图 4-43　退磁原理图

由于其电流无趋肤效应，磁场渗透性好、剩磁稳定，有时需要专用退磁装置，退磁后应根据需要，使用磁强计确认退磁效果。

（3）退磁的注意事项

退磁过程中,退磁时初始磁场强度应大于工件磁化时的磁场强度。磁场方向反转速率叫退磁频率,方向每转变一次,磁场强度也要减少一部分。磁导率低（剩磁大）或直流磁化的工件,退磁磁场换向的次数应较多,每次的减小量应较少,每次停留时间要略长。进行了周向磁化的工件退磁,应先进行一次纵向磁化,因为周向磁化时工件上的磁力线完全被包围在闭合磁路中,没有自由磁极,若先在周向磁化的工件中建立一个纵向磁场,使周向剩余磁场和纵向磁场合成一个沿工件轴向的螺旋状多向磁场,然后再施加反转磁场进行退磁效果最好。长工件在线圈中退磁时,为减小地磁的影响,线圈应东西方向放置,使其轴线与地磁方向成直角。

4.4.5　磁痕分析与评定

磁痕显示是磁粉检测过程中肉眼观察到的磁粉在漏磁场处聚集的图像,对缺陷的宽度有放大作用,从而能将目视不可见的缺陷显示出来,通常将磁痕显示分为相关显示、非相关显示和伪显示。

1. 相关显示

由缺陷产生的漏磁场吸附磁粉形成的显示称为相关显示。缺陷可分为原材料缺陷、制造过程产生的缺陷（裂纹、气孔、未焊透、未熔合等）和使用过程产生的缺陷（疲劳裂纹、应力腐蚀裂纹等）三大类。

（1）原材料缺陷

一般指从冶炼开始、经轧制等工序直到做成各种规格型材的过程中产生的缺陷,这些缺陷往往在工件的内部,个别经加工以后会暴露于表面或近表面,主要包括金属和非金属夹杂物;铸件中通常呈现的疏松、白点;板材中的分层等。

（2）制造过程产生的缺陷

一般指工件在制造加工过程如焊接、热处理、铸造、锻造等过程中产生的新缺陷或在原材料缺陷基础上进一步发展演化的缺陷,这类缺陷包括焊接件中的裂纹、未焊透、夹渣;热处理件中的淬火裂纹、电镀裂纹、酸洗裂纹、应力腐蚀裂纹;铸件中的缩孔、疏松、裂纹、冷隔;锻件中的折叠和裂纹等。

（3）使用过程产生的缺陷

一般指工件在使用过程中经受不同的载荷形式,导致工件在强度薄弱区或应力集中区产生的孔洞、裂纹等,如磨损疲劳裂纹、腐蚀疲劳裂纹、蠕变裂纹等。

图 4-44～图 4-46 是几种典型情况下裂纹的磁痕显示。

（a）　　　　　　　　　　　　　　（b）

图 4-44　传动轴热处理裂纹磁痕显示

(a)　　　　　　　　(b)

图 4-45　铸造扳手裂纹磁痕显示　　　图 4-46　齿轮疲劳裂纹磁痕显示

2.非相关显示

在实际检测过程中,有些显示不是由于缺陷形成的漏磁场吸附磁粉形成的,而是由被检零件本身的几何形状和材料特性等因素引起的,并非真正缺陷形成的显示,称为非相关显示,引起非相关显示的原因主要有:

(1)磁轭法或触头法检测时,磁极或触头接触处磁通密度过大,导致吸附较多的磁粉形成磁痕显示。

(2)工件在单位横截面上容纳磁力线的能力是有限的,如果被检零件上磁化电流过大或存在截面突变,如键槽、齿轮齿端处截面积变小,导致磁力线过饱和而在变截面处形成漏磁场吸附磁粉导致磁痕显示,如图 4-47 所示。

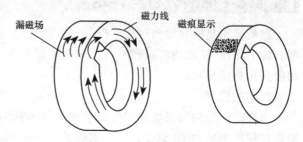

图 4-47　截面突变处形成的磁痕显示

(3)当两个已磁化的工件互相接触,或者未磁化工件与已磁化工件相接触,在接触部位便会产生磁场畸变,形成的磁痕显示称为磁写,如图 4-48 所示。

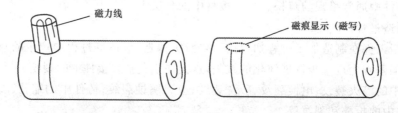

图 4-48　磁写

(4)异质材料焊接时由于两种材料磁导率的差异,或焊条与母材的磁导率差异,都有可能在连接界面处产生磁痕显示,如图 4-49 所示。

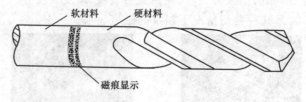

图 4-49　异相界面形成的磁痕显示

(5)工件的冷加工会产生加工硬化,如局部的锤击或矫正等,导致该部位磁导率发生变化,产生漏磁场形成磁痕显示,如图 4-50 所示。

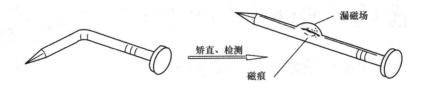

图 4-50　局部加工硬化形成的磁痕显示

（6）工件金相组织不均匀时也有可能产生非相关显示，其原因在于相与相之间的磁导率有差异，如马氏体不锈钢中的铁素体和马氏体，高碳钢凝固时偏析间隙形成的碳化物在轧制过程中形成带状组织等，都会形成磁痕显示。

3. 伪显示

除漏磁场之外的一些因素也会导致磁粉吸附形成显示，称为伪显示，引起伪显示的原因主要有：

（1）工件表面粗糙，导致磁粉滞留形成显示。

（2）工件表面有油污或检测过程中的不清洁残留，如湿法检验时磁悬液中的纤维物线头，粘附磁粉形成伪显示，如图 4-51 所示。

（3）工件表面氧化皮、毛刺等的边缘粘附磁粉形成伪显示。

（4）工件形状上存在沟槽等部位，造成磁粉滞留形成伪显示，如图 4-52 所示。

（5）磁悬液浓度过大或施加不当，也会引起伪显示。

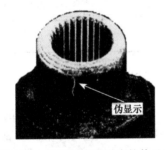

图 4-51　棉纤维残留形成的伪显示

图 4-52　螺纹根部磁粉堆积形成的伪显示

4. 磁痕的观察与评定

磁痕反映了工件和材料的有关信息，需进行观察并做出评定，且一般都是在磁痕形成后立即进行。利用非荧光磁粉检测时，磁痕的观察应在可见光下进行，通常工件被检表面可见光照度应不小于 1 000 lx；当现场采用便携式设备检测，由于条件所限无法满足时，可见光照度可以适当降低，但不得低于 500 lx。利用荧光磁粉检测时，观察应在黑光灯下进行，工件表面的辐照度不小于 1 000 μW/cm²，并应在可见光照度不大于 20 lx 的暗室或暗处进行。检测人员进入暗区后，要至少经过 3 min 的黑暗适应，才能进行磁痕观察。观察时检测人员不准佩戴对观察有影响的眼镜，对于细小磁痕，应用 2～10 倍放大镜进行观察，可采用照相、录像等方式对磁痕进行记录。

4.5 磁粉检测的应用实例及新进展

4.5.1 脉冲漏磁技术检测表面裂纹

漏磁技术被广泛应用于管道及压力容器的缺陷检验,具有操作简单、成本低、鲁棒性强等优点。然而,基于直流和交流的漏磁技术都具有一定的局限性,只能对单一缺陷进行表征,对多种类型缺陷共存的情况分辨能力较弱,深度较大的缺陷检出率很低。英国学者在脉冲涡流检测的基础上,提出了脉冲漏磁检测技术,该方法能够提供更丰富的结构缺陷信息,较好地解决了检测深度和检测灵敏度之间的矛盾。

研究者利用铁氧体设计了一个 U 型磁轭,如图 4-53 所示,使用放置于两磁极中心位置处的霍尔元件传感器来检测样品表面的磁场强度,其灵敏度可达 3.125 mV/G。在磁轭顶部水平端绕线圈并通以矩形波,操作过程中要控制激励电流,避免铁氧体磁饱和。

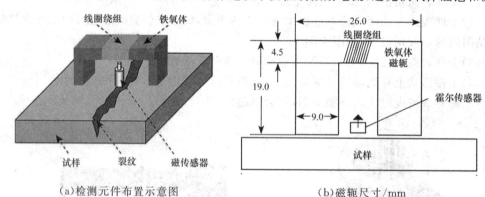

(a)检测元件布置示意图　　　　　　(b)磁轭尺寸/mm

图 4-53　脉冲漏磁技术检测表面裂纹

利用有限元瞬态分析对其磁场进行仿真,模型中分别在待测工件表面设置宽度1 mm、深度 1~3 mm 的沟槽,和表面下 0.5~1 mm 的次表面沟槽,对应的磁通密度计算结果如图 4-54 所示。

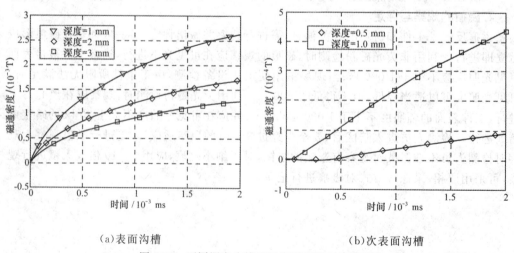

(a)表面沟槽　　　　　　　　　　(b)次表面沟槽

图 4-54　不同深度沟槽磁通密度有限元计算结果

　　进一步的试验研究表明,依靠信号的幅值可以有效区分不同深度的表面沟槽和次表面沟槽,如图 4-55 和图 4-56 所示。可以看出,对于表面沟槽,深度越大,信号幅值越大。次表面沟槽对应信号幅值在激励初期缓慢增加,随后快速增加,区别于表面沟槽的信号演变规律,进一步的频域分析也证实了该技术对于确定缺陷位置和尺寸是行之有效的。

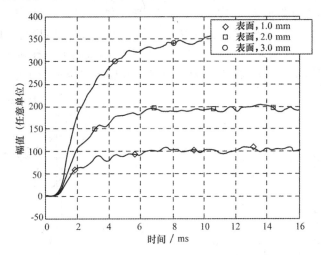

图 4-55　不同深度表面沟槽信号幅值变化规律

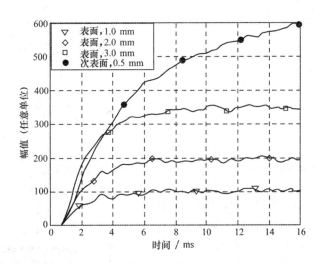

图 4-56　表面和次表面沟槽信号幅值变化规律

4.5.2　变频非接触式磁化技术

　　现代工业对先进的非接触磁化、高灵敏度的磁粉检测技术需求日益迫切。在传统的基于可控硅和变压器的相位控制技术中,很难实现对电流频率的改变。然而,利用逆变器却很容易对磁化电流的频率进行控制,相关学者基于这一技术提出了一种新型的高频变频非接触式磁化技术,实现了零件的非接触式立体复合磁化。该技术采用三个正交的磁化线圈,如图 4-57 所示,配以单独的电源供给,可以独立设置磁化电流的频率和强度,实

现 X、Y、Z 三个维度的磁化。

图 4-58 是利用传统三相电磁化方法与变频磁化方法所得磁场矢量图之间的对比。前者的电流相位会因线圈的加载状态不同而不同，并非是恒定的 120°；后者的相位不仅是 90°，而且在所有方向都是均匀的，能够对不同方向的缺陷进行检测。进一步对两个正交磁化线圈的磁场进行数值模拟，如图 4-59 所示，X 轴采用 300 Hz/500 A 电流磁化，Y 轴采用 230 Hz/600 A 电流进行磁化，磁化区域为一个正方形，磁场在不同方向上的强度相当，从而能够产生一个与方向无关的均匀磁场，对缺陷检测十分有利。相位控制和两轴频率相等情况下的结果都不理想，存在较大盲区。实验结果也证明了这一点。

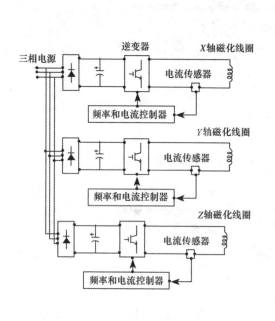

$H_y = A \sin \omega t$

$H_x = A \sin(\omega t + 2\pi/3)$

$$|H| = \sqrt{H_x^2 + H_y^2} = A\sqrt{\sin^2 \omega t + \sin^2(\omega t + 2\pi/3)}$$

（a）三相电磁化

$H_y = A \sin \omega t$

$H_x = A \sin(\omega t + 2\pi/3)$

$$|H| = \sqrt{H_x^2 + H_y^2} = A$$

（b）变频磁化

图 4-57　变频非接触式磁化系统

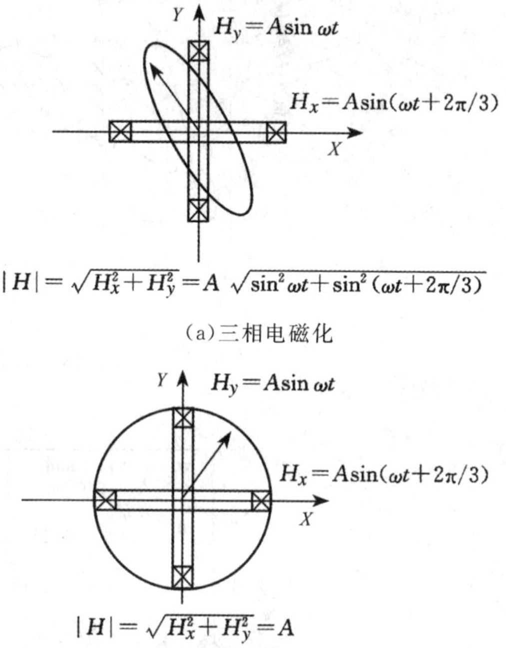

图 4-58　传统三相电磁化与变频磁化所得的磁场矢量图对比

在上述基础上对激励频率进行了研究。首先利用 60 mm 的软铁材料块计算了透入深度与激励频率的关系曲线，如图 4-60 所示，由于非常浅的表面裂纹深度为几百 μm，所以最大的激励频率设定在 300 Hz，同时，利用 JIS A1 型标准试片(15/100)对不同频率下的变频非接触式磁化检测效果进行了对比，磁化电流的频率和强度分别为 50 Hz/600 A 和 300 Hz/600 A，结果如图 4-61 所示，可见 300 Hz 下的检测效果要明显优于 50 Hz，其主要原因在于通过提高磁化电流的激励频率，将磁通量更聚焦在检测工件的表

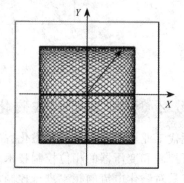

图 4-59　变频磁化磁场矢量曲线计算结果
（X 轴 300 Hz/500 A，Y 轴 230 Hz/600 A）

面上。

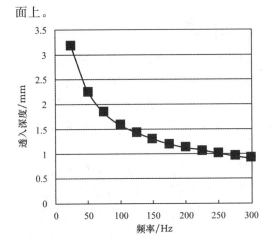

图 4-60　透入深度与激励频率的关系曲线

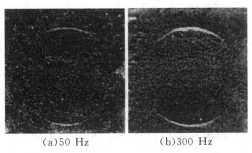

（a）50 Hz　　　　（b）300 Hz

图 4-61　两种激励频率下 JIS A1 型标准试片的检测结果对比

进一步对三向磁化的检测结果进行了对比实验。检测对象为 JIS A1 型标准试片（30/100），相应的线圈和试样布置示意图如图 4-62 所示，将三个标准试片分别放置在 100 mm³ 正方体软铁材料块三个方向的表面，传统复合磁化技术和变频非接触式磁化技术磁化电流的频率和强度分别为 50 Hz/600 A 和 130～300 Hz/600 A，结果如图 4-63 所示，可见，采用传统复合磁化技术时，标准试片的缺陷显示并不十分清晰，尤其是对于平面 2 和平面 3 中缺陷显示并不完整，而采用变频非接触式磁化技术后，三个平面上标准试片的缺陷均能够有效检出，磁痕显示清晰、均匀。

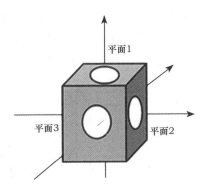

图 4-62　三向磁化测试示意图

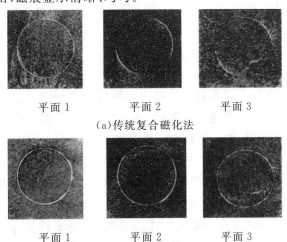

平面 1　　　　平面 2　　　　平面 3

（a）传统复合磁化法

平面 1　　　　平面 2　　　　平面 3

（b）变频非接触式磁化法

图 4-63　传统复合磁化法与变频非接触式磁化法磁痕显示对比

4.5.3　基于可磁极化纳米流体的缺陷检测

随着磁粉检测技术的不断发展，一些新型的传感器不断涌现，磁光传感器（magneto optic，MO）就是其中一种，其最大的优点在于检测灵敏度高、性能可靠、操作简单且裸眼可视，十分便捷。印度甘地原子能研究中心的科研工作者研制出了一种可磁极化纳米流体，利用铁磁性材料的漏磁场能够发现构件中的缺陷，确定其形态、尺寸和位置并且以肉眼可见的方式表现出来。

可磁极化纳米流体由离子型表面活性剂的水溶液和分散其中的 10 nm 的辛烷基铁磁性纳米粒子组成。检测过程中首先对试样进行磁化，之后采用步进装置携带霍尔探针在试样表面进行扫描，与试样表面距离为 1 mm，通过数码相机对纳米流体所呈现的颜色进行记录。如图 4-64 所示为带有不同缺陷的试样（a，c，e）以及相应的纳米流体传感器成像（b，d，f～i），其中 f～i 分别对应不同的粒子表面处理方式。可见，尽管颜色对比并不是十分理想，但缺陷位置均可从成像中显示出来。对应于图 4-64 中（f～i），通过提高磁化强度，即可以对缺陷处纳米流体阵列的自组装进行控制，从而改变粒子间距，外在表现为颜色的变化，缺陷显示更为清晰。

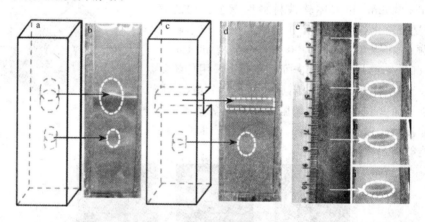

图 4-64　纳米液体传感器成像

为了测定纳米流体传感器彩色显示的响应和可逆程度，对不同强度外磁场作用下的缺陷表面的纳米流体传感器成像进行了观察，如图 4-65 所示，其中由 a 到 c 为从 0 增加到最大值 35 mT，由 c 到 e 为从 35 mT 减小到 0，所用的试块为上述图 4-64 中 a。可见，未加磁场时，缺陷表面成像颜色表现为 Fe_3O_4 自身的颜色，纳米流体的分布是随机的。当施以外加磁场并不断增加磁场强度时（图 4-65 中 b 和 c），缺陷处的漏磁场强度逐渐增加，纳米流体传感器的分布更为集中，在缺陷处表现出明显的颜色对比。当逐渐将外加磁场强度由 35 mT 减小到 0，缺陷表面的纳米流体传感器成像逐渐恢复到初始状态，表现出很好的可逆性。由于存在一定的剩磁，上述过程存在一定的时间延迟。

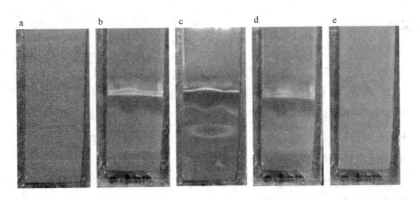

图 4-65　不同强度磁场(0→35 mT→0)作用下表面传感器成像的变化

为定量分析试块表面传感器成像与缺陷的对应关系,进一步对表面传感器成像对应的色彩模式(red-green-blue,RGB)和漏磁场垂直表面分量进行了分析,如图 4-66 和图 4-67 所示,结果表明,RGB 的三个峰均在缺陷的中间位置,而此处的漏磁场垂直表面分量(MFL)为零,并未发生磁性传感器的一维有序化排列。对应于柱状边缘位置,蓝色线的峰值十分明显(图 4-66 中 b),此处对应的漏磁场垂直表面分量也处于最大值(图 4-67),原因在于磁性传感器的间距最小,同时,对应于试块中较小的缺陷,漏磁场强度较低,因此与表面传感器成像对应的峰值为绿色。从上述研究可以看出,基于表面磁性传感器与漏磁场强度的对应关系,通过试块表面的色彩模式分析,可以实现缺陷尺寸的定量表征。

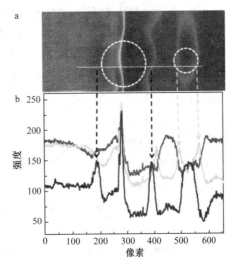

图 4-66　试块表面传感器成像与对应的色彩模式 RGB 分析

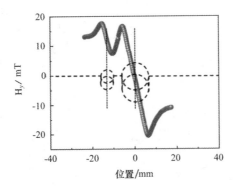

图 4-67　试块表面 MFL 分布

参考文献

［1］ 夏纪真. 工业无损检测技术（渗透检测）［M］. 广州：中山大学出版社，2013.

［2］ 叶代平，苏李广. 磁粉检测［M］. 北京：机械工业出版社，2004.

［3］ 李喜孟. 无损检测［M］. 北京：机械工业出版社，2011.

［4］ 李家伟. 无损检测手册［M］. 2版. 北京：机械工业出版社，2012.

［5］ 田莳. 材料物理性能［M］. 北京：北京航空航天大学出版社，2018.

［6］ 宋天民. 表面检测［M］. 北京：中国石化出版社，2012.

［7］ 全国无损检验标准化技术委员会. 无损检测　磁粉检测用试片：GB/T 23907—2009［S］. 北京：中国标准出版社，2009：2.

［8］ 全国锅炉压力容器标准化技术委员会. 承压设备无损检测：第4部分　磁粉检测：NB/T 47013.4—2015［S］. 北京：新华出版社，2015：209-226.

［9］ Standard Guide for Magnetic Particle Testing：ASTME709—2008［S/OL］. ［2019-08-31］. https：//max. book 118. com/html/2015/0513/16884541. shtm.

［10］ SOPHIAN A，GUI Y T，ZAIRI S. Pulsed magnetic flux leakage techniques for crack detection and characterisation［J］. Sensors and Actuators A，2006，125：186-191.

［11］ HORI M，KASAHARA A. About the Performance of Non-Multiplication Magnetization Method in a Magnetic Particle Testing ［C］. Proceedings of the 19th World Conference on Non-Destructive Testing，Munich，Germany：2016.

［12］ MAHENDRAN V，PHILIP J. Naked eye visualization of defects in ferro-magnetic materials and components［J］. NDT&E International，2013，60：100-109.

第 5 章

涡流检测

5.1 概　述

涡流检测（eddy current testing，ET）是一种多用途的检测方法，也是五大常规无损检测方法之一。它利用电磁感应原理，通过测定被检工件内感生涡流的变化来检测导电材料表面和近表面缺陷以及评价工件的某些性能参数。

涡流的产生源于电磁感应现象。如图 5-1 所示，当载有交变电流的检测线圈靠近被检工件时，工件内会产生漩涡状流动的电流，称之为涡流。涡流的大小、相位、流动方式受到工件导电性能的影响，涡流产生的次级磁场与线圈磁场的相互作用会使线圈阻抗发生变化，根据这种变化就可以获取被检工件有无缺陷及性能参数的信息。

1. 涡流检测的优点

（1）对表面和近表面缺陷检测灵敏度很高，在一定范围内具有良好的线性指示。

（2）检测时不要求检测线圈与被检材料紧密接触，无须耦合介质，对管材、棒材、线材易于实现高速、自动化在线检测。

（3）是一种多用途检测方法，不仅可以进行缺陷检测，也可以对金属材料工艺和性能参数进行评价。

（4）可对高温状态的导电材料进行检测，尤其是加热到居里温度以上的材料，检测时不再受到磁导率的影响，可以像非磁性金属那样用涡流法进行缺陷检测、材质检验以及直径、壁厚等尺寸测量。

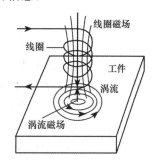

图 5-1　涡流的产生

（5）检测线圈可绕制成不同形状，可用于异形材料和小零件的检测。

2. 涡流检测的局限性

（1）仅适用于导电材料表面和近表面缺陷的检测。

（2）影响因素多，信号分析较为复杂。

（3）是一种当量比较的测量方法，需要将检测结果与标准试块进行对比，无法对缺陷类型、形状、尺寸等给出准确的定性、定量判断。

（4）具有提离效应和趋肤效应，不适合形状复杂、表面粗糙工件的检测。

5.2　涡流检测的理论基础

5.2.1　交流电路

电流是由电荷或带电粒子有规则的定向移动而形成的，单位时间内通过某一导体横截面的电荷量称为电流强度。假设在时间 dt 内通过导体横截面 S 的电荷量为 dq，则电流强度为

$$i(t)=\frac{dq(t)}{dt} \tag{5-1}$$

式中　$i(t)$——电流强度，A；

　　　$q(t)$——通过导体横截面的电荷量，C；

　　　t——时间，s。

如果 dq/dt 为常数，此时电流大小和方向均不随时间变化，为直流电流，常用 I 表示。

工程中常用的为交流电流，大小、方向均随时间变化，如果按正弦规律变化，即称为正弦交流电流，简称交流电流，每重复一次所需的时间间隔叫作周期，用 T 表示，单位是 s。正弦交流电流波形如图 5-2 所示，可表示为

$$i(t)=I_m\sin(\omega t+\varPsi) \tag{5-2}$$

式中　I_m——电流幅值，A；

　　　ω——角频率，rad/s；

　　　$\varPsi$——瞬时相位角，rad。

正弦交流电流的表示方法主要有三角函数表示法、波形表示法、复数表示法和旋转矢量表示法，前两种方法直观但不便于分析计算，多采用后两种方法。对于复数表示法，根据欧拉公式可将一个实数范围的正弦时间函数与一个复数范围的复指数函数对应起来，表示为

$$i=I_m\cos(\omega t+\varPsi)=\mathrm{Re}[\sqrt{2}\,Ie^{j(\omega t+\varPsi)}]=\mathrm{Re}(\sqrt{2}\,Ie^{j\varPsi}e^{j\omega t}) \tag{5-3}$$

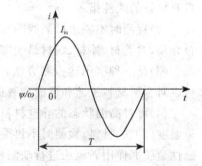

图 5-2　正弦交变电流

其复常数部分可进一步把正弦量的有效值和初相位结合成一个复数表示出来，这个复数称为正弦量的相量，它的模是正弦量的有效值，它的复角是正弦量的初相位，记为

$$\dot{I}=|\dot{I}|e^{j\varPsi}=Ie^{j\varPsi}=I\angle\varPsi \tag{5-4}$$

$\dot{I}$ 表示正弦电流的相量，上面的小圆点是用来与普通复数相区别，计算方法与复数的计算方法一样，对应的电流相量如图 5-3 所示。

式(5-3)中 $e^{j\omega t}$ 是一个随时间推移而旋转的因子，在复平面上是以原点为中心、以角速度 ω 不断旋转的复数，模值为 1，因此可称为旋转因子，这样正弦电流 $i=I_m\cos(\omega t+\varPsi)$ 可

用以原点为中心、$\sqrt{2}\,I$ 为模值、角速度 ω 逆时针不断旋转并与 x 轴初始夹角为 $\varPsi$ 的旋转相量来表示。

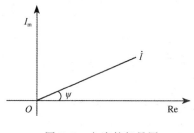

图 5-3　电流的相量图

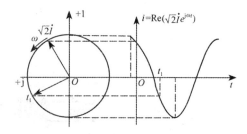

图 5-4　旋转相量与正弦波

5.2.2　阻抗及其矢量图

如图 5-5 所示,对于一不含独立电源的一端口电路,在正弦电流 $i(t)=\sqrt{2}\,I\cos(\omega t+\varPsi_i)$ 的激励下,端口电压将是同频的正弦量,可设为 $u(t)=\sqrt{2}\,U\cos(\omega t+\varPsi_u)$,对应的端口电压相量 $\dot{U}=U\angle\varPsi_u$,端口电流相量 $\dot{I}=I\angle\varPsi_i$,二者比值即一端口电路的阻抗可用 $\dot{Z}$ 表示为

$$\dot{Z}=\frac{\dot{U}}{\dot{I}}=|\dot{Z}|\angle\varPsi_Z \tag{5-5}$$

其中,$|\dot{Z}|=\dfrac{U}{I}$ 是阻抗的模,$\varPsi_Z=\varPsi_u-\varPsi_i$ 是阻抗角。用代数形式表示阻抗 Z 时可写为 $Z=R+jX$,实部 R 称为电阻,虚部 X 称为电抗。

在正弦电流电路分析中常用到电阻、电抗、阻抗关系的相量图,称为阻抗相量图或是阻抗矢量图。对于图 5-5 的一端口电路,其阻抗矢量如图 5-6 所示。其中,$\varPsi_Z$ 可由图 5-6 中电阻电抗关系得到:

$$\varPsi_Z=\tan^{-1}\frac{U_X}{U_R}\tan^{-1}\frac{X}{R} \tag{5-6}$$

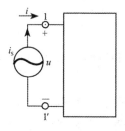

图 5-5　一端口电路

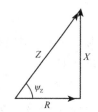

图 5-6　阻抗矢量图

5.2.3　电磁感应

1.电磁感应现象

电磁感应现象是电和磁之间相互感应的现象。当闭合电路所包围面积的磁通量 $\varPhi$

发生变化时导体中就会产生电流,这种现象就是磁生电现象,如图 5-7 所示,产生的感应电动势 E_i 可表示为

$$E_i = -\frac{\mathrm{d}\Phi}{\mathrm{d}t} \tag{5-7}$$

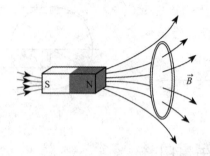

图 5-7 感生电动势产生示意图

当导体通电时,周围也会产生磁场,这种现象为电生磁现象。变化的磁场或电场之间会发生交互作用,是统一电磁场中两个不可分割的部分,但感应电场和静电场的性质有很大差别,前者的电场线是闭合的,是非保守场,后者恰恰相反。

2. 自感和互感

当线圈中通过交流电 I 时,其所产生的交变磁通在线圈中会产生感应电动势,这就是自感现象。产生的自感电动势 E_L 可表示为

$$E_L = -L\frac{\mathrm{d}I}{\mathrm{d}t} \tag{5-8}$$

其中,L 是自感系数,简称自感,单位是亨利(H)。

当分别通有电流 I_1 和 I_2 的两个线圈接近时,线圈 1 中的电流 I_1 所引起的变化的磁通会在线圈 2 中产生感应电动势,反之亦然,这种线圈中相互激起感应电动势的现象叫作互感。

$$E_{21} = -M_{21}\frac{\mathrm{d}I_1}{\mathrm{d}t} \tag{5-9}$$

$$E_{12} = -M_{12}\frac{\mathrm{d}I_2}{\mathrm{d}t} \tag{5-10}$$

其中,M_{21} 和 M_{12} 分别为线圈 1 对线圈 2 的互感系数和线圈 2 对线圈 1 的互感系数,二者相等,简称互感,单位是 H。

在没有磁介质时,两个线圈之间的互感只与线圈的几何形状、大小、匝数和线圈之间的相对位置有关,而与电流无关。为了进一步描述两个线圈耦合紧密程度,引入耦合系数 K:

$$K = \frac{M}{\sqrt{L_1 L_2}} \tag{5-11}$$

其中,M 为互感系数,两个线圈的轴线一致时,靠得越近,耦合越紧密,M 值越大,耦合系数也越大。因为有漏磁存在,耦合系数 K 始终是一个小于 1 的正数。

5.2.4　涡　流

当导体处在变化的磁场中或相对于磁场运动切割磁力线时,由于电磁感应其内部会感应出电流,如图 5-8 所示,这些感应电流在导体内部自成闭合回路,呈漩涡状流动,因此称之为涡流。

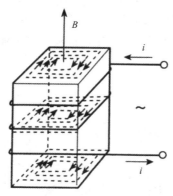

图 5-8　涡流产生示意图

实际检测过程中,通有交变电流的线圈在其周围产生变化的磁场,变化的磁场又感生出电场,被检测导体工件经电场作用后在工件中感生出涡流。涡流的大小、相位以及流动方式等受到材料导电性能的影响,涡流产生的反作用磁场又使检测线圈的阻抗发生变化,因此,通过测定检测线圈阻抗的变化,可以判断被检工件的性能状态及完整性。

5.2.5　趋肤效应与渗透深度

当直流电通过导体(如圆截面长直导线)时,导线横截面上的电流密度是均匀的。当通过交变电流时,导线周围产生的变化电磁场在导线中会感生涡流,涡流的磁场会引起高频交变电流趋向导线表面,使导线横截面上电流的分布不均匀,电流密度在表面层最大,这种现象就叫作交流电的趋肤效应,又称为集肤效应。电动力学已经证明,趋肤效应的根本原因在于涡流与感应电动势对应的磁通之间存在相位差,导致圆柱导体内部的电流密度减小,圆柱表面电流密度增大。

由电磁场理论可知,导体中的交变电场随进入导体深度按指数规律衰减,相应的涡流密度 I_x 也随深度按指数规律衰减,由半无限大导体中电磁场麦克斯韦方程可以得到距离导体表面 x 深度处的涡流密度为

$$I_x = I_0 e^{-\sqrt{\pi f \mu \sigma} x} \tag{5-12}$$

式中　I_x——距导体表面 x 处的涡流密度,A;

　　　f——交变电流频率,Hz;

　　　μ——材料磁导率,H/m;

　　　σ——材料电导率,S/m。

当 I_x 减小到导体表面上涡流密度的 $\dfrac{1}{e}$（约为 37%）时，对应的深度 x 叫作标准透入深度或者趋肤深度，用符号 δ 表示：

$$\delta = \frac{503}{\sqrt{\pi f \mu \sigma}} \tag{5-13}$$

可见，趋肤深度 δ 与材料的电导率、磁导率以及交变电流的频率有关。导体的导电性越好，磁导率越高，交流电频率越高，趋肤效应越显著，图 5-9 给出了室温下几种工程材料的标准透入深度与交流电流频率之间的关系。对于非铁磁性材料，$\mu \approx \mu_0 = 4\pi \times 10^{-7}\,\mathrm{H/m}$，对应的标准透入深度可表示为

$$\delta = \frac{503}{\sqrt{f\sigma}} \tag{5-14}$$

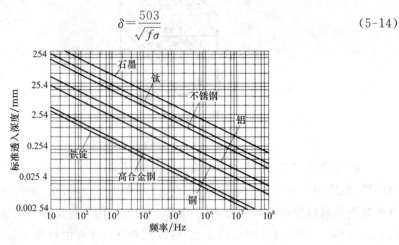

图 5-9　不同交流电流频率下几种工程材料的标准透入深度（室温）

图 5-10 给出了半无限大导体中相对涡流密度与深度之间的关系（以表面值为基准）。相对于标准透入深度，平板导体内部涡流密度在 4 倍标准透入深度处已趋近于零。实际工程中，常将 2.6 倍标准透入深度定为有效透入深度，此处涡流密度一般已经衰减约 90%。

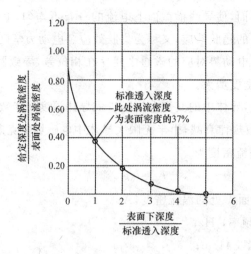

图 5-10　半无限大导体中相对涡流密度与深度之间的关系

5.3　涡流检测阻抗分析法

5.3.1　线圈的阻抗及其归一化

理想条件下线圈的阻抗只有感抗部分,线圈电阻为零,但在实际处理过程中不能忽略导体的电阻及各匝线圈之间存在的耦合电容,所以一个线圈可以用电感、电阻和电容串联的电路表示。忽略线匝间分布的电容,如图 5-11(a)所示,线圈的复阻抗可表示为

$$Z_0 = R_1 + jX_1 = R_1 + j\omega L_1 \tag{5-15}$$

式中　R_1——电阻,Ω;

$\quad\quad X_1$——电抗,Ω;

$\quad\quad \omega$——角频率,rad/s。

对于相互耦合的两个线圈,如图 5-11(b)所示,在一次线圈通以交变电流 I_1,由于电磁感应作用,二次线圈中会产生感应电流,反过来这个感应电流又会影响一次线圈中的电流和电压,这种影响可以用二次线圈中电路阻抗通过互感 M 反映到一次线圈电路的折合阻抗 Z_e 来体现,其等效电路如图 5-11(c)所示,折合阻抗 Z_e 表示为

$$Z_e = R_e + jX_e \tag{5-16}$$

其中,R_e 为折合电阻,$R_e = \dfrac{X_M^2}{R_2^2 + X_2^2} R_2$,$X_e$ 为折合电抗,$X_e = \dfrac{X_M^2}{R_2^2 + X_2^2} X_2$。

式中　R_2——二级线圈电阻,Ω;

$\quad\quad X_2$——二级线圈电抗,Ω;

$\quad\quad X_M$——互感抗,Ω。

将折合阻抗 Z_e 与一级线圈阻抗 Z_0 之和称为一级线圈的视在阻抗,记为 Z_s:

$$Z_s = Z_e + Z_0 = (R_e + R_1) + j(X_e + X_1) = R_s + jX_s \tag{5-17}$$

其中,R_s 为视在电阻,X_s 为视在电抗。

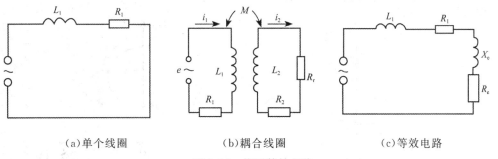

(a)单个线圈　　　　　　(b)耦合线圈　　　　　　(c)等效电路

图 5-11　线圈等效电路

应用视在阻抗的思想,可将一级线圈电路中电流和电压的变化归因于视在阻抗的变化,据此可以得知二级线圈对一级线圈的影响,从而可以推知二级线圈中阻抗的变化。对于图 5-11(b)中的耦合线圈,将 $R_2 + R_r$ 作为二级线圈的电阻连同式(5-16)整体代入式(5-17),可以得到耦合线圈的视在阻抗:

$$Z_s = R_1 + \frac{\omega^2 M^2}{(R_2+R_r)^2+\omega^2 L_2^2}(R_2+R_r) + j\left(\omega L_1 - \frac{\omega^2 M^2}{(R_2+R_r)^2+\omega^2 L_2^2}\omega L_2\right) \quad (5\text{-}18)$$

若二级线圈的 $R_2+R_r \to 0$，则有 $Z_s = R_1 + j\omega L_1(1-K^2)$，其中 $K^2 = \dfrac{M^2}{L_1 L_2}$，若二级线圈的 $R_2+R_r \to \infty$，则有 $Z_s = Z_0 = R_1 + j\omega L_1$。在 R_2+R_r 从 $0 \to \infty$（或二次电抗 X_2 从 $0 \to \infty$）变化的过程中，视在阻抗 Z_s 在以视在电阻 R_s 为横坐标、视在电抗 X_s 为纵坐标的阻抗平面图上变化，其轨迹近似为一个半圆，此即一级线圈的视在阻抗平面图，如图 5-12 所示。从图中可以看出，随着二次线圈电阻 R_2 由 ∞ 逐渐递减到 0，视在电抗 X_s 从 ωL_1 单调减小到 $\omega L_1(1-K^2)$，而视在电阻 R_s 由 R_1 开始逐渐增大到极值点后，又逐渐减小到 R_1。

由图 5-12 可见，阻抗平面图虽然轨迹清晰直观，但曲线位置受一次线圈阻抗、两个线圈之间互感、试验频率等多个参量影响，其中任一参量的变化都会导致阻抗平面图发生变化，不仅作图不便，而且也不利于不同情况下的关系比较。为了消除上述参量对曲线位置的影响，通常采用阻抗归一化方法进行处理。

对图 5-12 中曲线进行坐标变换，即将坐标纵轴右移 R_1 距离，曲线横纵坐标除以 X_1，则纵坐标轴变为 $\dfrac{X_s}{\omega L_1}$，横坐标轴变为 $\dfrac{R_s - R_1}{\omega L_1}$，变化后的归一化阻抗平面图如图5-13 所示。可以看到，轨迹曲线形状并未改变，直径与纵轴重合，上下端坐标分别为 $(0,1)$、$(0,1-K^2)$，半径为 $K^2/2$，这样，曲线轨迹形状仅与耦合系数 K 有关，而与一级线圈电阻和激励频率无关，但是曲线上点的位置依然依赖于 R_2。通过这样归一化处理得到的阻抗平面图具有以下特点：

（1）消除了一级线圈电阻和电感的影响，具有通用性。

（2）曲线簇反映了电导率、磁导率等参量对阻抗的影响。

（3）可以定量给出各影响阻抗因素的效应大小和方向，从而为涡流检测工艺制订提供重要参考依据。

（4）不同类型的工件和检测线圈对应各自的阻抗图。

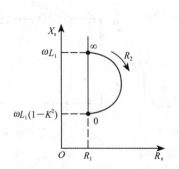

图 5-12　线圈耦合时一级线圈的视在阻抗平面图

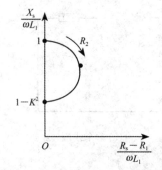

图 5-13　归一化阻抗平面图

实际涡流检测过程中，被测导电工件在一级线圈的激励作用下，由于电磁感应而感生的涡流与多层密叠线圈中流过的电流相近，按照图 5-11 中耦合线圈形式可以把被测工件看作二级线圈，利用上述阻抗分析方法进行分析。

5.3.2　有效磁导率和特征频率

1. 有效磁导率

从上述分析可知,涡流检测时,检测线圈视在阻抗的变化源于磁场的变化,因此,对一级线圈阻抗进行分析时,首先要对工件放入检测线圈后的磁场变化情况进行分析和计算,然后才能得到一级线圈阻抗的变化规律。为简化涡流检测中的阻抗分析问题,德国学者Förster 通过长期的涡流检测理论和试验分析,提出了有效磁导率的概念,这一概念的提出,大大简化了线圈阻抗分析过程,得到了广泛的应用。

以导电圆柱体为例,在半径为 r、磁导率为 μ、电导率为 σ 的长直圆柱导体上,紧贴密绕一螺线管线圈。在螺线管中通以交变电流,则圆柱导体中会产生一交变磁场,由于趋肤效应,磁场在圆柱导体横截面上的分布是不均匀的,边缘磁力线分布较密[图 5-14(a)]。根据电磁场理论可以计算对应的磁场强度和磁通量,但计算较为烦琐。Förster 提出了一个假想模型:圆柱导体的整个截面上有一个恒定不变的均匀磁场(磁场强度恒定),而磁导率却在截面上沿径向变化[图 5-14(b)],它所产生的磁通量等于圆柱导体内真实的物理场所产生的磁通量,这样,就用一个恒定的磁场和变化着的磁导率替代了实际上变化着的磁场和恒定的磁导率,将这个变化着的磁导率称为有效磁导率 μ_{eff}:

$$\mu_{\mathrm{eff}} = \frac{2}{\sqrt{-\mathrm{j}}\,kr} \cdot \frac{\mathrm{J}_1(\sqrt{-\mathrm{j}}\,kr)}{\mathrm{J}_0(\sqrt{-\mathrm{j}}\,kr)} \tag{5-19}$$

其中,$\mathrm{J}_0(\sqrt{-\mathrm{j}}\,kr)$、$\mathrm{J}_1(\sqrt{-\mathrm{j}}\,kr)$ 分别为零阶和一阶贝塞尔函数,贝塞尔函数的虚宗量为

$$\sqrt{-\mathrm{j}}\,kr = \sqrt{-\mathrm{j}\omega\mu\sigma r^2} = \sqrt{-\mathrm{j}2\pi f\mu\sigma r^2} \tag{5-20}$$

可见,有效磁导率 μ_{eff} 是一个与激励频率 f、导体半径 r、磁导率 μ、电导率 σ 有关的变量。

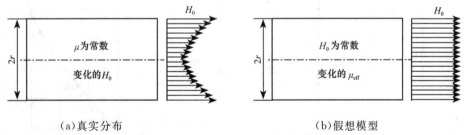

(a)真实分布　　　　　　　　　　　　　(b)假想模型

图 5-14　导电圆柱体内磁场和磁导率分布

2. 特征频率

Förster 把有效磁导率 μ_{eff} 表达式中贝塞尔函数宗值为 1 的频率称为涡流检测的特征频率,用 f_g 表示,体现工件的固有属性,取决于其材料的电磁特性和自身的几何尺寸,由

$$\sqrt{-\mathrm{j}}\,kr = \sqrt{-\mathrm{j}2\pi f\mu\sigma r^2} = 1$$

可得

$$f_\mathrm{g} = \frac{1}{2\pi\mu\sigma r^2} \tag{5-21}$$

对于非铁磁性材料，$\mu \approx \mu_0 = 4\pi \times 10^{-9} \text{ H/cm}$，则有

$$f_g = \frac{5\ 066}{\mu_r \sigma d^2} \qquad (5\text{-}22)$$

其中，d 为圆柱导体的直径。

需要指出的是，对于特定工件，f_g 只是一个特征参数，并非实际最佳试验频率，也非试验频率的上下限。更具一般性的试验频率 f 与 f_g 之间关系可表示为与贝塞尔函数参数 kr 之间的关系：

$$kr = \sqrt{f/f_g} \qquad (5\text{-}23)$$

实际检测过程中，常把 f/f_g 作为参考值，探讨其对有效磁导率的影响规律，利用图 5-15 的诺模图，根据材料 σ/μ_r、d 对应数值的连线即可确定特征频率，进一步与 f/f_g 和 $\sqrt{f/f_g}$ 连线即可方便地求出 f。μ_{eff} 与 f/f_g 的关系曲线如图 5-16 所示，随着 f/f_g 的增加，μ_{eff} 虚部先增大后减小，μ_{eff} 实部逐渐减小。

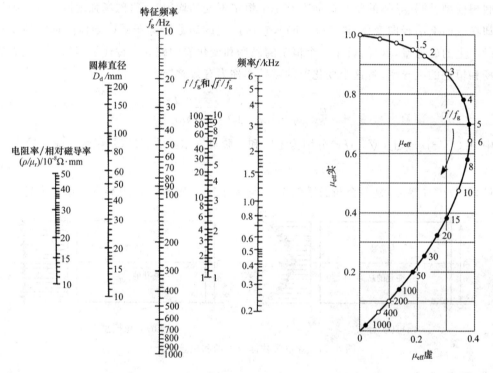

图 5-15　圆棒工件 f_g 的诺模图　　　　图 5-16　μ_{eff} 与 f/f_g 的关系曲线

3. 涡流试验相似律

有效磁导率 μ_{eff} 与 f/f_g 的值有关，而 μ_{eff} 决定了工件内涡流和磁场强度的分布，因此，工件内涡流和磁场的分布是随 f/f_g 的值而变化的。理论分析可以证明，工件中涡流和磁场强度的分布仅仅是 f/f_g 的函数，由此可得出涡流检测的相似律：对于两个不同的工件，只要各对应的频率比 f/f_g 相同，则有效磁导率、涡流密度及磁场强度的几何分布均相同，即

$$f_1\mu_1\sigma_1 d_1^2 = f_2\mu_2\sigma_2 d_2^2 \qquad (5\text{-}24)$$

这一规律为利用模型试验来定量评判材料中的缺陷奠定了理论基础。根据相似规律,只要 f/f_g 相同,几何相似的缺陷将引起相同的涡流效应和相同的有效磁导率的变化,通过设计带有人工缺陷的试块,测量出 μ_{eff} 的变化与缺陷信息(形状、位置、大小)的对应关系,便可以推广到其他相似条件,具有普遍性。同时,可以用截面放大了的带有人工缺陷的模型试验,来获得裂纹引起线圈参数变化的试验数据,作为实际进行涡流检测时评定缺陷影响的参考数据。

5.3.3　线圈的阻抗平面分析

1. 穿过式线圈的阻抗分析

对于内含导电圆柱体的长直载流螺线管线圈(穿过式线圈),假设导电圆柱体和螺线管的半径分别为 r_1,r_2,对应直径分别为 d 和 D,单位长度的线圈匝数为 n,如图 5-17 所示,在导电圆柱体内($0<r<r_1$)的磁场强度为 $H_z(r)$,在螺线管与导电圆柱体之间($r_1<r<r_2$)的空隙中磁场强度为激励磁场 H_0,根据有效磁导率的概念,可求出穿过螺线管线圈横截面的磁通量:

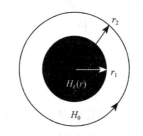

图 5-17　含导电圆柱体螺线管线圈截面图

$$\Phi = \mu_0\mu_r H_z\pi r_1^2 + \mu_0 H_0\pi(r_2^2 - r_1^2)$$
$$= \mu_0\mu_1\mu_{eff}H_0\pi r_1^2 + \mu_0 H_0\pi(r_2^2 - r_1^2) \qquad (5\text{-}25)$$

则单位长度螺线管上产生的感应电动势为

$$E = -n\frac{d\Phi}{dt} = -j\omega n\mathrm{Re}(\Phi e^{j\omega t}) \qquad (5\text{-}26)$$

进一步表示为

$$E = -j\omega n\Phi = -j\omega n\mu_0\mu_1\mu_{eff}H_0\pi r_1^2 - j\omega n\mu_0 H_0\pi(r_2^2 - r_1^2) \qquad (5\text{-}27)$$

线圈空载时螺线管线圈横截面上的磁通量为

$$\Phi_0 = \mu_0 H_0\pi r_2^2 \qquad (5\text{-}28)$$

对应单位长度螺线管上的感应电动势为

$$E_0 = -j\omega n\Phi = -j\omega n\mu_0 H_0\pi r_2^2 \qquad (5\text{-}29)$$

若线圈的填充系数为 η,则归一化电动势为

$$\frac{E}{E_0} = 1 - \eta + \eta\mu_r\mu_{eff} \qquad (5\text{-}30)$$

线圈的填充系数为导电圆柱体直径与线圈直径比值的平方,即 $\eta = (d/D)^2$。通常假定圆柱体的直径和线圈的直径相同,但事实上,由于检测线圈和工件之间总要留有空隙以保证工件快速通过,因此 $\eta<1$。

进一步对空载时单位长度线圈上的阻抗进行分析,并利用有效磁导率的概念,得到单位长度螺线管线圈的归一化阻抗为

$$\frac{Z}{Z_0} = 1 - \eta + \eta \mu_r \mu_{eff} \qquad (5\text{-}31)$$

由式(5-30)和式(5-31)可知,归一化电动势和归一化阻抗的形式是相同的,二者都与μ_{eff}密切相关,主要影响因素包括电导率σ,圆柱导体直径d,相对磁导率μ_r,以及缺陷性质和试验频率。下面对几种影响因素分别加以讨论:

(1)电导率σ

由式(5-31)可知,电导率σ只出现在μ_{eff}之内,因此其对阻抗的影响主要反映在对有效磁导率μ_{eff}的影响,即σ的变化只影响阻抗值在f/f_g曲线上的位置。假定导电圆柱体为铝棒($\sigma = 35/\Omega \cdot \text{mm}$、$d = 12 \text{ mm}$、$\mu_r = 1$),其填充系数$\eta = 1$,对应特征频率$f_g = 100 \text{ Hz}$。当试验测试频率为$f = 2\,000 \text{ Hz}$时,$f/f_g = 20$,通过计算特征函数即可以得到线圈的归一化阻抗,在阻抗平面图上$f/f_g = 20$的位置表示出来。当材料的电导率σ增加一倍,其他参数保持不变,则特征频率$f_g = 50 \text{ Hz}$,在阻抗平面图上表现为从$f/f_g = 20$位置移到了$f/f_g = 40$的位置,即电导率σ对有效磁导率μ_{eff}变化的效应体现在阻抗曲线的切线方向(切线效应),随着电导率σ增加,有效磁导率μ_{eff}和归一化阻抗降低。

(2)磁导率μ

对于非铁磁性材料,$\mu_r \approx 1$,可看作常数,但铁磁性材料却明显不同,$\mu_r \gg 1$,需要考虑磁导率的影响。对于填充系数$\eta = 1$的情况,含铁磁性工件线圈的复阻抗平面图如图5-18所示。由式(5-31)可知,磁导率μ不只出现在μ_{eff}之内,在影响有效磁导率μ_{eff}的同时,$\eta \mu_r \mu_{eff}$的值也发生变化,因此,磁导率μ的影响是双重的,阻抗值不仅沿f/f_g曲线切线方向变化,也会落在不同μ值曲线上(直径效应),总体来说磁导率μ的增加引起归一化阻抗的增加。

如上所述,铁磁性材料中电导率对线圈阻抗的影响仍体现在阻抗曲线的切线效应,从图5-18可以看出,阻抗曲线的上半部分中电导率效应的方向和磁导率效应的方向之间有较大夹角,因此,就可以用相敏检波技术来鉴别电导率的变化

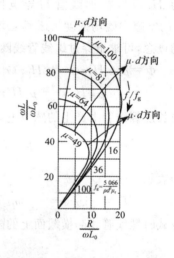

图5-18　填充系数$\eta = 1$时含铁磁性工件线圈的复阻抗平面图

和磁导率的变化。夹角越大,越容易鉴别,频率比$f/f_g \ll 15$时,二者效应之间的夹角较大,分辨性较佳。

(3)工件几何尺寸d

对于这里关心的圆柱体,工件的几何尺寸变化一般以半径(或直径)的变化来描述。由式(5-31)可知,工件直径d的变化不仅影响μ_{eff}的特征参量f/f_g,同时影响填充系数η的大小。因此,不论导电圆柱体是否为铁磁性材料,它对线圈阻抗的影响与磁导率μ的影响一样,也是双重的。当工件直径d减小时,f/f_g减小,线圈的阻抗值沿着同一条η值曲线向上移动,同时,η值减小,线圈阻抗值从η值较大的曲线上向较小的曲线移动,体现为

切线效应和直径效应的综合(图 5-19)。

上述讨论已经确认电导率 σ 的影响体现在切线方向上,与这里工件半径变化对复阻抗平面图上的效应方向是不同的。同样可以利用相敏技术将两种因素的影响分离开来。一般要获得良好的试验效果,应选取频率比 $f/f_g \gg 4$ 的试验频率。

对于铁磁性材料的圆柱工件而言,情况明显不同。原因在于当工件为铁磁性材料时,工件直径的增加大大增加了线圈的磁场,增加量超过了涡流对磁场的削弱量,因而使有效磁导率增加;当工件为非铁磁性材料时,半径的增加会引起有效磁导率 μ_{eff} 的降低。

从上述分析可以看出,铁磁性材料圆柱体工件,半径变化和磁导率变化对线圈阻抗的影响规律十分相似,要区分它们非常困难。

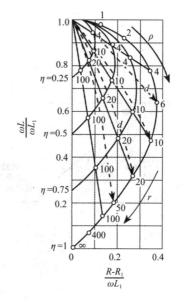

图 5-19　试件尺寸对阻抗的影响

(4)缺陷性质

缺陷对线圈阻抗的影响可以看作是电导率和几何尺寸两个参数影响的综合结果。实际检测过程中,由于缺陷的位置、深度和形状等多因素的综合影响,通过理论计算很难获得缺陷效应的大小,通常都是借助模型试验,分析各种材料中缺陷形状、尺寸和位置影响规律,在不同频率下获得试验结果,制成参考图表,为实际检测提供依据。

图 5-20 为不同 f/f_g 时非铁磁性材料圆棒中裂纹缺陷引起的阻抗变化,对不同位置、形状、宽度的裂纹进行模型试验得到对应的阻抗测量数据。以 $f/f_g = 15$ 为例,图中 Δd 的线段表示"直径效应"曲线,数字表示直径减小的百分率;$\Delta\sigma$ 线段表示"电导率效应"曲线,数字表示电导率增加的百分率。零点处相当于没有缺陷时对应频率比所决定的 μ_{eff} 所处位置,数字 10、15 等对应实线表示工件带有宽深比为 1/100 的窄裂纹,深度分别为直径的 10%、15% 等比例时,线圈对应视在阻抗的变化规律。图中右侧数字 6.7、3.3 等表示内部裂纹顶端距工件表面的距离为直径的 6.7%、3.3%、4:1、2:1 等对应裂纹的宽深比,图中虚线表示裂纹的宽深比为 1/130 的情形。可以看出,深度为直径 25% 的近表面裂纹,当其顶端到表面的距离增大时,视在阻抗将沿着 1、2、6.7 等对应的曲线变化;表面V 形裂纹深度发生变化时,视在阻抗则沿着标有 4:1、2:1 刻度的曲线变化。在这一过程中,随裂纹宽深比的增加,裂纹效应越来越转向"直径效应"方向,据此可以对裂纹的危害性做出评估。如果"裂纹效应"与"直径效应"的取向夹角很大,表明裂纹的深度大,危害性也较大。

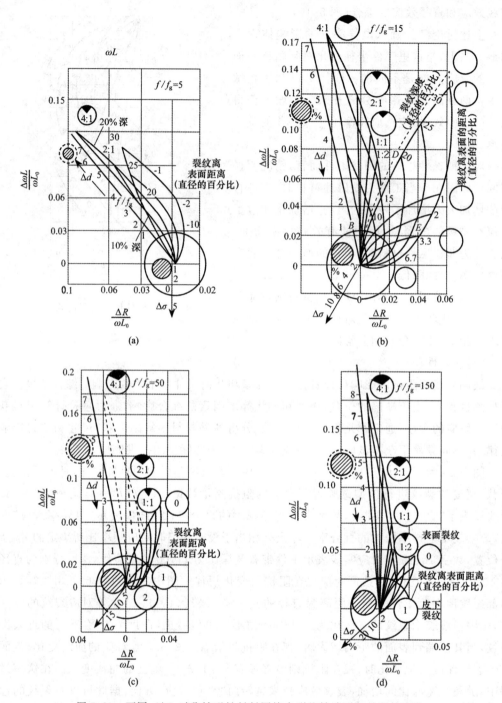

图 5-20 不同 f/f_g 时非铁磁性材料圆棒中裂纹缺陷引起的阻抗变化

（5）试验频率 f

由式（5-31）可知，试验频率 f 的影响直接体现在有效磁导率 μ_{eff} 的特征参量 f/f_{g} 上，因此与电导率 σ 的效应相同，均体现为对阻抗曲线的切线效应，随着试验频率 f 的增加，有效磁导率 μ_{eff} 和归一化阻抗降低。如上所述，不同影响因素的效应有可能是相近或重叠的，实际检测过程中，为了分离各种影响因素效应，有必要选择合适的试验频率，从而区分不同影响因素，获得较高的检测灵敏度。

2. 内含导电管材的穿过式线圈阻抗分析

假设导电管材和线圈都是无限长，材料为各向同性。如图 5-21（a）所示，检测线圈内径为 D，管子外径为 d_0，内径为 d_{i}，管壁厚度为 W，则外穿过式线圈对应的填充系数 η 定义为

$$\eta = (d_0/D)^2 \tag{5-32}$$

而对于内通过式线圈［图 5-21（b）］，填充系数 η 定义为

$$\eta = (D/d_0)^2 \tag{5-33}$$

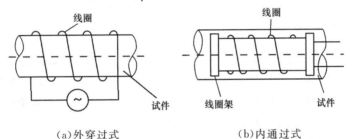

（a）外穿过式　　　　　　　（b）内通过式

图 5-21　含导电管材的检测线圈示意图

实际检测过程中，又可按照涡流渗透壁厚情况，将管材分为薄壁管和厚壁管两大类。由 5.2.5 节讨论可知，管道壁厚是影响涡流检测的重要因素。采用外穿过式线圈对非铁磁性管道进行涡流检测时，壁厚是影响涡流分布的最重要因素。若薄壁管完全填充线圈，即 $\eta = 1$，有效磁导率 μ_{eff} 的曲线是直径为 1 的半圆，如图 5-22 所示。

对于非铁磁性材料薄壁管件，外穿过式或内通过式线圈对应特征频率 f_{g} 为

$$f_{\mathrm{g}} = \frac{5\,066}{\mu_{\mathrm{r}}\sigma d_{\mathrm{i}}W} = \frac{5\,066}{\sigma d_{\mathrm{i}}W} \tag{5-34}$$

对厚壁管而言，外穿过式线圈阻抗曲线位于圆柱体和薄壁管两曲线之间，可以用式（5-34）加以分析。对于非铁磁性材料厚壁管件，其特征频率 f_{g} 可以表示为

$$f_{\mathrm{g}} = \frac{5\,066}{\mu_{\mathrm{r}}\sigma d_{\mathrm{i}}^2} = \frac{5\,066}{\sigma d_{\mathrm{i}}^2} \tag{5-35}$$

对应厚壁管特性变化对非铁磁性穿过式线圈的阻抗变化影响曲线如图 5-23 所示。

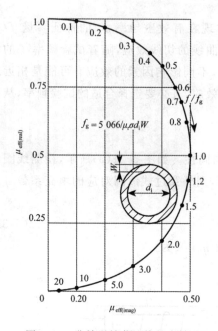

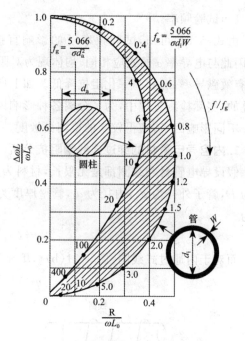

图 5-22　非铁磁性薄壁管的有效磁
　　　　　导率曲线（$\eta=1$）

图 5-23　厚壁管特性变化对非铁磁性穿过
　　　　　式线圈阻抗变化的影响（$\eta=1$）

　　然而，当管件表面或内部有缺陷时，管件与圆柱体工件一样，边界条件复杂，很难由解析方法得出结果，只能通过模型试验来获得数据。

3. 放置式线圈阻抗分析

　　涡流检测过程中以轴线垂直于被检工件表面的方位放置在其上的线圈，称为放置式线圈，如图 5-24 所示，也称为探头式线圈，在涡流检测中使用非常广泛。根据形状、用处、结构等不同，可分为饼式探头、笔式探头、平探头等。

　　在实际检测过程中，线圈阻抗变化不仅与材料的电导率、磁导率、频率、缺陷等因素的变化有关，而且还受线圈至板材表面距离变化的影响，即所谓"提离效应"。上述因素对放置式线圈阻抗的影响规律各不相同，一般可采用相位分离法将需要检测的因素与干扰因素分离，以达到检测的目的，下面就不同因素的影响简单加以介绍：

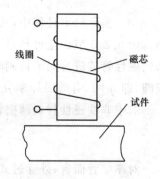

图 5-24　含导电管材的放
　　　　　置式线圈

　　（1）提离效应

　　由于线圈和工件之间距离的变化会使到达工件的磁力线发生变化，改变了工件中的磁通量，从而影响线圈的阻抗。在实际检测过程中，要设法通过选择频率来减小提离效应的干扰，提高检测结果的准确性和可靠性。但提离效应有时也是有用的，利用放置式线圈的提离效应，可以测量金属表面涂层或绝缘覆盖层的厚度。

（2）材料电导率

放置式线圈放于不同的电导率材料上其信号是不同的,对应的变化曲线如图 5-25 所示,电阻率的增加会导致阻抗值沿着阻抗曲线向上移动。

（3）材料磁导率

铁磁性材料的磁导率远大于 1,当检测铁磁性材料时,来自磁导率变化的噪声信号会掩盖涡流信号的变化,随着深度的增加,这个影响就愈加显著,因此磁导率限制了涡流检测的有效透入深度。为了消除这种影响,通常用直流磁化将被检工件磁化到饱和,从而使磁导率变小,不过材料的磁饱和程度会受到线圈和检测材料的几何形状限制。

（4）试验频率

涡流检测一般在几赫兹至几兆赫兹(特殊的可高达上百兆)频率范围内进行,频率对阻抗的影响与电导率效应是一致的。如图 5-26 所示,频率较低时,涡流透入深度增大,阻抗值靠近曲线上方,此时为了实现工件表面的覆盖,线圈移动速度必须降低;当频率增大时,对表面不连续性的灵敏度也随之增加,但由于趋肤效应,涡流会局限于工件表面薄层流动,因此实际检测中,必须对频率做出合适的选择。

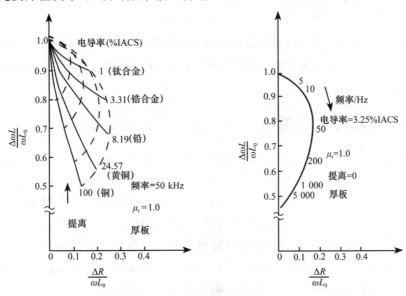

图 5-25　电导率对阻抗的影响　　　图 5-26　频率对阻抗的影响

（5）工件厚度

工件厚度对阻抗的影响曲线如图 5-27 所示,随着工件厚度增加,阻抗值逐渐降低,此时线圈电阻分量减小,电抗分量也减小,效果与电阻率减小的结果类似。反之,任何引起涡流流动电阻增加的因素,如裂纹、减薄、合金电阻率增大等,都会导致线圈阻抗值增加。

（6）线圈直径

如图 5-28 所示,如果被测工件尺寸远大于涡流探头,随着线圈直径增加,阻抗值沿着曲线向下移动,原因在于线圈直径的增加提高了磁通密度,相当于材料电导率增大。实际检测过程中,如果试验频率不方便调整,可以通过改变线圈直径达到相近效果。

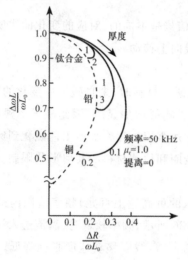 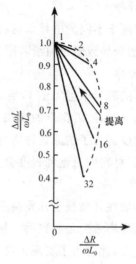

图 5-27　工件厚度对阻抗的影响　　图 5-28　线圈直径对阻抗的影响

5.4　涡流检测设备

根据不同应用目的,涡流检测仪器可分为涡流探伤仪、涡流电导仪和涡流测厚仪三种类型,最基本的涡流检测系统硬件由检测线圈(探头)、检测仪器、辅助装置、标准试块和对比试块等构成。

5.4.1　涡流检测线圈

检测线圈,又称探头,是涡流检测系统的重要组成部分。一般是用直径非常细的铜线按一定方式缠绕而成,通以交流电时能够产生交变磁场,并在其附近导体中感生出涡流;同时,检测线圈可以检测到涡流产生的感应磁场,并将其转换为电信号,传输给检测仪器,因此,检测线圈实际具有激励和检测两种功能。除上述利用铜导线制作的线圈外,也有霍尔元件、磁敏二极管等,虽然二者都具有将磁信号转换成电信号的性能,但不具备激励磁场的功能。与之相比,检测线圈不仅同时具备激励和接收磁场的功能,还可根据检测对象的尺寸、形状等进行设计调整,且受温度影响较小,适用于高温检测。

1. 检测线圈分类

按比较方式的不同,可将检测线圈分为绝对式和差动式,其中差动式线圈又包括自比较式和标准比较式;按输出信号的不同,可将检测线圈分为自感式和互感式;按照检测线圈与工件的相对位置,可将检测线圈分为外穿过式、内通过式和放置式,如图 5-21 中外穿过式和内通过式线圈,前者是将工件插入并通过线圈内部,可对管材、棒材、线材等进行检测,容易实现批量化、高速检测;后者需要把线圈放入管子内部,多用于冷凝器管道的在役检测。放置式线圈已在前面进行了介绍,这里不再赘述。

（1）按比较方式分类

绝对式线圈的形式如图 5-29（a）所示，只用一个检测线圈进行涡流检测。该方式仅针对被检测对象某一位置的电磁特性直接进行检测，能够反映影响涡流流动的任何情形，而不与被检对象的其他部位或工件某一部位的电磁特性进行比较。绝对式线圈使用方便，信号解释比较容易，但对潜在的干扰信号较为敏感，例如提离效应、材料温度的变化等。

差动线圈的形式如图 5-29（b）和（c）所示，包括标准比较式和自比较式两类，其结构是将两个线圈耦合到检测材料上，材料的一部分与另一部分进行比较。其核心是根据两个检测线圈的输出信号有无差别来判断被检工件的性能，因此两个线圈同时检测到相同状态时并无输出信号。这对抑制温度变化和提离效应是十分有益的。该方式的局限在于对不连续性的平缓变化不敏感，如果其末端非常窄，尺寸较长的不连续性有可能被完全漏检；同时，差动线圈信号较难解释，与单线圈同检测材料交互作用的阻抗变化具有本质不同。

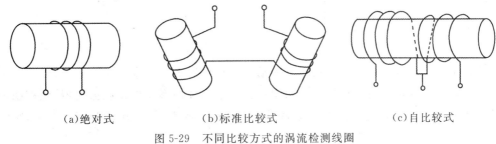

(a)绝对式   (b)标准比较式   (c)自比较式

图 5-29   不同比较方式的涡流检测线圈

（2）按线圈输出信号分类

自感式线圈又称参量式线圈，由单个线圈构成，既作为激励线圈，产生磁场，在导电体中形成涡流，同时又作为检测线圈，感应和接收导体中涡流对应的磁场信号。

互感式线圈又称变压器式线圈，一般由两个或两组线圈构成，分别对应激励线圈（一次线圈）和检测线圈（二次线圈）。

2. 检测线圈信号检出电路

大多数涡流仪器线圈组件都是通过桥电路与仪器相连，如图 5-30 所示，在检测材料上放置了一个单线圈，同时还使用了一个距检测材料较远的第二个线圈，以平衡该电桥，检测线圈作为构成平衡电桥的一个桥臂。正常情况下，可通过调节平衡电桥中的可变电阻实现桥式电路的平衡。进行涡流检测时，检测线圈阻抗的变化量 ΔZ 代表被检工件上

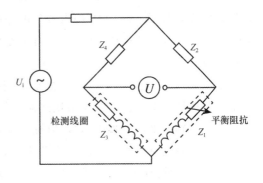

图 5-30   涡流检测线圈桥式电路

各种因素的影响，并可经适当的电路转换成可测量的电压信号 ΔU，通过测量 ΔU，可间接得到检测线圈阻抗变化 ΔZ_3。由于 ΔU 很小，因此通常将检测线圈连接在各种交流电桥中，电桥输出的电压变化量 ΔU 经放大后可供显示和分析。

当检测阻抗发生变化,例如被检测工件中出现缺陷时,电桥不再平衡,这时输出电压不再为零,而是一个非常微弱的信号,其大小取决于被检测工件的电磁特性。

5.4.2 涡流检测仪器

涡流检测仪器主要由振荡器、探头(检测线圈及其装配件)、信号检出电路、放大器、信号处理器、显示器、电源等组成,如图 5-31 所示。

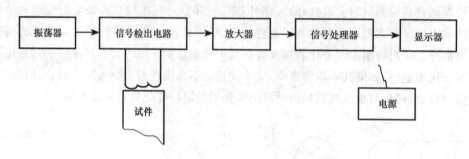

图 5-31 涡流检测系统构成

振荡器:常配以功率放大器,用以向激励线圈提供所需频率及幅度的电流,以便在工件中感生所需强度的涡流。原则上可采用符合要求的任何形式的正弦振荡器,频率稳定度应达到 10^{-4}。当频率稳定度要求更高时可采用晶体振荡器,当要求频率较低时,则常采用 RC(电阻和电容)振荡器。

信号检出电路:在线圈信号被放大到合适大小后必须予以处理以提取由有关参量所施加的调制,即需要用检出电路解调,可以用幅度探测器、相敏探测器来实现。最普通的幅度探测器是二极管探测器,简单二极管探测器的动态范围在低端受限于非理想的限幅响应,在高端则受限于驱动电路所提供的最大电压。

放大器:在正常情况下涡流检测线圈中所产生的信号(载波信号)在出现有关参量变化时其幅度及相位也发生相应的改变(调制),但这种变化是很小的,必须经过放大才能进行后续处理,因此要求输入端应有较低的噪声,宽的动态范围和低的畸变。这种放大器通常是分立元件或集成电路的组合,后者增益高且稳定,尺寸小,直流漂移小,缺点是较分立元件噪声高。

信号处理器:主要包括可调移相器、相敏检波器、滤波器、幅值鉴别器等。移相器提供一个可供选择的参考相位给相敏检波器,利用相敏检波器消除干扰信号,利用幅值鉴别器建立一个鉴别电平消除噪声信号,以提高检测的准确性。

涡流检测仪有便携式和固定式两大类,如图 5-32 所示。便携式仪器体积小,方便随身携带,适合野外作业;固定式仪器体积大,需放置于室内,有利于实现自动化。先进可靠的检测设备是实现有效检测的前提,近年来,国内外在涡流检测仪器开发应用方面做了很多工作,取得了较大进步,主要体现在:硬件方面,仪器的体积和功耗不断减小,计算处理能力得到显著增强;软件方面,仪器智能化水平大幅提高,特别是集成技术与网络技术相结合成为仪器研发的热点。这里的集成技术,不只是多种技术简单汇集,而是能够对所使用多种方法获取的检测数据融合处理,综合判断,具有对同一检测对象同时实施两种或两种以上检测方法的能力。依赖于一体化设备,检测数据可以实现资源共享、多角度显示。因此,综合性、一体化、网络型检测仪器纷纷涌现并付诸实际应用,如多功能电磁检测成像仪,集成了多频涡流、远场涡流、预多频、频谱分析、涡流成像等功能。与此同时,涡流检测仪器的智能化也越来越得到重视,具体体现在管理、自检、分析识别、检测、数据库及帮助等功能模块的不断进步,其中,管理模块是核心,各项管理功能的实现通过应用软件操作界面完成;自检模块提供更全面、更快捷的硬件和软件运行状况系统检测,代替人工调试仪器;分析识别模块在信号分析识别方法和识别能力方面具备更为强大的功能,通过比较数据的变化趋势与变化幅度确定最佳耦合状态,对探头提离效应、趋肤效应进行相应的修正。例如,某型号智能视频远场涡流检测仪在集成了常规多频、远场涡流、阵列涡流、多通道实时检测技术的同时,还将涡流传感器与工业内窥镜探头一体化,检测过程同时获取涡流信号和视频信号,能实时有效地进行检测。一些检测仪器还同时提供预设参数和专家程序,操作简便,可实现人机对话,屏幕菜单提示及在线热键帮助。随着人工智能的不断发展,未来检测仪器在程序设计、信息获取、机器学习、模式识别和专家系统等诸多方面会有显著进步。

(a)便携式涡流检测仪　(b)大型固定式涡流检测仪　(c)智能视频远场涡流检测仪(d)智能多频涡流检测仪

图5-32　涡流检测仪

5.4.3　涡流检测辅助装置

除上述检测线圈、检测仪器等核心装置之外,还有一些辅助装置,主要包括磁饱和装置、工件传动装置等。

磁饱和装置:铁磁性材料经过不同制造工艺处理后,材料的微观、细观乃至宏观的组织都会发生不同程度的改变,包括微缺陷种类和数量、晶粒的形态和取向等,导致材料不同微区磁性不均匀显著增强,形成的噪声信号往往掩盖了缺陷的响应信号,同时,由于铁磁性材料相对磁导率一般远大于1,趋肤效应大大限制了涡流的透入深度,因此,需要在铁磁性材料检测之前进行磁饱和处理,降低磁性不均匀性,提高涡流透入深度。涡流检测中使用的磁饱和装置有两类:一类是由直流电线圈构成,主要包括外通过式和磁扼式;另一类是由永久磁铁构成,应用于不宜通电的场合。

工件传动装置:主要用于特定型材生产线的自动化检测,包括上料、下料和自动分选等装置组成。由于检测对象几何形状的差异,一般要求传动装置速度控制稳定,灵活可调,与线圈衔接匹配的精度较高。

其他还有报警装置、探头驱动装置、标记装置等。

5.4.4　涡流检测标准试块和对比试块

涡流检测的信号分析是通过与已知试块相比较而得出的,涡流检测试块可分为标准试块(试片)和对比试块(试片)。

标准试块主要用于仪器性能测试与评价,以保证缺陷测试和评价结果具有较好的重复性和可比性。标准试块的规格尺寸、材质、缺陷的形式(包括位置、大小、数量等)都有严格规定,不同检测标准中对标准试块都有明确的要求,下面以NB/T 47013.6—2015《承压设备无损检测　第6部分:涡流检测》为例进行介绍。

该标准对系统测试用标准试块的规格、尺寸及材料做了统一规定。以放置式

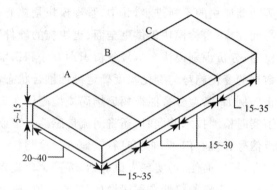

图 5-33　放置式线圈涡流检测标准试块

线圈标准试块为例,其外形尺寸、人工伤深度应符合图 5-33 要求,三条人工槽 A、B、C 可采用线切割方式加工制作,宽度为 0.05 mm,深度分别为 0.2 mm、0.5 mm 和 1.0 mm,深度尺寸公差为±0.05 mm,标准试块材料应采用 T3 状态的 2024 铝合金或导电性能相近的铝合金材料制作。

对于对比试块,由于需要根据被检测对象的形状来确定,必须具有一定代表性,因此对比试块的形状也是各有差异,具体形式可分为孔形缺陷对比试块和槽形缺陷对比试块,又可按检测线圈形式分为外通过式线圈检测用对比试块、内穿过式线圈检测用对比试块和放置式线圈检测用对比试块。尽管试块形式多样,但都需要根据待检测对象最可能的缺陷形式和性质而定。图 5-34 所示为非铁磁性换热管的涡流检测对比试块,检测过程中使用内通过式探头,对应的人工缺陷 A 是一个贯穿管壁的通孔,B 是 4 个平底孔,C 是一个外壁面切入的 360°周向刻槽,D 是一个内壁面切入的 360°周向刻槽。

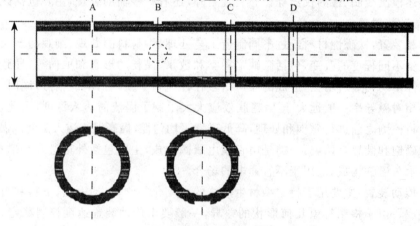

图 5-34　铝合金管材缺陷检测对比试块

5.5　涡流检测技术

5.5.1　涡流检测信号处理技术

涡流检测所得信号中往往有许多干扰因素,例如测量噪声、探头抖动、提离、工件表面状况等,为提高微小缺陷的检测能力,需要滤除检测信号中的噪声,否则会使得放大器过早饱和,影响检测的准确性和有效性。涡流检测信号处理技术有两大类:软件处理与硬件电路处理。软件处理主要有低通或带通滤波、小波分析、傅立叶分析、主成分分析等方法,通过降低干扰信号,增强检测信号,提高检测信号的精度和系统的抗干扰能力;硬件电路处理技术主要有相敏检波法、调制分析法和幅度鉴别法。

1. 相敏检波法

这种方法是利用信号相位差对干扰信号进行抑制,测量感应涡流和测试线圈电压在时间相位上的净变化和振幅变化。为了进行相位分析,通常需要移相系统和相敏检波电路。移相系统可将某一电压信号的相位角改变一定相角,理想的移相器能够在输出电压不变的条件下,把信号相位角从 0° 连续地变到 360°。相敏检波电路可把两个具有相位差的信号分开,其原理如图 5-35 所示,其中 $U_{出}$ 为相敏检波电路的输出信号,$U_{入}$ 为输入信号,$U_{参}$ 为相位可任意改变的参考信号,可以看成是 $U_{入}$ 向量在 $U_{参}$ 向量的分量或投影。相敏检波电路通过对信号的分离,使得输出信号只与缺陷信号有关,消除了其他信号的干扰。

2. 调制分析法

该方法通过同时测量涡流场的相位和振幅变化率对信号进行处理。实际检测过程中探头与工件之间是相对运动的,在测试线圈上产生的调制频率,取决于相对运动的速度和被检工件电磁特性变化的快慢。对于缺陷信号,对应持续时间较短的窄脉冲,高频成分较丰富;对于尺寸变化、表面状态、材料成分、热处理状态等,则产生以低频成分为主的调幅波,根据二者在频率上的差异,借助带通滤波器就可以对

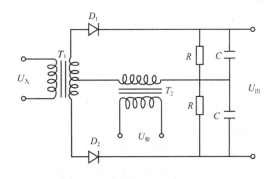

图 5-35　相敏检波电路

它们有效区分。图 5-36 所示为调制分析过程及结果,其中图 5-36(a)为带通滤波过程,根据放大器的频率响应特性,调节放大器的频率范围,仅放大一定频率范围内的缺陷信号,从而使缺陷信号和干扰信号分离。如图 5-36(b)所示,两个并不明显的缺陷信号经过带通放大以后,缺陷信号得到显著增强。

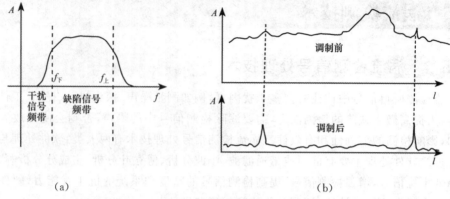

(a)　　　　　　　　　　　　　(b)

图 5-36　缺陷信号的调制分析

3. 幅度鉴别法

幅度鉴别法是一种根据检测信号中干扰信号与缺陷信号的幅度差异,实现对干扰信号抑制和缺陷信号提取的方法。通常涡流检测信号的幅度随着缺陷的增大而增强,对于一些不影响使用性能、验收标准中不予考虑的小缺陷并不需要记录。此外,检测信号中也会包含干扰信号,这些信号的相位、频率与缺陷信号的相位和频率并没有显著差异,因此,可以通过幅度鉴别器把小缺陷的信号抑制掉,如图 5-37 所示,通过调节电平阈值,抑制小的缺陷信号,仅允许超过标准的缺陷信号通过。

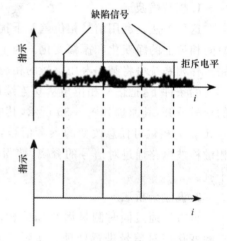

图 5-37　幅度鉴别法

5.5.2　涡流探伤

涡流检测技术广泛应用于缺陷检测,检测过程中,检测线圈的种类和形式、检测频率、填充系数、扫查间距、对比试块、探头相对移动速度和稳定性以及是否磁饱和等问题,都是关系缺陷能否有效检出的关键因素。

以广泛应用的薄壁管为例,检测时多采用外穿过式或内通过式线圈进行自动检测。检测频率的确定是非常重要的,可以有以下几种方式确定检测频率:①利用管材尺寸和电磁特性进行特征频率参数的计算;②利用诺模图进行检测频率的选择;③利用放置式线圈在无限大平面导体上的涡流透入深度公式近似估算;④利用对比试块人工缺陷的涡流响应情况进行确定。同时,也要考虑检测灵敏度和缺陷信号与直径干扰信号的有效分离。为提高裂纹检测的灵敏度,也可进一步提高 f/f_g 的数值。为减小电导率变化、温度变化和直径变化对信号的干扰,可采用差分式线圈在同一管子两个相近段进行比较。可通过相位分析法抑制直径变化对测试结果的影响,也可利用调制分析法抑制电导率变化和直径变化的影响,最后利用幅度鉴别法消除一些微小缺陷信号和噪声信号,得到缺陷信号的最佳显示。信号的显示方法主要有两种:一种是具有椭圆显示的涡流检测仪,其原理如图

5-38 所示,被检工件的物理变化引起差动电路产生相应信号,它与阻抗变化成正比,原始信号和经过处理的信号分别放大送到示波器的垂直、水平偏转板上,当相位差不为零时,所成图像即为椭圆;另外一种是具有光点显示的涡流检测仪,与椭圆显示的区别在于其具有两个相敏检波器,其输出信号相当于放大器信号矢量在两根坐标轴上的投影,对应于荧光屏上一个光点,代表缺陷信号。检测过程中需要注意线圈涡流的方向分布与缺陷检测灵敏度的关系,也要考虑线圈截面尺寸对检测灵敏度和分辨率的影响,探头与管子之间的间隙应尽量小,以提高检测灵敏度。

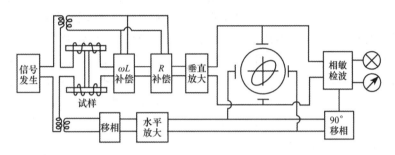

图 5-38　具有椭圆显示的涡流检测仪原理图

由于管、棒材具有规则的几何形状,可采用外穿过式或内通过式线圈检测,但是对于板材以及一些非规则形状工件,主要采用放置式线圈,检测较为灵活,在这里不再赘述。

5.5.3　涡流电导率测量和材质分选

涡流方法除可应用于上述缺陷检测,还可用于材料电、磁特性的测量。材料的电导率与金属中所含杂质、材料的热处理状态以及某些材料的硬度、耐腐蚀等性能有关,同时也是影响检测线圈阻抗的重要因素,因此涡流检测技术可用来评价材料的材质和其他性能,且不会损伤零部件的加工表面,特别适合现场检测。

不同材料电导率在 0.5～60 MS/m 变化,测量一般采用涡流电导仪,其原理如图 5-39 所示。测量时通过改变电阻使电桥达到平衡,电容测量值通过与电容动片相连的指针显示于刻度盘。测量前需利用标准工件对测量显示进行较正,之后即可直接指示被测材料电导率值。由于大部分工件形状各异,多采用手动探头进行检测。

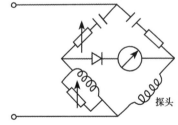

图 5-39　涡流电导仪原理图

对于非铁磁性材料,$\mu_r \approx 1$,相当于一个常量,假设被检对象为无限大平板,与线圈紧密接触,对于确定的检测系统,影响涡流场大小的只有一个变量,即材料的电导率。为了精确测量出电导率的微小变化,通过复杂的阻抗分析、计算和比较试验,确定最合适的检测频率。对于铝合金而言,检测频率一般在 60 kHz 左右。根据测量得到的电导率值,可以对材料牌号、状态进行识别或分选,特别是铝合金的力学性能(如硬度)与其电导率之间关系密切,因此应用较为广泛。

对于铁磁性材料,由于感生涡流同时受到铁磁性材料电导率与磁导率的共同作用,导致无法根据涡流仪的响应区分两种材料的电、磁特性。因此,为尽可能克服铁磁性材料电导率差异对材料分选的不利影响,一般采用很低的检测频率,只有几十至几百赫兹,此时低频交变磁场在铁磁性材料中感生的涡流非常微弱,对应的感生磁场对检测线圈的反作用远远小于铁磁性材料磁导率的影响,对应的涡流效应可以忽略不计,从而依据铁磁性材料磁导率的不同响应进行材料分选。

5.5.4 涡流厚度测量

涡流厚度测量主要包括机械间隙、镀层厚度、型材厚度等。对于覆层厚度测量,根据覆层及基体材料的电磁特性,可分为涡流测厚与磁性测厚两种,涡流测厚适用于基体为非铁磁性的导电材料,如奥氏体不锈钢、铜及铜合金、铝及铝合金、钛及钛合金等,覆层为非导电绝缘材料,如漆层等;磁性适用于基体为铁磁性材料,如碳钢、镍及镍合金等,覆层为非铁磁性材料,包括非导电漆层、导电的铜、铬、锌的镀层、阳极氧化膜和珐琅层等。

对于非导电覆层,是利用涡流检测中的提离效应进行测厚,所测覆层厚度一般在几微米至几百微米。影响厚度测量的因素主要包括检测频率、基体导电性、基体厚度、形状、表面粗糙度、校准膜片厚度的选择、覆层刚性及操作人员等因素。检测频率较高时,检测线圈在覆层下面导电基体中所感生涡流的密度较高,增强了涡流的提离效应,提高了测量灵敏度和准确度,因此,涡流测厚仪检测频率通常较高,一般在 1～10 MHz,在测试过程中是固定的。此外,基体材料电导率差异对膜层厚度测量结果的准确性也有较大影响,最好选择导电性相近的试块材料校准仪器。实际测试发现,低电导率基体上的覆层厚度测量值明显大于实际值,高电导率基体上的测量值与覆层实际厚度较为接近,覆层厚度较大时,基体电导率的影响较小。同时,通常要求基体金属的厚度要超过涡流渗透深度的 3～5 倍。

测量过程所涉及的阻抗变化范围较大,一般都属于静态测量,采用手动式探头。对应测厚仪电路原理如图 5-40 所示,主要由信号源、电桥、放大器、检波器和记录仪等部分组成,两个线圈一个做探头一个做参考线圈,通常采用相敏检波法消除间隙、温度等对测厚仪器的干扰。

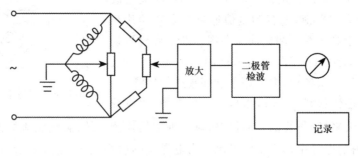

图 5-40　涡流测厚仪原理

5.6 涡流检测技术的新进展

随着对产品高质量、高可靠性的不断追求,对无损检测的要求也不断提高。涡流检测技术由于自身所具有的一些特点,如趋肤效应、提离效应、对多种因素敏感等,导致在某些领域的应用受到限制。为进一步扩大涡流检测的应用范围,提高检测的准确性,人们提出了很多基于电磁原理的新设想,逐步形成了一些相对独立的新方法,如远场涡流、脉冲涡流、涡流阵列、多频涡流、磁光涡流等检测技术,这些技术各有优势,在不同方面有效弥补了常规涡流检测技术的缺点,共同组成了电磁涡流检测技术。

5.6.1　远场涡流检测技术

远场涡流属于低频涡流检测技术,通常能穿透金属管壁,所用探头为内通过式,如图5-41 所示,采用通以低频交流电的激励线圈和置于远场空间的检测线圈。当激励线圈通以交流电时,线圈周围产生交变磁场,该交变磁场穿过管壁,沿管子轴向传播,然后再次穿过管壁被检测线圈接收,对应的检测信号特征曲线如图 5-42 所示。当两线圈距离较近时(约小于 1.8 倍管道内径),称为近场区或直接耦合区,由于接收线圈与激励线圈直接耦合,使感应电势幅值(内壁)随距离增大而剧减,相位变化不大。当两线圈距离增大到 2～3 倍管道内径时,称为远场区,此时电势幅值与相位均以较小速率变化,且管内外相同,感应电势的相位滞后大致正比于穿过的管壁厚度。二者中间区域为过渡区,对应感应电势下降速率减小,有时甚至出现微弱增加现象,同时相位差发生急剧变化。

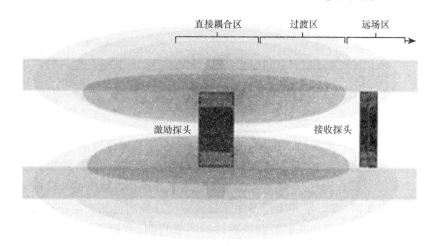

图 5-41　远场涡流检测探头布置

远场涡流检测线圈工作于远场区,直接耦合在管内被大大地削弱。交变磁场每次穿过管壁,都会产生时间延迟和幅度衰减。当探头移到壁厚减薄区域,则交变磁场在线圈之间的传播时间减少,强度衰减减少,表现为信号的相位差(信号的延迟时间)减少和幅度(信号的强度)增加,通过对相位和幅度的分析,就可以确定材料减薄的深度和范围。

远场涡流检测与常规涡流检测不同,远场涡流检测频率较低,典型的为 50～500 Hz,因此磁场可以穿过铁磁性材料管壁,最大检测壁厚可达 25 mm,这是常规涡流检测无法达到的。常规涡流检测频率较高,磁场被显著限制在铁磁性材料管道内表面,检测外部缺陷非常困难,因此多用于检测非铁磁性材料。远场涡流需要测量的是检测线圈的感应电势及其与激励电流之间的相位差,常规涡流测量的是线圈阻抗幅度和相位信息,与管道壁厚的关系较为复杂。此外,远场涡流在检测灵敏度方面也具有一定优势,以大范围壁厚缺损为例,远场涡流检测灵敏度和精确度较高,精度可以达到 $2\%\sim5\%$,对于腐蚀凹坑等小体积缺陷,其检测灵敏度与管道材质、壁厚、磁导率均匀性、检测频率和探头移动速度等因素有关,同时,对填充系数要求低,对有障碍物和凹痕的管子检测效果很好,探头在管内移动时产生的偏心影响比常规涡流小。远场涡流不受趋肤效应的影响,克服了电导率和磁导率的影响,探头在管内的摆动对检测也基本没有影响。与之相比,常规涡流在检测试件几何变形、边缘末端及相对位置产生的末端效应都会产生畸变信号,对检测信号造成干扰,材料的温度、应力变化,损伤的非连续性等也会改变试件的电导率和磁导率,影响涡流信号,造成检测结果难以判断。

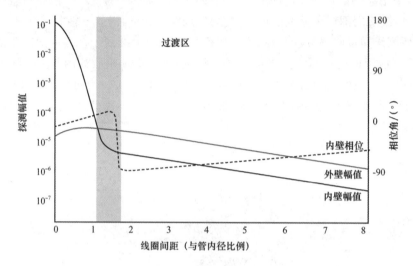

图 5-42   检测线圈的信号特征

远场涡流检测系统一般包括振荡器、功率放大器、相位及幅值检测放大器、探头、编码器、爬行器、计算机系统等。其中,振荡器和功率放大器用于激励线圈,输出并放大信号,为相位测量提供参考信息;相位及幅值检测放大器用于处理接收线圈的接收信号,探头包括激励线圈和接收线圈,编码器和爬行器便于扫查定位并控制检测速度和扫描采样速率。

远场涡流目前主要用于油井套管和铁磁性换热管检测,利用该技术可以解决铁磁性材料渗透深度小、磁导率不均匀所导致的噪声较高问题,缺陷定量精确,效果良好。通过合理设置标定管模拟缺陷的相位,并做出相位-缺陷深度曲线,即可精确确定缺陷的当量大小及缺陷深度占壁厚的百分比。

5.6.2 脉冲涡流检测技术

常规涡流检测的有效性和可达性与激励信号的频率有密切关系,一般检测频率越高,涡流趋于沿被检测工件表面分布,表面微小缺陷检出能力越高,但由于趋肤效应,表面下具有一定深度的近表面缺陷则难以有效检测;相反,虽然频率越低时透入深度越大,但检测灵敏度明显下降。为了解决这一问题,人们开发了脉冲涡流检测技术。

图 5-43 为典型的脉冲涡流激励信号,按傅立叶级数变换理论,可将其分解为无限个低、中、高频的正弦波之和,如图 5-44 所示,因此,以重复的宽带脉冲(如方波)代替正弦交

变信号进行激励和检测,对应的涡流响应信号中包含有被检测对象表面、近表面和表层一定深度范围内的响应信息,较好地解决了常规涡流所不能兼顾的检测灵敏度和检测深度的矛盾。常规涡流检测对感应磁场进行稳态分析,即通过测量感应电压的幅值和相角来确定缺陷的位置,而脉冲涡流则对感应磁场进行时域的瞬态分析,以感应磁场最大值出现的时间来进行缺陷检测。脉冲涡流可提供某一范围的连续多频激励,比单频正弦涡流能提供更多信息。此外,脉冲涡流信号同时运行一列不同的电流频率,较多频涡流信号响应更快。由于采用脉冲或阶跃波形作为激励,因此在同等平均功率情况下,脉冲涡流所产生的磁场峰值更大,适用于线圈提离和工件壁厚更大的情况。

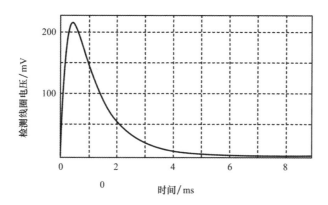

图 5-43　典型的脉冲涡流瞬态电压时域波形

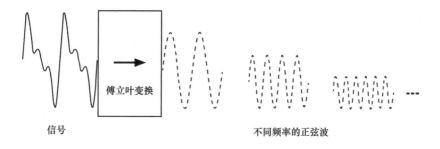

图 5-44　傅立叶信号变换

　　由于上述优点,脉冲涡流技术在腐蚀成像、测厚、裂纹缺陷定量分析中优势明显。该技术可定量检测带有绝缘层的管道、容器、热交换器等的腐蚀缺陷,也可透过任意非导电层对金属工件进行测厚,同时,该技术可对金属工件的表面和近表面裂纹的大小和深度进行定量分析,采用 C 扫描检测可直观分析裂纹的长度与深度。此外,脉冲涡流检测对现场检测环境适应性强,广泛应用于炼油厂、化工厂、发电厂、海上钻井平台等部件的在役检测。

5.6.3　涡流阵列检测技术

　　随着计算机、电子扫描以及信号处理技术的发展,涡流阵列检测技术逐渐成熟。该技术是通过涡流检测线圈结构的特殊设计,以电子方式驱动同一个探头中多个相邻的涡流感应线圈,如图5-45所示,利用计算机对感应线圈信号进行分析处理,从而实现对工件的快速、有效检测。该技术的关键在于通过多路技术采集数据,保证激励线圈的激励磁场之间、感应线圈的感应磁场之间互不干扰。涡流阵列检测过程中,涡流信号的响应时间极短,只需激励信号的几个周期,因此检测探头单元的切换速度很快。图5-46为单个涡流探头与涡流阵列探头一次检测对比示意图,由于检测线圈尺寸大,扫查覆盖区域大,涡流阵列检测效率较常规涡流提高10～100倍。一个完整的涡流阵列线圈由多个独立线圈排列而成,对于不同方向的线形缺陷具有一致的检测灵敏度。此外,阵列探头的结构形式灵活多样,借助柔性探头可以非常方便地对复杂表面形状工件形成良好的电磁耦合,无须设计和制作复杂的机械扫查装置。

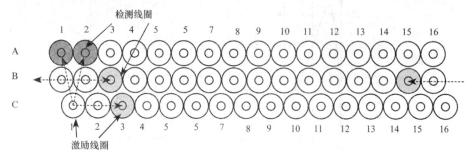

图5-45　涡流阵列探头电子扫查示意图

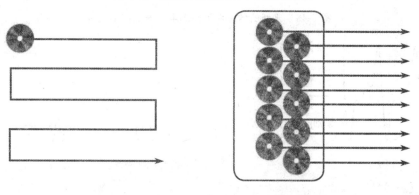

(a)单个涡流探头　　　　　　　　　(b)涡流阵列探头

图5-46　单个涡流探头与涡流阵列探头一次检测对比示意图

　　涡流阵列检测技术在许多工业领域的表面和近表面缺陷成像检测中得到成功应用,该技术可用于焊缝区裂纹等微小缺陷检测,确定受热区金属材质的变化情况,这是传统涡流检测很难做到的,原因在于焊区材质变化无法选定参考点,缺陷容易被背景噪声湮没。此外,该技术在大面积平板检测方面优势明显,避免了常规涡流检测必须专门配置的扫查机构,工作效率显著提高。该技术也可用于管、棒等型材检测,对任何取向的小缺陷和纵向长裂纹都可以检测,不受型材断面形状限制,也不受直径大小限制,检测效率高、灵敏度高、噪声小,可一次完成整体检测。

参考文献

[1]　国防科技工业无损检测人员资格鉴定与认证培训教材编审委员会. 涡流检测［M］. 北京:机械工业出版社,2004.

[2]　任吉林,林俊明. 电磁无损检测［M］. 北京:科学出版社,2008.

[3]　张俊哲. 无损检测技术及其应用［M］. 2 版. 北京:科学出版社,2010.

[4]　全国锅炉压力容器标准化技术委员会. 承压设备无损检测:第 6 部分　涡流检测:NB/T 47013.6—2015［S］. 北京:新华出版社,2015:246-284.

[5]　沈功田. 承压设备无损检测与评价技术发展现状［J］. 机械工程学报,2017,53(12):1-12.

[6]　ULAPANE N, ALEMPIJEVIC A, CALLEJA T V, et al. Pulsed Eddy Current Sensing for Critical Pipe Condition Assessment［J］. Sensors, 2017, 17(10):2208.

[7]　RIFAI D, ABDALLA A N, ALI K, et al. Giant Magnetoresistance Sensors: A Review on Structures and Non-Destructive Eddy Current Testing Applications［J］. Sensors, 2016, 16(3):298.

第6章

渗透检测

6.1 概　述

渗透检测(penetrant testing,PT)是五大常规无损检测方法之一,是一种以毛细作用原理为基础,用于非疏孔性金属和非金属试件表面开口缺陷的检测方法,广泛应用于锻件、铸件、焊接件等的表面质量检测。

1. 渗透检测的优点

(1)原理简单易懂,对操作者要求低。

(2)检测设备简单,成本低廉。

(3)可用于多种材料的表面检测,几乎不受工件几何形状和尺寸的限制。

(4)一次操作可同时检测不同方向的缺陷。

2. 渗透检测的局限性

(1)只能检测表面开口缺陷。

(2)工艺流程比较烦琐,效率低。

(3)渗透液易污染失效。

(4)检测温度范围在5~50 ℃。

6.2　渗透检测的理论基础

6.2.1　表面张力

1. 表面张力的定义

自然界中物质的存在形式有固体、液体和气体,三者都是由分子组成的。分子是不停运动的,物体的温度越高,分子热运动越激烈,分子的平均动能就越大。此外,分子间还存在着相互作用力,即分子势能,与分子间距有关。固体的分子间平均距离小,分子间引力较大,分子动能不足以克服分子势能,所以分子在各自的平衡位置附近振动,因此固体具有一定的形状和体积;气体的分子间距离较大,分子间作用力十分微弱,可以近似地认为等于零,因此气体分子可以向各个方向扩散并充满整个容积;液体则不然,它的分子间平均距离介于固体和气体之间,分子动能虽较固体有所增加但仍不足以克服分子间的引力,内部分子借助"空位"进行移动,因此液体具有一定的体积,但没有固定的形状。由几何学可知,体积一定的几何体中,球的表面积最小,表面能最低,因此,液体总是趋向于球状,如我们日常生活中见到的花草树叶上的露珠、地板上的水银等,这种现象说明,在液体表面存在着一种力,它总是趋向于使液体表面收缩,减小其表面积,从而使其表面能最低,我们把这种存在于液体表面,使液体表面收缩的力称为液体的表面张力。

2. 表面张力的产生机理

我们把液体内部相邻分子间作用力所能达到的最大距离定义为分子的作用半径,其对应的球形范围称为分子作用球。不同区域液体分子的状态如图 6-1 所示,所有的分子都受到周围分子的引力,但液体内部分子和液体表面分子的受力情况是不同的。以液体内部分子作用球 P 为例,虽然周围分子都会对它产生引力,但这些分力是相互抵消的,合力为零。而对于液体表面附近的分子,情况却有所不同。分子作用球 Q、R、S 均有一部分进入气体,除受到液体内部分子的引力之外,气体分子也会对其产生引力,不同的是气体分子的引力小,而液体分子的引力大,因此,三个分子作用球就受到一种垂直指向液体内部的吸引力。

由图 6-1 可知,在气-液界面处存在一个液体表面层 ABDC,它是由距液面距离小于分子作用球半径的分子所组成的液体薄层。这个表面层会对整个液体施加压力,其方向总是与液面垂直,指向液体内部。它总是使液体表面收缩,有使其表面积减少的趋势,这就是表面张力产生的原因。

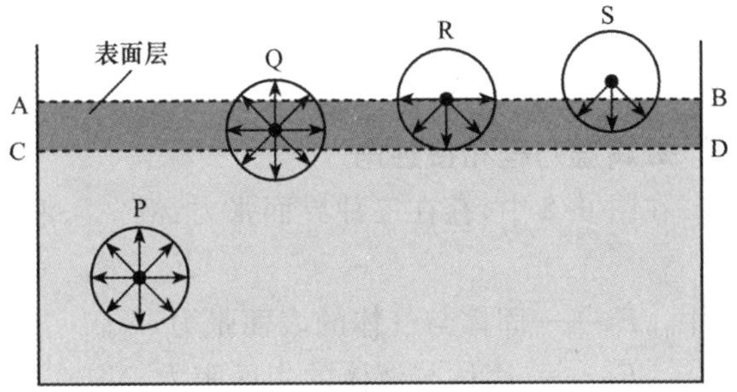

图 6-1 表面张力的形成

3. 表面张力系数

单位长度上的表面张力称为表面张力系数,常用 α 表示,单位是 N/m(牛/米)。它的作用方向与液体表面相切,与液体的温度、种类、成分等因素有关,是用来表征液体特性的基本物理量。

表 6-1 给出了 20 ℃时几种常用液体的表面张力系数。可以看出,水银的表面张节力系数最大,达到 484×10^{-3} N/m,而乙醇等有机溶剂类表面张力系数较小,在$(20 \sim 30) \times 10^{-3}$ N/m,当液体中含有杂质时,表面张力系数变小,液体容易挥发。一般来讲,温度升高时,表面张力系数下降,少数金属如铜、镉等熔融液体的表面张力系数会随温度升高而增大。

表 6-1　　　20 ℃时几种常用液体的表面张力系数　单位:10^{-3} N/m

液体	表面张力系数	液体	表面张力系数
水	72.3	丙酮	23.7
乙醇	23	乙醚	17
苯	28.9	水银	484
煤油	23	甲苯	28.4

6.2.2 润湿现象

1. 润湿和不润湿

日常生活中经常能看到这样的现象,滴在玻璃板上的水滴会慢慢散开,即液体与固体接触的表面有扩大的趋势,此时,玻璃表面的气体被水所取代,我们说水能润湿玻璃。而当水银滴在玻璃板上时,它会收缩成球状,即液体与固体接触的表面有缩小的趋势,我们说水银不能润湿玻璃。固体表面的一种流体(气体或液体)被另一种流体所取代的现象称为润湿,如果液体在固体表面有收缩的趋势,且相互不能附着,说明液体不润湿固体表面,如图 6-2 所示。因此,润湿的作用必然涉及三相,其中至少两相为流体。

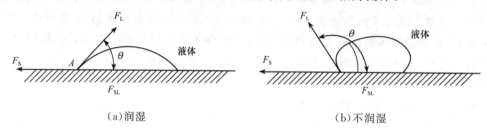

(a)润湿　　　　　　　　　　　　　　(b)不润湿

图 6-2　润湿与不润湿

2. 润湿方程和接触角

在图 6-2 中,存在三种界面张力:液-气、液-固、固-气,三者之间有如下关系:

$$F_S - F_{SL} = F_L \cos\theta \tag{6-1}$$

式中　F_S——固体与气体的表面张力,N;

　　　F_{SL}——固体与液体的表面张力,N;

　　　F_L——液体与气体的表面张力,N;

　　　θ——接触角,°。

式(6-1)可变为

$$\cos\theta = \frac{F_S - F_{SL}}{F_L} \tag{6-2}$$

式(6-2)称为润湿方程。接触角 θ 可以用来表示液体的润湿性能,习惯上将其作为液体润湿与否的标准:

(1)当 $\theta < 90°$ 时,液体覆盖固体表面,产生润湿现象,如图 6-2(a)所示。

(2)当 $\theta > 90°$ 时,液体呈近似球形,产生不润湿现象,如图 6-2(b)所示。

(3)当 $\theta < 5°$ 时,产生完全润湿(铺展润湿)现象,如图 6-3 所示。

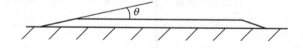

图 6-3　完全润湿(铺展润湿)

液体的表面张力系数 α 对润湿性能的好坏有较大的影响。表面张力系数 α 大,F_L 大,$\cos\theta$ 小,θ 大,则润湿效果差;反之表面张力系数 α 小,F_L 小,$\cos\theta$ 大,θ 小,则润湿效果好。

对于渗透检测而言,渗透液对工件表面的润湿能力直接影响渗透检测效果。只有当渗透液能充分润湿工件表面时,渗透液才能向狭窄的表面开口缺陷中渗透。同时,渗透液对显像剂的润湿也是十分重要的,这关系到显像剂能否将缺陷内的渗透液吸出,实现缺陷显示并进行后续评定,因此,如何提高渗透液的润湿能力是渗透检测技术的关键之一。

3. 润湿现象产生的机理

润湿现象产生也是分子间力作用的结果。固液接触过程中会形成一层液体附着层,附着层内的分子同时受液体分子和固体分子的作用力。如果固体分子间的引力大于液体分子间的引力,附着层内的分子分布就比液体内部更密,分子间距就会变小从而出现相互排斥的力,此时液体与固体的接触面积就有扩大的趋势,从而形成润湿现象。如果固体分子间的引力比液体分子间的引力弱,附着层内的分子排布就会较液体内部稀疏,附着层内就会出现使表面收缩的表面张力,这时液体和固体接触的面积就有缩小的趋势,表现为不润湿。

6.2.3 毛细现象

将玻璃毛细管(内径<1 mm)分别插入盛水和水银的容器中,如图 6-4 所示,结果发现水会沿着管内壁上升,即毛细管内的液面高出容器液面;而在装有水银的容器里,现象正好相反。仔细观察二者在毛细管中的液面,发现水在毛细管内形成凹液面,而水银则形成凸液面。进一步减小毛细管内径,发现水在毛细管内液面增高,而水银液面却降得更低,这就是毛细现象。

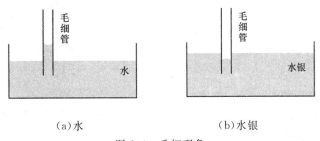

(a)水   (b)水银

图 6-4　毛细现象

1. 弯曲液面的附加压强

毛细管中的液体液面总是弯曲的,主要表现为凹液面或凸液面。由于弯曲液面的面积比平液面大,所以在表面张力的作用下,试图使弯曲的液面收缩为平液面,从而导致凸液面对液体内部产生压应力,凹液面对液体内部产生拉应力,这种弯曲液面对液体内部产生的拉应力称为附加压强,如图 6-5 所示,附加压强的方向总是指向液面的曲率中心。

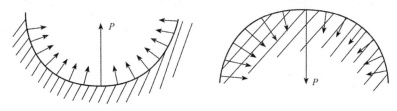

图 6-5　弯曲液面的附加压强

常见的弯曲液面有球形液面和柱形液面,对应的附加压强 P 可表示为

球形液面: $$P = \frac{2\alpha}{R} \tag{6-3}$$

柱形液面: $$P = \frac{\alpha}{R} \tag{6-4}$$

任意弯曲液面: $$P = \alpha\left(\frac{1}{R_1} - \frac{1}{R_2}\right) \tag{6-5}$$

式中　α——液体表面张力系数,N/m;

　　　R——球形(柱形)液面曲率半径,m;

　　　R_1、R_2——相互垂直方向的曲率半径,m。

2. 毛细管中的液面高度

毛细现象中液面的上升高度对渗透检测来说是很有意义的。以图 6-4(a)为例,毛细管内形成凹液面,产生的拉应力使管内液面上升,其受力情况如图 6-6 所示。根据式(6-3),相应的拉应力 F_U 可表示为

$$F_U = \frac{2\alpha}{R}\pi r^2 \tag{6-6}$$

式中　α——液体表面张力系数,N/m;

　　　R——凹液面曲率半径,m;

　　　r——毛细管内半径,m。

若液体与毛细管壁的润湿角为 θ,式(6-6)可写为

$$F_U = \frac{2\alpha\cos\theta}{R}\pi r^2 = 2\alpha\pi r\cos\theta \tag{6-7}$$

同时,管内液体受到一个方向与 F_U 相反的重力 F_D,其大小为

$$F_D = \pi r^2 \rho g h \tag{6-8}$$

式中　ρ——液体的密度,kg/m³;

　　　h——液体在管内上升高度,m;

　　　g——重力加速度,m/s²。

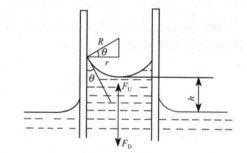

图 6-6　毛细管中液体受力示意图

液面稳定时二者达到平衡:$F_U = F_D$,整理后可得

$$h = \frac{2\alpha\cos\theta}{r\rho g} \tag{6-9}$$

由式(6-9)可知,润湿液体在毛细管中的上升高度与表面张力系数和接触角余弦的乘积成正比,与毛细管的内径和液体的密度成反比,毛细管越细,管内液体上升高度也越大,如图 6-7 所示,同样可以利用式(6-9)计算不润湿液体对应的管内液面下降高度。

间距很小的平行板间也会产生毛细现象,如图 6-8 所示,此时液面上升高度为

$$h = \frac{\alpha\cos\theta}{r\rho g} \tag{6-10}$$

式中　r——两平行板间距的一半,m。

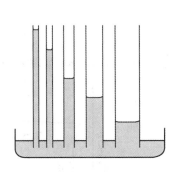

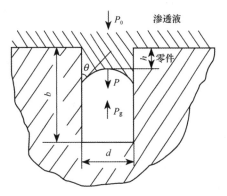

图 6-7 毛细管内径与液体上升高度的关系　　图 6-8 两平行板间的毛细现象

3. 非贯穿型缺陷内液面高度

实际检测过程中,贯穿型缺陷是不多的,多为一端开口、一端封闭的状态,上述的液面上升高度计算公式是不适用的。

图 6-9 为工件表面非贯穿型开口缺陷内液面高度的示意图,当工件表面施加渗透液以后,渗透液将润湿缺陷内表面,在缺陷内形成柱形液面,产生附加压强。这一压强在迫使渗透液向缺陷内渗透的同时,也会将缺陷内残留的气体压缩,最终渗透液产生的附加压强 P、缺陷内气体压强 P_g 以及大气压强 P_0 之间会达到平衡:

$$P_g = P_0 + P \qquad (6-11)$$

据此可得非贯穿型开口缺陷内液面高度:

$$h = \frac{b}{1 + \dfrac{P_0 d}{2\alpha\cos\theta}} \qquad (6-12)$$

图 6-9 非贯穿型开口缺陷内液面高度

式中　　b——缺陷深度,m;

　　　　P_0——大气压强,Pa;

　　　　d——缺陷宽度,m;

　　　　α——液体表面张力系数,N/m;

　　　　θ——润湿角,°。

可以看出,对于实际检测中非贯穿型开口裂纹缺陷,渗透液渗入缺陷的高度 h 与缺陷的深度 b 和 $\alpha\cos\theta$ 成正比,与缺陷宽度 d 和大气压强 P_0 成反比,通过调整上述参数就能改变渗透液渗入缺陷的高度 h。上述平衡实际是一种临界状态,是不稳定的,稍有扰动,缺陷内的气体就会外逸。实际检测过程中可以借助敲击、振动等方式施加微扰使缺陷内的气体不断外逸,增加渗入深度,从而提高检测灵敏度。真空渗透检测是通过减小大气压强来增加渗入深度,超声波渗透检测是利用超声振动来产生扰动,使缺陷内的气体不断外逸,增加渗入深度,从而提高检测灵敏度。

6.2.4 表面活性和表面活性剂

1.表面活性剂的特性

各种物质水溶液的表面张力 f 和浓度 C 的关系大致可分为三类,如图 6-10 所示。

（1）曲线 1

浓度 C 很低时,f 随 C 的增加急剧下降,降到一定程度后变化较小或者基本不变。当含有某些杂质时,f 可能出现最低值,如肥皂、洗涤剂等物质的水溶液。

（2）曲线 2

f 随 C 的增加逐渐下降,如乙醇、丁醇、醋酸等物质的水溶液。

（3）曲线 3

f 随 C 的增加逐渐上升,但较为缓慢,如氯化钠、硝酸等物质的水溶液。

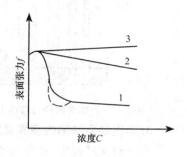

图 6-10　表面张力 f 和浓度 C 的
关系曲线

我们把凡是能使表面张力降低的性质称为表面活性,具有表面活性的物质称为表面活性物质,一般具有曲线 1 和曲线 2 特性的物质都是表面活性物质,具有曲线 3 特性的物质为非表面活性物质。其中,第 1 类物质和第 2 类物质又有所不同:第 1 类物质不但能显著降低溶液的表面张力,还能改变体系界面状态,产生润湿、乳化、增溶、起泡等一系列的作用,这是第 2 类物质所不具备的,我们把这种物质叫作表面活性剂。

2.表面活性剂的分类

按照化学结构特点,表面活性剂一般可分为离子型和非离子型两类,前者溶于水时能电离生成离子,后者不能电离生成离子。实际的渗透检测过程中均采用非离子型表面活性剂,它具有以下特点:

（1）在水溶液中不电离,稳定性高。

（2）不易受强电解质的无机盐类及酸碱的影响。

（3）与其他类型表面活性剂的相溶性好,可混合使用。

（4）在水和有机溶剂中均有较好的溶解性能。

（5）在一般固体表面不易发生强烈吸附。

表面活性剂分子可看作是在碳氢化合物（烃）分子上加一个或多个极性取代基而构成,这个取代基可以是离子也可以是不电离的基团,分别对应于上述两类表面活性剂。但不论哪种类型,表面活性剂分子几乎均是由亲油疏水的碳氢链部分（非极性基）和亲水疏油的基团（极性基）共同构成,两部分分处两端,形成不对称结构,如图 6-11 所示。可以看出,表面活性剂分子具有两亲性质,既能亲油又能亲水,能在油水界面处吸附,降低油水界面的界面张力和水溶液的表面张力。

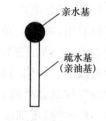

亲水基

疏水基
（亲油基）

图 6-11　表面活性剂的两亲
分子示意图

由于表面活性剂特殊的分子结构,使得其具有一些特性:

(1)亲水性

表面活性剂是否溶于水是表面活性剂的一项重要指标。非离子型表面活性剂的亲水性用亲憎平衡值 $H.L.B$ 表示,$H.L.B$ 值越高,亲水性越好,反之亲油性越好。其计算公式如下:

$$H.L.B = \frac{亲水基部分的相对分子质量}{表面活性剂的相对分子质量} \times \frac{100}{5} \tag{6-13}$$

实际检测中从效果和经济性上考虑,常将几种表面活性剂混合使用,此时的 $H.L.B$ 值可按下式计算:

$$H.L.B = \frac{aX + bY + cZ + \cdots}{X + Y + Z + \cdots} \tag{6-14}$$

式中　a、b、c——混合前几种表面活性剂的 $H.L.B$ 值;

　　　X、Y、Z——混合前几种表面活性剂的质量。

(2)胶团化作用

表面活性剂在溶液中的浓度超过一定值后,会从单体(单个离子或分子)缔合成胶态聚集物,即形成胶团,这时溶液性质会发生突变,此时对应的浓度称为临界胶团浓度。临界胶团浓度越低,表面活性剂的表面活性越强。图 6-12 为典型的胶团模型,亲油基朝内,亲水基朝外,组成不同的形状,如球状、棒状和层状,这和浓度是直接相关的,浓度由低向高变化时依次倾向于形成球状、棒状和层状。

球状　　　　　　　棒状　　　　　　　层状

图 6-12　典型的胶团模型

(3)吸附作用

表面活性剂溶于水溶液时,亲水基力图进入溶液中,而疏水基力图离开水溶液,结果使表面活性剂分子在二相界面发生相对聚集,这种现象称为吸附,此时水溶液的表面性质得到了极大的改变,表面张力降低,润湿能力提高,并具有了乳化、增溶、起泡等功能(图6-13)。

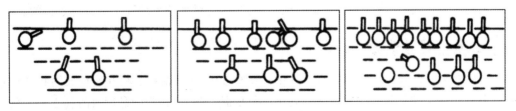

(a)低浓度　　　　　　(b)中等浓度　　　　　　(c)高浓度

图 6-13　表面活性剂在水溶液表面上的吸附现象

（4）增溶作用

表面活性剂的增溶作用，是指水溶液中表面活性剂的存在能使原来不溶于水或微溶于水的有机化合物的溶解度显著增加。这一过程是自发过程，可以使被溶物的化学势大大降低，使整个系统更为稳定，但这种作用只有在达到临界胶团浓度后才表现明显。表面活性剂在溶液中的浓度越大，胶团形成越多，增溶作用越显著。

6.2.5 乳化现象

日常生活中我们常遇到一种或几种物质分散到另一种物质里，形成所谓的分散体系。以油和水为例，即使经过摇晃，虽可暂时混合，但很不稳定，静置后仍会出现油水分层，其主要原因在于油水界面处存在着界面张力，相互排斥且尽量缩小其接触面积，使得油水不能相混。如果在其中加入一种表面活性剂，借助其分子的两亲性，使本来不能互相溶解的两种液体能够混到一起，这种现象就称为乳化现象，如图6-14所示，具有这种作用的表面活性剂称为乳化剂。生活中最大一类的乳化剂是肥皂、去污粉和其他化合物，其分子结构末端是极性基团的烷烃链。人体中，胆汁也可以认为是乳化剂，它能乳化脂肪形成较小的脂肪微粒。

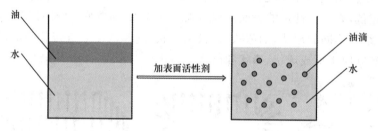

图6-14 加入表面活性剂后油水层形成稳定的乳浊液

乳化过程实质上是降低体系能量的过程。以油水混合液为例，加入表面活性剂后，由于表面活性剂分子的两亲性质，使之易于在油水界面上吸附并富集，降低了界面张力。界面张力是影响乳浊液稳定性的一个主要因素，因为乳浊液的形成必然使体系界面积增加，也就是对体系要做功，从而增加了体系的界面能，因此，为了增加体系的稳定性，可减小其界面张力，使总的界面能下降。表面活性剂由于能够降低界面张力，是良好的乳化剂。

在上述过程中，乳化剂起到了两个作用：一是乳化剂在油水界面吸附并聚集时，降低了界面张力，使油滴表面能不因表面积的增加而急剧增加，降低了体系能量，维持系统处于稳定状态；二是乳化剂在分散的液滴表面形成一种保护膜，这种膜具有一定强度，能够阻止液滴重新聚集，且当保护膜受损时能自动弥合，这对维持系统稳定是很有意义的。

6.2.6 凝胶现象

凝胶是固-液或固-气所形成的一种分散系统，其中分散相粒子相互连接成网状结构，而分散的介质填充其间。当非离子型乳化剂与水混合时，混合物的黏度会随含水量变化，如图6-15所示，在某一范围内，混合物的黏度具有极大值，此范围称为凝胶区，这种现象称为凝胶现象。

渗透检测过程中,渗透液渗入缺陷中,在用水清洗多余渗透液时,表面渗透液因水量大而黏度变小,容易被清洗,而缺陷内的渗透液若处于凝胶区就不易被清洗掉,从而避免漏检。由于不同种类的物质对凝胶作用的影响不同,因此在渗透剂、显像剂中可以选择性加入某种物质以提高检测效果,例如,煤油、汽油等具有促进凝胶的作用,因此在渗透液中常加入这类物质,避免渗透液被清洗掉;而丙酮、乙醇等具有破坏凝胶的作用,因此常在显像剂中加入这类物质,以使缺陷内渗透液容易被显像剂吸附。

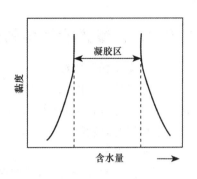

图 6-15　凝胶现象

6.2.7　吸附现象

人们很早就发现固体表面可以对气体或液体进行吸附,并将其应用于工业生产,如用活性炭来处理糖液,以吸附其中的杂质获得白糖。再如分子筛富氧就是利用某些分子筛(4A,5A,13X 等)优先吸附氮的性质,从而提高空气中氧的浓度。归纳起来,所谓的吸附就是物质自一相迁移至二相界面并富集于界面的过程。

吸附可在各种界面上发生:固-液界面、固-气界面、液-液界面、液-气界面。吸附为放热过程,与液化热、蒸发热数量级相同。固体与液体或气体接触时,凡能把液体或气体中的某些成分聚集到固体表面的行为,就意味着发生了吸附现象。起吸附作用的固体称为吸附剂,例如显像剂粉末、活性炭、分子筛等;被吸附在固体表面上的物质称为吸附质,例如显像过程中的渗透液。常用吸附量衡量吸附剂的吸附能力,吸附量是指单位质量的吸附剂所吸附的吸附质的质量,吸附量越大,吸附能力越强。

按吸附质与吸附剂分子之间的作用力性质,可以把吸附分为两类:

1. 物理吸附

可在任何表面上发生,没有选择性。这种吸附可以是单分子层也可以是多分子层,吸附速度快,可迅速建立吸附平衡,吸附热小,不需要或者需要很少的活化能。这类吸附的实质是一种物理作用,并未发生电子转移、化学键的生成与破坏,没有原子重排,吸附剂表面和被吸附分子之间的作用力为范德华力。

2. 化学吸附

吸附具有选择性,对吸附质特别敏感。吸附总是单分子层的,且不易解吸,类似于表面上的化学反应。吸附放出的热量比物理吸附大得多,与化学反应的热效应同数量级,低温时吸附速度小,随温度增加吸附速度显著增加。化学吸附的实质为一种化学反应,吸附剂表面和被吸附分子之间为化学键结合。

渗透检测过程的吸附为物理吸附,显像过程中,显像剂粉末吸附缺陷中的渗透液形成缺陷显示属于固-液界面吸附,显像剂粉末是吸附剂,渗透液是吸附质。显像剂粉末越细,比表面积越大,吸附量越多,缺陷显示越清晰。自乳化或后乳化方法中,表面活性剂作为乳化剂使用,吸附在渗透液-水界面,降低了界面张力,使零件表面多余的渗透液能被清洗干净,属液-液界面吸附。

6.2.8 渗透检测中的光学基础知识

1. 可见光和紫外线

着色渗透检测的缺陷观察在可见光下进行,荧光渗透检测的缺陷观察在紫外线下进行。可见光也称白光,波长为 400～760 nm,可由日光、白炽灯或高压水银灯等产生。紫外线也称黑光,波长为 330～390 nm,中心波长为 365 nm。

2. 光致发光

所谓的光致发光现象,即在白光下不发光的物质在紫外线的照射下能够发光,这种物质称为光致发光物质。该物质又可分为两类,外界光源停止照射后仍能持续发光的称为磷光物质,立刻停止发光的称为荧光物质。

3. 可见度和对比度

缺陷的显示能否被观察到直接影响最后的检测评判效果,一般用可见度来衡量,即观察者相对于背景、外部光等条件下能看到显示的一种特征,它与对比度是密切相关的。

对比度是指显示和围绕这个显示周围的表面背景之间的亮度或颜色之间的差异,可用这个显示和显示的表面背景之间反射光或发射光的相对量来表示,这个相对量称为对比率。

4. 着色强度和荧光强度

实际检测过程中,即使显像剂从缺陷内吸附的渗透液数量相同,仍会出现缺陷显示不同的现象,这是由于渗透液的着色强度或荧光强度不同。所谓着色强度或荧光强度,是缺陷内被吸附出来的一定数量的渗透液在显像后能显示色泽的能力,可用吸光度和临界厚度来度量。

吸光度表示光线通过溶液后部分光线被溶液吸收使透射光强度减弱的程度,用消光系数 K 表示:

$$K = \log \frac{I_0}{I} = aCL \tag{6-15}$$

式中　　K——消光系数;

$\quad\quad$ I_0——入射光强,cd;

$\quad\quad$ I——透射光强,cd;

$\quad\quad$ a——比例系数;

$\quad\quad$ C——渗透液中染料的浓度,mol/L;

$\quad\quad$ L——光线所透过的液层厚度,mm。

式(6-15)称为朗白比耳定律,可见渗透液的消光系数 K 越小,着色(荧光)强度就越大,缺陷显示就越清晰。因此,选择合适的染料和相应的溶剂,提高渗透液中染料的浓度,对提高渗透检测的灵敏度十分有意义。对于着色强度而言,它与渗透液中着色染料的种类及其溶解度有关。而荧光强度不但与荧光染料的种类和溶解度有关,还与入射的紫外线强度有关,荧光染料吸收紫外线转换成可见荧光的效率直接影响荧光强度的强弱。

6.3　渗透检测材料及设备

6.3.1　渗透检测材料

渗透检测材料主要包括渗透液、去除剂(包括清洗剂和乳化剂)和显像剂。

1. 渗透液

渗透液是渗透检测中最关键的材料,能渗入表面开口的缺陷中并能被显像剂吸附出来,是具有很强渗透能力的溶液。它的质量直接影响渗透检测的灵敏度。

(1)渗透液种类

工业生产中广泛使用的渗透液主要有着色渗透液和荧光渗透液两类,每一种又可按多余渗透剂的去除方法分为水洗型、后乳化型和溶剂去除型。

①水洗型

可用水直接清洗,价格便宜,安全、无毒、不可燃,不污染环境。但水的渗透能力较差,检测灵敏度低,适用于检测灵敏度要求不高以及与油类接触易引起爆炸的部件。

②后乳化型

须经乳化程序才能用水清洗,渗透能力强,抗水污染能力强,灵敏度较高,但不适合检测表面粗糙、有盲孔或带螺纹的部件。

③溶剂去除型

可用有机溶剂直接去除,应用最广,多装在压力喷罐内使用,适合于大型工件的局部检测和无水无电的野外作业,但成本较高,效率较低。

除上述分类外,还有其他分类方法,如按溶解染料的基本溶剂成分、按检测灵敏度水平等,在此不一一列举。此外,还有一些特殊类型的渗透液:

①着色荧光渗透液

既可以在白光下检验,又可以在黑光下检验。它是将一种特殊的染料溶解在溶剂中,不是简单地将着色染料和荧光染料同时溶解在溶剂中。由于分子结构上的原因,若将着色染料和荧光染料混到一起,将会使荧光染料的荧光猝灭。

②化学反应型渗透液

将无色或淡黄色染料溶解在无色的溶剂中,在与配套的无色显像剂接触时会发生化学反应产生鲜艳的颜色,在黑光下产生荧光。

③高温下使用的渗透液

可在高温下一定时间内不被破坏。

④过滤性微粒渗透液

适合于检查粉末冶金零件、石墨制品、陶土制品等多孔性材料。这种渗透液是将粒度大于裂纹宽度的染料悬浮在溶剂中配制而成的,当渗透液流进裂纹时,染料微粒不能流进裂纹,从而聚集在开口处形成裂纹显示。

(2)渗透液的性能

渗透液的性能主要包括渗透能力、黏度、密度、挥发性、闪点和燃点、化学惰性、溶剂溶解性、含水量和容水量、稳定性、毒性等。

①渗透能力

渗透液的渗透能力与其表面张力有关。由润湿液体在毛细管中的上升高度式(6-9)可知,毛细管内的液面上升高度与表面张力系数和接触角余弦的乘积成正比,可用静态渗透参量 SP 来表征渗透液的渗透能力:

$$SP = \alpha\cos\theta \tag{6-16}$$

式中　α——表面张力系数,N/m;

　　　θ——接触角,°。

SP 值越大,渗透剂的渗透能力越强。

②黏度

黏度是用来衡量液体流动时阻力的物理量,它是流体分子之间存在内摩擦而互相牵制的表现。黏度不影响渗透剂渗入缺陷的能力,但因黏度影响流体的流动性,因此对渗透液的渗透速率有较大影响。渗透液的渗透速率常用动态渗透参量 KP 表示:

$$KP = \alpha\cos\theta/\eta \tag{6-17}$$

式中　α——表面张力系数,N/m;

　　　θ——接触角,°。

　　　η——液体的黏度。

渗透液的黏度大意味着渗透液的截留能力好,这对渗透检测是有利的,但黏度越大,渗透速率越慢,因此,黏度要适中。

③密度

渗透剂的密度一般都比水小,液体的密度越小,在毛细管中上升的高度越大,渗透能力也越好。随着温度的升高,液体密度变小,渗透能力增强。

④挥发性

可用液体的沸点或液体的蒸气压来表示。液体的沸点越低,挥发性越大,渗透液易干涸,难于清除和显像,同时,着火的危险性大,渗透液损耗大,因此,渗透液以不易挥发为好。但渗透液也必须有一定的挥发性,这样才有利于提高缺陷显示的着色强度或荧光强度,同时能够有效限制渗透液在缺陷处的扩散面积,使缺陷显示轮廓更为清晰,因此,在不易挥发的渗透液中也需加入一定挥发成分。

⑤闪点和燃点

闪点就是液体在加温过程中刚刚出现闪光现象时液体的温度。可燃性液体在温度上升过程中,液面上方挥发出大量可燃性蒸气与空气混合,接触火焰时会出现闪火现象。燃点是液体加温到能持续燃烧时的最低温度,通常闪点低的液体燃点也低。一般要求水洗型渗透液闪点大于 50 ℃,后乳化型渗透液闪点在 60~70 ℃。

⑥化学惰性

化学惰性是衡量渗透液对盛放容器和被检工件腐蚀性能的指标,要求渗透液对容器和工件无腐蚀性。不同的溶剂化学惰性不同,油基渗透液是符合要求的,而水基渗透液呈弱碱性,对镁、铝合金易产生腐蚀。对于含有硫、钠等元素的渗透液,高温下会对镍基合金产生热腐蚀,含有卤族元素的渗透液会造成钛合金、奥氏体钢应力腐蚀裂纹。

⑦溶剂溶解性

包括两个方面,一方面是渗透液的溶剂对染料的溶解性,这将影响渗透液的着色(荧光)强度。如果溶剂的溶解性好,就会提高染料的溶解度,从而提高渗透液浓度,着色(荧光)强度得到增强。另一方面就是溶剂在清洗剂中的溶解能力,这是衡量渗透液可清洗性的重要指标。

⑧含水量和容水量

含水量是指渗透液中水分的含量与渗透液总量之比。当含水量达到一定数值时,渗透液会出现分层、混浊、凝胶和灵敏度下降等现象,此时的含水量称为容水量。要求渗透液的含水量越小越好,容水量越大越好。

⑨稳定性

稳定性是指渗透液对光、热和温度的耐受能力。在外界因素长期影响下,渗透液应不发生变质、分解、混浊、沉淀等现象。

⑩毒性

渗透液应无毒或低毒,操作过程中应尽量避免皮肤接触或吸入。

(3)渗透液的组成成分

渗透液主要由染料和溶剂组成。

对于染料而言,主要包括着色染料和荧光染料两种,着色染料为暗红色,溶解度高,易清洗,稳定性好,无腐蚀性,无毒,如苏丹红、刚果红等。荧光染料溶解度高,易清洗,稳定性好,无腐蚀性,无毒。如芘类化合物、香豆素等。

溶剂主要起到溶解染料和渗透两个作用,因此要求溶剂对染料溶解度大、渗透能力强、挥发性适当、无毒、无腐蚀。多数情况下,需要将几种溶剂组合使用以平衡各种成分的特性。实际配制过程中,一般根据"相似相溶"的原则选择合适的溶剂,不过由于个别情况下两物质结构虽相似却并不相溶,因此需进行试验验证。

渗透液中除上述成分外,还有一些附加成分,包括表面活性剂、互溶剂、稳定剂、增光剂、乳化剂、抑制剂、中和剂等,但并非所有渗透液都含有上述成分,应根据具体的检测方法和检测对象而定,表6-2和表6-3是两种渗透液的典型配方。

表 6-2　　　　　　　　　　　　　某种着色渗透液的典型配方

成分	配比(重量)	作用	成分	配比(重量)	作用
刚果红	2.4 g/100 mL	染料	表面活性剂	2.4 g/100 mL	润湿
氢氧化钾	0.6 g/100 mL	中和剂	水	100 mL	溶剂,渗透剂

表 6-3　　　　　　　　　　　　　某种荧光渗透液的典型配方

成分	配比(质量)	作用	成分	配比(质量)	作用
苏丹红IV	0.8 g/100 mL	染料	松节油	5%	溶剂,渗透剂
乙酸乙酯	5%	渗透剂	变压器油	20%	增光剂
航空煤油	60%	溶剂,渗透剂	丁酸丁酯	10%	助溶剂

2. 去除剂

去除剂是用来除去工件表面多余渗透液的溶剂,所依据的原理是"相似相溶"原则。

对于水洗型渗透液,直接用水去除,水就是去除剂。后乳化型渗透液是在乳化后用水去除,去除剂是水和乳化剂。溶剂去除型渗透液采用有机溶剂去除,去除剂是有机溶剂。

理想的去除剂应对渗透液中的染料有较大溶解度,对渗透液溶剂有良好的互溶性,且不与渗透液起反应,不应猝灭荧光染料的荧光。

乳化剂分为亲水型和亲油型,前者是将油分散在水中,后者是将水分散在油中。为获得好的去除效果,要求乳化剂的乳化效果要好,便于清洗,抗污染能力强,黏度和浓度适中,乳化时间合理。此外,乳化剂应具有好的稳定性和化学惰性,闪点高,挥发性低,无毒无害。

3. 显像剂

显像剂的作用是通过毛细作用将缺陷中的渗透液吸附到工件表面形成放大的缺陷显示,为提高检测灵敏度,显像剂往往具有与渗透液较大的颜色差别,从而为缺陷显示提供较大的反差背景,使肉眼能够观察到。

(1)显像剂种类

根据显像剂的使用方法,可将其分为两大类:

①干式显像剂

白色干燥松散粉末,粒度在 $1\sim3~\mu m$,操作简便,但有严重粉尘,需有过滤和净化设备。

②湿式显像剂

包括水悬浮型、水溶型和溶剂悬浮型三种。

水悬浮型:是干式显像剂和水配成的悬浮液。为了得到良好的悬浮性和润湿作用,一般其中要加入分散剂防止沉淀结块,加入润湿剂形成均匀薄膜,加入限制剂防止缺陷无限制扩散,此外还有防锈剂以降低对工件表面的锈蚀。该种显像剂价格便宜,但灵敏度较低。

水溶型:是显像剂的水溶液,其中一般也应加入适当的润湿剂、助溶剂、防锈剂和限制剂。该种显像剂要求工件表面光洁度高,但其白色背景不如悬浮型显像剂。

溶剂悬浮型:显像粉末与挥发性有机溶剂配制而成,此外还加入适当的表面活性剂、限制剂和稀释剂。有机溶剂具有良好的渗透能力,因此显像灵敏度高,同时由于有机溶剂挥发快,所以缺陷显示扩散小。缺点在于有机溶剂有一定毒性,易燃,常储于密闭容器中。

③其他显像剂

其他显像剂还有如塑料薄膜显像剂和化学反应显像剂。前者是显像粉末和透明清漆组成的悬浮液,采用喷涂方式施加于工件表面短时间内干燥形成薄膜,缺陷显示被凝固在薄膜中,可永久保存,灵敏度高。而化学反应显像剂是无色的,与反应型渗透液接触后会发生化学反应,在白光下呈红色,在紫外灯下发出荧光。

(2)显像剂性能

基于显像的原理及其应用情况,显像剂一般应具备如下性能:

①粉末颗粒细微均匀,对工件有较强吸附力,能均匀附着在工件表面形成较薄覆盖层,能将缺陷处微量渗透液吸附到表面并扩展到足以被肉眼观察的程度。

②易被缺陷处的渗透液润湿。

③用于荧光法的显像剂不应发荧光及含有减弱荧光的成分。

④用于着色的显像剂应对光有较大反射率。

⑤具有较好的化学惰性,无腐蚀,无毒,无害,无异味。

⑥价格便宜,易从工件表面清除。

4.渗透检测材料系统的选择原则

渗透剂、去除剂和显像剂共同构成了完整的渗透检测系统,然而,不同应用情况下选择是不同的,但都应遵循以下基本原则:

(1)灵敏度满足检测要求:不同的渗透检测材料组合灵敏度不同,荧光渗透液比着色渗透液高,后乳化型比水洗型高。对于灵敏度要求高的场合如检测如疲劳裂纹、磨削裂纹可选用后乳化型荧光法,对铸件等可采用水洗型着色法。检测灵敏度越高,检测费用也越高。

(2)对表面光洁的工件可选用后乳化型渗透检测,对表面粗糙工件可用水洗型渗透检测。

(3)检测系统应对工件无腐蚀,如铝、镁合金不宜选用碱性渗透材料,奥氏体不锈钢、钛合金等不宜选用含氟、卤族元素的检测材料。

6.3.2　渗透检测设备

渗透检测设备主要包括检测装置、辅助器材和试块。

1.渗透检测装置

(1)便携式装置

便携式装置也称为压力喷罐装置,多用于现场应用。它包含渗透液、清洗剂和显像剂等渗透检测剂的喷罐,如图 6-16 所示,其他还有擦洗试件用的毛刷、金属刷、灯等,通常装在小箱子里。

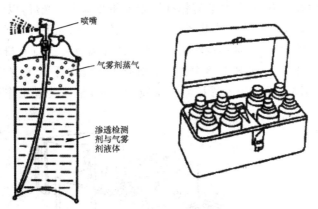

喷嘴

气雾剂蒸气

渗透检测剂与气雾剂液体

图 6-16　便携式装置

(2)固定式装置

固定式渗透检测装置多以流水线的形式使用,基本上都是采用水洗型或者后乳化型渗透检测方法。根据检测工序的需要设置多个工位,主要包括预清洗、渗透、预水洗、乳化、最终水洗、显像、观察检验等。

①预清洗装置

常用装置包括三氯乙烯蒸气除油槽、碱性或酸性腐蚀槽、超声波清洗装置、洗涤槽和喷枪等。工作时,除油槽要保持清洁,防止槽液与污染物发生化学反应而呈酸性,因此当油污较多时,应先用煤油或汽油进行清洗。铝镁合金等工件在除油前,要彻底清除屑末,防止铝、镁碎屑进入槽中。

②渗透装置

主要包括渗透液槽、滴落架、工件筐、毛刷、喷枪等。渗透液槽一般用铝合金或不锈钢薄板制成,有时渗透液槽还要装两个阀门,一个作排液用,一个作排污用。滴落架一般与渗透液槽紧挨在一起,也可直接装在渗透液槽上,与渗透液槽制成一体。

③乳化装置

与渗透液槽相似,仅需要额外安装搅拌器,以便定期或不定期地对乳化剂进行搅拌。搅拌器可采用泵或桨式搅拌器,通常不宜采用压缩空气搅拌,防止伴随着大量的乳化剂泡沫。

④水洗装置

常用的装置有搅拌水槽、喷洗槽、喷枪等。

⑤干燥装置

常用干燥设施是热空气循环干燥器,由加热器、循环风扇,恒温控制系统所组成,干燥箱的温度通常不超过 70°。

⑥显像装置

分为湿式和干式两大类。湿式显像装置的结构与渗透液槽相似,由槽体和滴落架组成,一般安装桨式搅拌器,以进行不定期的搅拌,有的装置还装有加热器和恒温控制器,常用干式显像装置有喷粉柜和喷粉槽等。

⑦检查室

荧光法检测时须配有暗室,且装有标准黑光源和便携式黑光灯,以便于检查工件的深孔位置。暗室还应该配备白光照明装置,作为一般照明和白光下评定缺陷用。

根据被检工件的大小、数量和现场情况,将各种分离装置进行有机排列,即构成渗透检测的整体装置。图 6-17 和图 6-18 分别为后乳化型荧光渗透-干粉显像的渗透检测整体装置和 L 型排列的固定式荧光渗透检测流水线示意图,整体装置工作效率高,易于实现批量化检测。

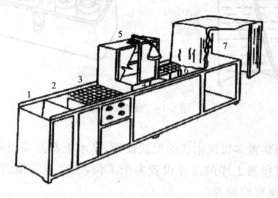

图 6-17　后乳化型荧光渗透-干粉显像的渗透检测整体装置示意图
1—渗透;2—乳化;3—滴落;4—水洗;5—干燥;6—显像;7—检验

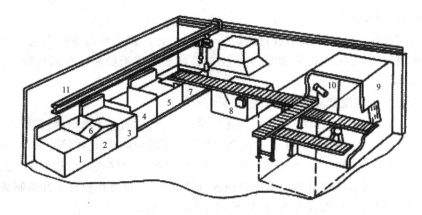

图 6-18 L 型排列的固定式荧光渗透检测流水线示意图

1—渗透槽；2—滴落槽；3—乳化槽；4—水洗槽；5—液体显像槽；

6、7—滴落板；8—传输带；9—观察室；10—黑光灯；11—吊轨

2. 渗透检测辅助器材

采用荧光法检测时必须有暗室，室内应配备标准黑光源，还应有便携式黑光灯以便于检查工件的隐蔽部位。暗室应同时配备白光照明装置，作为一般照明和白光下评定缺陷使用。

（1）黑光灯

黑光灯是荧光检测必备的照明装置，它是由高压水银蒸气弧光灯、紫外线滤光灯（或称黑光滤光片）和镇流器所组成。黑光灯也称水银石英灯，灯内石英内管充有水银和氖气，管内有两个主电极和两个辅助电极。高压水银蒸气弧光灯输出的光谱范围很宽，除黑光外，还有可见光和红外线。镇流器的结构和日光灯镇流器一样，由铁芯和绕在上面的线圈组成，它是一种电感组件，在线路中起镇流作用。

使用黑光灯时应注意以下几点：

①黑光灯刚点燃时，输出达不到最大值，所以检验工作应至少等 3 min 以后再进行。要尽量减少灯的开关次数，频繁启动会减少灯的使用寿命。

②黑光灯使用后辐射能量下降，所以应定期测量黑光辐照度。

③电源电压波动对黑光灯影响很大。电压低，灯可能启动不了，或导致点燃的灯熄灭。当使用的电压超过灯的额定电压时，对灯的使用寿命又影响很大，所以必要时要装稳压电源，以保持电源电压稳定。

④滤光片上有脏污应及时清除，否则会影响黑光的发出。

（2）黑光辐照度检测仪和照光仪

荧光渗透检测用的黑光辐照度检测仪（也称照度计）是用来测量黑光辐照度的仪器，有两种测量方法：一种是直接测量法，使用黑光灯直接辐射到距黑光灯一定距离处的光敏电池上，测得黑光辐射照度值，单位为 $\mu W/cm^2$。另一种是间接测量法，是使黑光辐射到一块荧光板上，荧光板是将荧光粉沾附在一块薄板上，表面再覆盖一层透明的聚酯薄板，荧光板激发出黄绿色荧光，黄绿色的荧光再照射到光敏元件上，使照度计指针偏转指示照度值，单位为勒克斯（lx）。照度计除可以测量黑光辐照度外，还可以用来比较荧光液的亮度，同样可以用于测量被检工件表面的可见光亮度。

（3）渗透检测试块

渗透检测试块带有人工缺陷或自然缺陷，是用来评价渗透检测系统工艺灵敏度与工作特性的器材，可以用来进行灵敏度实验、工艺性实验和渗透检测系统的比较实验，其常用的种类包括：

①铝合金淬火裂纹试块（A 型试块）

根据 NB/T 47013.5—2015《承压设备无损检测　第 5 部分：渗透检测》的要求，渗透检测用铝合金淬火裂纹试块采用 LY12 或类似的铝合金板材制造，它是将尺寸为 50 mm×75/80 mm×10 mm 的铝合金试块加热至 500～540 ℃后在水中淬火，使试块中产生淬火裂纹。为方便使用，可将试块分割成两部分制成分体式试块，也可在板材上开槽制成一体式试块，对应的槽口可为矩形或者为 60°V 形，如图 6-19 所示。

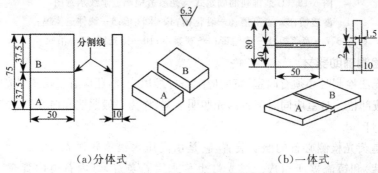

（a）分体式　　　　　　　　　　　　（b）一体式

图 6-19　铝合金淬火裂纹试块

由于试块中间有槽，便于在互不污染的情况下进行对比试验，可在同一工艺条件下比较两种不同的渗透检测系统的灵敏度，也可使用同一组渗透检测材料，在不同工艺条件下进行工艺灵敏度试验。其优点在于制作简单，在同一试块上可提供各种尺寸的裂纹，且形状类似于自然裂纹。但该试块裂纹尺寸较大且不能控制，多次使用重复性差，一般情况下使用次数少于 3 次。

②不锈钢镀铬裂纹试块（B 型试块）

根据 NB/T 47013.5—2015《承压设备无损检测　第 5 部分：渗透检测》的要求，渗透检测用不锈钢镀铬裂纹试块采用不锈钢制作，试块单面镀铬，尺寸如图 6-20 所示。制作过程中在尺寸为 130 mm×40 mm 的区域喷砂、镀铬，镀层厚度不大于 150 μm，表面粗糙度 R_a 为 1.2～2.5 μm；在此镀层的背面中心线上，选相距 25 mm 的 3 个适当点位，用布氏硬度计依次从大至小施加不同载荷，使镀铬层面上形成从大至小、肉眼不易见的 3 个辐射状裂纹区，长度范围在 1.6～4.5 mm。

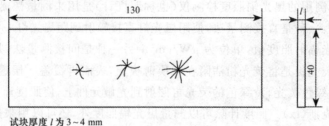

试块厚度 *l* 为 3～4 mm

图 6-20　三点式不锈钢镀铬裂纹试块

B 型试块主要用于校验操作方法与工艺系统的灵敏度。按预先规定的工艺程序进行渗透检测,再把实际的显示图像与标准工艺图像比较,评定操作方法正确与否及确定工艺系统灵敏度。其优点在于制作工艺简单,重复性好,使用方便,同一试块上具有不同尺寸的裂纹且裂纹尺寸可以控制,但由于检测面没有分开,不便于比较不同渗透材料或不同工艺方法的灵敏度。

③黄铜板镀镍铬裂纹试块(C 型试块)

黄铜板镀镍铬裂纹试块又称 C 型试块。按照 GB/T 23911—2009《无损检测　渗透检测用试块》要求,C 型试块共三块,形状和尺寸均相同,推荐尺寸为 100 mm×70 mm×1 mm,如图 6-21 所示。试块应采用黄铜板材,也可采用 1Cr18Ni9Ti 或 Cr17Ni2 或类似的不锈钢钢材,将黄铜板材或不锈钢板材按上述尺寸加工,分别在三块试块的一面镀镍,厚度分别为 10～

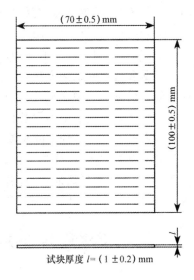

图 6-21　C 型试块

13 μm、20～33 μm 和 40～50 μm,然后再镀铬,厚度约 1 μm。然后镀面向外将试块拉伸或弯曲,在镀层表面产生裂纹。经过弯曲的试块须整平,试块表面的裂纹深度与镀层的厚度一致,相应的裂纹尺寸见表 6-4。

表 6-4　　　C 型试块表面裂纹尺寸

C 型试块编号	裂纹深度/μm	裂纹宽度/μm
1	40～50	4～5
2	20～30	2～3
3	10～13	1～1.3

C 型试块既可对渗透检测系统灵敏度进行检验,也可用于高灵敏度渗透检测材料的性能测试;既可用于某一渗透检测系统性能的对比试验和校验,也可用于两个渗透检测系统的性能比较。优点在于裂纹深度较浅,易于清洗,可重复使用;缺点是试块制作较困难,裂纹尺寸不易控制,试块表面光洁度与实际情况有差异。

(4)其他试块

其他试块包括自然缺陷试块、吹砂钢试块、日本斜面式Ⅱ型镀镍铬试块等,还有根据实际需要将两种不同试块组合在一起的组合试块。

6.4　渗透检测技术

6.4.1　渗透检测方法分类

渗透检测可按渗透液的种类、渗透液的去除方法、显像方法进行分类。

根据渗透液所含染料成分,可分为着色渗透检测、荧光渗透检测和着色荧光渗透检测。着色法的渗透液中含有红色染料,在白光下即可进行缺陷观察。荧光法的渗透液中含有荧光染料,需要在紫外光下进行缺陷观察。着色荧光法则兼具着色法和荧光法的显像特性,在白光和紫外光下均能进行观察。

根据渗透液的去除方法,可分为水洗型渗透检测、后乳化型渗透检测和溶剂去除型渗透检测。当渗透液中含有乳化剂时,工件表面多余的渗透液可直接用水去除,称为水洗型渗透检测。若渗透液中不含乳化剂,清除渗透液前要先进行乳化,然后用水清洗,称为后乳化型渗透检测。溶剂去除型渗透检测是用有机溶剂擦洗工件表面去除多余的渗透液。

根据显像方法,可分为干式显像(干粉显像剂)、湿式显像(水悬浮型显像剂)、速干式显像(溶剂悬浮型显像剂)和自显像,其中干式显像法主要用于水洗型及后乳化型荧光渗透检测,自显像一般适合于荧光渗透检测。

6.4.2　渗透检测的基本程序

渗透检测过程中,渗透液类型、渗透液去除方法、显像方式的差异都会对检测的具体过程造成影响,但是基本上可分为以下几个步骤:

(1)表面预清洗

清除表面可能影响渗透液渗入及缺陷显示的污物。

(2)施加渗透液

在试件表面施加渗透液并保证充分渗透。

(3)去除渗透液

去除工件表面上多余的渗透液并干燥。

(4)施加显像剂

将缺陷中的渗透液吸附出来,并形成背景衬托和痕迹显示,以便观察评定。

(5)缺陷观察与评定

在白光或紫外光下进行缺陷的观察及评定。

6.4.3　渗透检测的基本工艺

1.表面预处理(预清洗)

在检测之前,首先需要进行表面预处理和预清洗,以去除可能影响检测的表面障碍物,例如铸件的粘砂、毛刺,焊接件的锈蚀、焊渣,机加工试件的金属屑、油泥等,并清洁表面影响渗透的液体污染物,以保证达到检测需求的表面光洁度和清洁度。

表面预处理的方法多为机械清理,清理过程中要避免零件表面损坏或表面层变形,防止表面开口缺陷被封闭堵塞,特别是对于质地较软的金属如铝、铜等。对焊缝进行检测时,焊缝应在外观检测全部合格后才能进行无损检测,不能存在焊瘤、咬边及表面气孔等缺陷。

预处理完成后,在检测之前还应采取酸洗或者碱洗,通过酸碱的浸蚀使可能被闭合的缺陷开口重新打开,防止污染物影响渗透液润湿或污染渗透液,避免污染物产生虚假显示、遮蔽缺陷显示或形成不均匀的背景而造成判别困难。酸洗一般用于钢或者钛合金,碱洗一般用于镁铝合金,表 6-5 所示为常用的酸碱洗液配方。

清洗完成后应对零件进行中和处理和彻底水洗,防止残留酸碱液继续腐蚀零件,以及在后续的渗透检测程序中污染渗透液。水洗后进行烘干处理,以除去残余水分和进入缺陷的水,保证渗透效果。

对于高强钢、钛合金等具有"氢脆"倾向的材料零件,在酸洗后还要进行及时除氢处理。由于所采用溶剂及除漆剂都是有毒、易燃的,要避免吸入和接触,同时要注意防火。清洗前要对不需要检查的盲孔内通道等部位封堵,避免造成腐蚀和后续清洗困难。

表 6-5　　　　　　　　　　　常用的酸洗、碱洗液配方

成分	中和液	适用范围
氢氧化钠 6 g,水 1 L	硝酸 25%,水 75%	铝合金铸件
氢氧化钠 10%,水 90%	硝酸 25%,水 75%	铝合金锻件
盐酸 80%,硝酸 13%,氢氟酸 7%	氢氧化铵 25%,水 75%	镍基合金
硝酸 80%,氢氟酸 10%,水 10%	氢氧化铵 25%,水 75%	不锈钢零件
硝酸 10%~20%,氢氟酸 1%,水	—	钛合金
硫酸 100 mL,铬酐 40 g,氢氟酸 10 mL,加水至 1 L	氢氧化铵 25%,水 75%	钢零件

2. 渗透

渗透的目的在于使渗透液充分渗入到表面开口缺陷中去。为了提高渗透效果,需要根据具体情况选择对应的方法,并且对于影响渗透效果的相关因素要合理控制。

(1)渗透液的施加方法

为保证渗透液能完全覆盖待检部位,渗透液施加方法一般有四种:浸涂、刷涂、浇涂和喷涂:

①浸涂

将整个试件在渗透液槽中浸渍,适用于大批量小工件的全面检测,是渗透检测流水线最常采用的方式,渗透充分,速度快,效率高。浸渍后还应该有滴落步骤以利于缺陷中的气体排出及回收渗透液重复使用,以减少渗透液损耗。

②刷涂

采用毛刷、纱布等进行涂刷,适用于大工件的局部检测、焊缝检测、中小型工件小批量检测,机动灵活,但效率低。

③浇涂

将渗透液直接浇在工件表面,适用于现场检测或者大工件的局部或全面检测。

④喷涂

可采用喷罐、静电、低压循环泵喷涂渗透液,操作简单,喷洒均匀,适合大工件的局部或全面检测。

(2)渗透时间和温度要求

渗透时间是指渗透液在试件上的停留时间,一般按从施加渗透液到开始进行乳化处理或者清洗处理之前二者之间的时间进行计算。

渗透时间与渗透环境温度、渗透液性质、试件成形工艺、缺陷性质等因素都是相关联

的。在环境或工件温度合适的情况下,渗透时间通常为 $10\sim15$ min,特殊情况下,对于微小的裂纹如早期疲劳裂纹,时间应增长至小时计。随着温度的升高,渗透剂表面张力减小,渗透时间也会相应缩短。

渗透温度通常为 $10\sim50$ ℃。渗透过程中的环境温度和试件温度不能过高,要保证零件被检部位的表面在整个渗透时间内保持润湿状态,不能干涸,以保证充分渗透。同时温度也不能过低,否则渗透液黏度变大而影响渗透速率甚至降低渗透能力,也有可能导致渗透液析出染料,降低渗透液的性能。

3. 去除

去除是指去除被检零件表面多余渗透液的过程。渗透结束后,只有渗入到试件表面缺陷中的渗透剂是有用的,其他多余的都需要去除。清洗过度会影响缺陷中的渗透液,而清洗不充分会使荧光过浓或者着色底色过浓,缺陷显示识别困难。

渗透液的种类不同,去除方法也不同,主要有以下几种:

(1)水洗型渗透液的去除方法

水洗型渗透液本身含有乳化剂,可以直接用水清洗去除,可采用手工水喷洗、手工水擦洗、自动水喷洗、压缩空气搅拌水浸洗或喷洗。喷洗工艺中的水压和水温必须严格控制,水温应在 $10\sim40$ ℃范围内,水压应不超过 0.3 MPa。喷洗时,既不能采用实心水流,更不能将工件浸泡在水中。当试件不允许喷洗或无冲洗装置时,可采用手工水擦洗方式,采用压缩空气搅拌水浸洗或喷洗时还要注意控制压缩空气的压力。

(2)后乳化型渗透液的去除方法

对于亲水性乳化剂,渗透后先用清水进行预清洗,然后再乳化。清洗操作同上面的水洗工艺,目的是先去除一部分表面多余的渗透液,这样有利于减少乳化剂消耗,使乳化剂均匀分布。预清洗时间要适宜,一般推荐为 $30\sim60$ s,水压要小,水温为常温。预清洗后施加乳化剂进行乳化,乳化时间是关键,一般要通过实验进行测定,应在保证使试件表面多余渗透液被充分乳化的前提下尽量缩短乳化时间。要求快速浸入、快速提起,以防止先浸入和后离开的部分乳化过度。完成乳化工序后,应立即浸入清水中预清洗,然后进行最终水洗。

对于亲油性乳化剂,与亲水性乳化剂最大的差别在于渗透后无须经过清水预清洗而可以直接施加乳化剂进行乳化,完成乳化后迅速提起并浸入清水中预清洗,然后进行最终清洗。

后乳化工艺的操作要点是乳化剂施加要均匀,同时要严格控制乳化时间和温度。时间过短会造成乳化不足而清洗不足,被检测面背景不好,时间过长会导致过清洗,降低检测灵敏度。

(3)溶剂去除型渗透液的去除方法

溶剂去除型渗透液的去除要采用擦除并结合清洗剂的方式。擦洗时要选用干净的不脱毛的布或纸沿一个方向进行擦拭,不能反复擦拭,更不允许直接用清洗剂冲洗。溶剂清洗所用清洗剂渗透性高,不宜直接喷洒到试件表面,防止清洗剂溶解缺陷中的渗透剂而产生过洗现象。

4. 干燥

干燥的目的是去除被检零件表面的水分,使渗透剂从开口缺陷中充分回渗到显像剂背景表面上,形成缺陷显示痕迹。干燥处理一般在试件清洗后、显像处理前或后进行,具体到不同的清洗方式和显像方式又有所不同。对于溶剂去除型检测方法,一般不必进行专门的干燥处理,只需自然干燥 5~10 min 即可;对于干粉显像和非水基湿式显像时,检测应在施加显像剂前进行干燥;采用自显像时应在水清洗后进行干燥。

干燥方法包括布擦拭、热风吹干、压缩空气吹干等多种方式,为加快烘干速度,可采用"热浸"技术,将试件在 80~90 ℃的热水中短时间浸一下。干燥温度和干燥时间的控制与被检零件的材料、尺寸、表面粗糙度、零件表面水分多少、零件温度等多个因素都有关系。干燥温度不宜过高,时间应尽量短,要防止渗透液干涸在缺陷内甚至变质而无法显像。清洗后,被检零件还需要一段时间的自然干燥或者人工干燥。干燥过程中要防止零件污染,避免虚假显像或遮盖缺陷显示。

5. 显像

显像过程是在完成干燥过程后,在试样表面施加显像剂以便将开口缺陷中的渗透液吸附到试样表面并形成图像显示的过程。显像的操作要点是迅速铺设一层薄而均匀的显像剂覆盖在零件的被检表面,显像剂层不能太厚,显像的时间不能太长。图 6-22 为显像时间与荧光强度之间的关系,可以看出随着显像时间的延长,荧光强度先增强,在 8~10 min 时达到最大值,此后强度迅速降低。因此,显像时间必须严格控制。

常用的显像方法有干式显像、湿式显像和自显像。

(1)干式显像

干式显像也称干粉显像,它是在清洗并干燥后的工件表面施加干粉显像剂,主要用于荧光渗透检测中。干式显像时,干粉基本上只吸附在缺陷部位且显像层很薄,缺陷显示轮廓图像不易扩散,因此显像分辨力较高,适合于大工件、结构复杂和表面粗糙的工件,或批量试件的流水作业检验。由于干粉成分多为氧化镁粉体,且多次使用,所以要特别注意防潮。

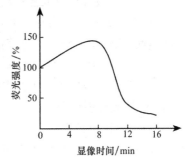

图 6-22 显像时间与荧光强度之间的关系

(2)湿式显像

包括非水基湿式显像和水基湿式显像两种。

非水基湿式显像是将显像剂固体粉末悬浮在有机溶剂中施加到工件表面。由于有机溶剂的渗透能力强、挥发快,所以显像灵敏度高,缺陷显示痕迹清晰。该方法适合表面光洁、形状简单工件的检验,也适合大工件的局部检验和焊缝的检验。实际操作中多采用压力喷灌喷涂,或者采用浸涂、刷涂等形式,使用过程中要用力摇匀。

对于水基湿式显像,使用前需将显像剂干粉或浓缩液用水稀释到合适的浓度,然后直接将显像剂施加到用水清洗过的试样表面。施加方法可采用浸涂、浇涂或喷涂。显像结束并滴落后,应迅速进行干燥处理,一般采用热循环空气烘干法,这一过程实质上也是显像过程。

（3）自显像

即不使用显像剂，仅靠缺陷内的渗透液自身回渗到工件表面，多用于荧光检测。应用自显像方法时，停留时间一般较长，以便有足够时间使荧光渗透液向缺陷表面回渗。要提高黑光灯的黑光辐照度，试件表面黑光辐照度应达到 3 000 $\mu W/cm^2$。自显像使用的渗透剂灵敏度要提高一级，该方法适用于对灵敏度要求不高的检测，如铝合金、镁合金的砂型铸件等。

显像方式及显像剂种类要根据渗透液种类、试件表面状态进行选择。其中，着色渗透检测常用非水基湿式显像剂，荧光渗透检测中，粗糙表面应优先选用干粉显像剂，其他状态表面应优先选用非水基湿式显像剂。干粉显像剂不适用于着色渗透检测系统，水溶型湿式显像剂不适用于水洗型渗透检测系统。

6. 缺陷的观察与评定

着色渗透检测时，要在强的可见光下用肉眼观察被检零件的检查面，并对显像的痕迹进行判断与评定。通常试件被检表面处的白光强度应不小于 1 000 lx，对于个别环境条件无法达到时，白光照度也不应低于 500 lx。

荧光渗透检测时，观察检验环境应该在暗区，用足够的 UV-A 紫外光（长波紫外线，波长 315～400 nm）辐照被检零件的检查面，用肉眼观察对显示的缺陷迹痕进行判断评定，背景一般为蓝紫色或紫色，而显示的缺陷图像为黄绿色。暗处的白光照度不高于 20 lx，黑光灯的辐照度不应低于 1 000 $\mu W/cm^2$，而在自显像时要不低于 3 000 $\mu W/cm^2$。

观察评定过程中有几点需要注意：

（1）在黑光灯下观察显示时，首先应分辨相关显示、非相关显示和伪显示，之后才能进行缺陷性质、形状、分布、大小等信息的判断。

（2）所有显示一般都要比真实缺陷的尺寸大，做出评定结论时，要以缺陷的相关显示尺寸作为评定依据，而不是真实的缺陷尺寸。如果对显示轮廓、细节有疑义时，可借助 5～10 倍放大镜进行观察。

（3）观察评定结束后，要对完成检测的零件加以标记以区别于未检测的零件，标记位置和方法应按相关验收技术条件规定，应对零件无损伤，不应该妨碍以后的复检，并在后续的搬运中不易去除和污染。

（4）荧光渗透检测时，检查人员要佩戴不变色的紫外线防护眼镜，防止紫外线损伤眼睛，此外检测人员在黑光灯下连续工作的时间不能太长。

7. 后处理

完成渗透检测后需要及时对零件进行后处理，以去除显像剂及残留的渗透剂、乳化剂等，避免其长时间附着于工件表面而对零件造成腐蚀以及影响后续工序的进行。

后处理的方法包括水喷洗、溶剂清洗、化学清洗等。清洗完成后应尽快加以干燥，并根据零件的质量要求采用适当的防护措施。

6.4.4　典型渗透检测方法

典型的渗透检测方法包括水洗型渗透检测、后乳化型渗透检测、溶剂去除型渗透检测三种。

1. 水洗型渗透检测

水洗型渗透检测的基本流程如图 6-23 所示,包括水洗型着色渗透检测及水洗型荧光渗透检测两种。其中,后者应用更为广泛,主要应用于铸锻坯料阶段加工件、焊接件的检测。水洗型渗透检测操作简单,费用低,检测周期短,适应绝大多数类型的缺陷检测,同时适合表面粗糙的工件、螺纹类零件、窄缝及键槽、盲孔等内缺陷的检测。然而,水洗型渗透检测灵敏度相对较低,对浅而宽的缺陷容易漏检,重复检测效果差,不宜在复检场合下使用,也不宜在仲裁检验的场合下使用,容易造成过清洗,且渗透液配方复杂,抗水污染的能力弱,受酸和铬酸盐影响较大。

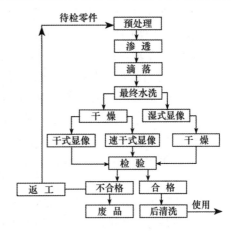

图 6-23　水洗型渗透检测的基本流程

2. 后乳化型渗透检测

后乳化型渗透检测较水洗型渗透检测仅多了一道乳化工序,其余都是一样的。图 6-24 为亲水性后乳化型渗透检测的基本流程,对于亲油性后乳化型渗透检测而言,不需要滴落之后的预水洗步骤,其他二者均相同。后乳化型渗透检测适用于质量要求较高或经过机加工的光洁零件检验,如汽轮机叶片、涡轮叶片等零件。该方法由于不含乳化剂,渗透速度快,具有较高的检测灵敏度,能检出浅而宽的表面开口缺陷,抗污染能力强,不易受水、酸、碱等介质的影响,重复检验的重现性好,温度变化时不会产生沉淀和凝胶现象。但由于增加了乳化程序,后乳化型渗透检测操作周期长,费用高,须严格控制乳化时间才能保证检测灵敏度。对于被检试件而言,要求工件有较好的表面光洁度,否则渗透液不容易被清洗掉,对大型工件检验比较困难。

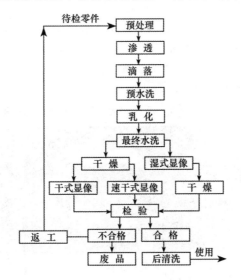

图 6-24　亲水性后乳化型渗透检测的基本流程

3.溶剂去除型渗透检测

溶剂去除型渗透检测也是应用较为广泛的渗透检测方法之一,适用于表面光洁零件和焊缝的检验,能适应大型工件局部检验、非批量工件检验及现场检验的需求,可在没有水或者不允许接触水的情况下进行检测,其基本流程如图 6-25 所示。溶剂去除型渗透检测设备简单,携带和操作都比较方便,对单个工件检验速度快,可在没有水、电的场合下进行检验,特别是着色渗透检测受缺陷污染的影响较小,工件上残留的酸碱对着色渗透液破坏不明显,与溶剂悬浮型显像剂配合使用能检出非常细小的缺陷。该方法的缺点在于所

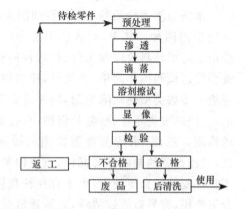

图 6-25 溶剂去除型渗透检测的基本流程

用材料多数是易燃和易挥发的,不适合批量工件的连续检验,不适合表面粗糙工件的检验。

6.5 应用实例

6.5.1 人工关节的渗透检测

人工关节在医学中有着广泛应用,可用于治疗关节疾病,人工关节置换已成为临床标准手术。人工关节原材料生产及后续加工过程中,都伴随有缺陷产生,主要有孔洞类、夹杂类、裂纹类等缺陷,表面缺陷严重影响着人工关节的质量,甚至导致材料失效,缺陷的检出对产品的质量和使用寿命至关重要,因此人工关节行业标准中明确规定零件表面不得有不连续性缺陷,将这些表面缺陷在加工过程中检测出来,是避免假体失效的重中之重,渗透检测是行之有效的办法,图 6-26 是股骨球头表面缺陷的渗透检测实例。

对 20 个股骨球头进行渗透荧光检测,其中有 1 件在黑光灯下表面多处有圆形黄绿色荧光显示,如图 6-26(b)所示,将渗透荧光检测中疑似缺陷处在扫描电镜下放大 200 倍后观测,可见有 $15\sim98~\mu m$ 的疏松缺陷[图 6-26(c)]。说明该方法在人工关节加工过程缺陷检测方面具有很大的优势,显示直观,灵敏度高,操作简单且速度快。

 (a)被检测的股骨球头 (b)荧光显示结果 (c)扫描电镜图像

图 6-26 股骨球头荧光检测

6.5.2　轴流风机的渗透检测

轴流风机因其效率高和能耗低而被广泛应用于冶炼行业高炉系统中,其运行的可靠性及安全性对系统是至关重要的,因此在运行一定时间后必须要进行解体检修。以 2 500 m³ 的高炉 AV 系列 14 级轴流风机为例,长期在失速条件下工作,叶片共振受损,在叶片根部易产生疲劳裂纹,同时在风机入口处含尘浓度高,轴瓦及推力瓦易产生磨损而形成磨削裂纹。考虑到尽可能缩短修复时间,现场搭设暗室存在困难,对其部件采用溶剂去除型着色渗透法替代后乳化型荧光渗透法进行缺陷检测,选用灵敏度较高的 DPT-5 型压力喷罐式检测剂,在 B 型试块上确定渗透检测时间为 15 min,显像时间为 12 min。检测结果如图 6-27 和图 6-28 所示。在一些风机转子动叶片的根部,发现了疲劳裂纹的痕迹显示(图 6-27),在轴瓦的内表面也出现了呈放射状的磨削裂纹迹痕显示(图 6-28),检测效果良好,说明在现场不具备暗室或没有水源的情况下,针对一些疲劳裂纹等微小缺陷,可以尝试采用溶剂去除型着色法代替荧光法进行渗透检测。

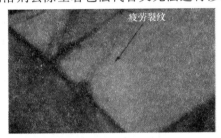 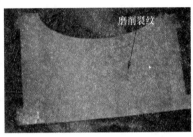

图 6-27　动叶片根部疲劳裂纹渗透检测显示　　图 6-28　轴瓦内表面放射状磨削裂纹渗透检测显示

参考文献

[1]　傅献彩,沈文霞,姚天扬,等. 物理化学[M].5 版. 北京:高等教育出版社,2006.

[2]　美国无损检测学会. 美国无损检测手则渗透卷[M]. 美国无损检测手则. 译审委员会,译. 上海:世界图书出版公司,1994.

[3]　夏纪真. 工业无损检测技术(渗透检测)[M]. 广州:中山大学出版社,2013.

[4]　国防科技工业无损检测人员资格鉴定与认证培训教材编审委员会. 渗透检测[M]. 北京:机械工业出版社,2007.

[5]　金信鸿,张小海,高春法. 渗透检测[M]. 北京:机械工业出版社,2014.

[6]　宋天民. 表面检测[M]. 北京:中国石化出版社,2012.

[7]　李喜孟. 无损检测[M]. 北京:机械工业出版社,2001.

[8]　李家伟. 无损检测手册[M]. 2 版. 北京:机械工业出版社,2011.

[9]　全国无损检验标准化技术委员会. 无损检测　渗透检测用试片:GB/T 23911—2009[S]. 北京:中国标准出版社,2009:1-7.

[10]　全国锅炉压力容器标准化技术委员会. 承压设备无损检测:第 5 部分　渗透检测:NB/T 47013.5—2015[S]. 北京:新华出版社,2015:178-189.

[11]　王继芳,张暊. 关节外科研究进展[J]. 中华创伤骨科杂志,2004,6(1):27-29.

[12]　刘斌. 利用渗透检测技术检验人工关节金属零件的表面缺陷[J]. 材料工程,2009,5:73-75.

[13]　吴立. 轴流风机部件的渗透检测[J]. 无损检测,2010,32(1):72-76.

第7章

其他表面无损检测技术

7.1 巴克豪森噪声检测技术

材料在热处理和服役过程所产生的残余应力和材料表面质量状况,对材料和构件的使用寿命有很大影响,对这方面的检测要求越来越高,近年来发展起来的巴克豪森噪声检测技术在检测残余应力和表面缺陷方面具有一定的优势,获得了广泛应用。

7.1.1 巴克豪森效应

铁磁性材料具有许多称为磁畴的结构,一个磁畴包含 $10^7 \sim 10^{17}$ 个原子,大小在 $1 \sim 100~\mu m$。无外加磁场作用时,材料内各磁畴的磁矩方向相互抵消,对外不显示磁性。当有外加磁场作用时,磁畴转动,畴壁发生位移,全部磁畴的磁矩方向与外加磁场方向一致,对外显示磁性,这个过程称为磁化,典型的磁化曲线如图 7-1 所示。

但上述过程并不是可逆的,反向磁化时,磁化曲线并不遵循原来的路径,磁感应强度的变化落后于磁场强度的变化,形成了如图 7-2 所示的磁滞回线。

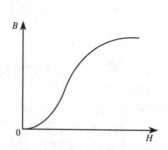

图 7-1 铁磁性材料磁化曲线

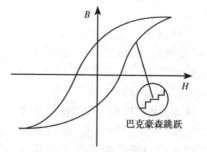

图 7-2 铁磁性材料磁滞回线

铁磁性材料经初始磁化后,在进一步的磁化过程中,畴壁的位移须克服材料内部存在的不均匀应力、杂质、空穴等因素造成的多个势能垒,因而是非连续、跳跃式的不可逆运动,表现在图 7-2 磁滞回线最陡区域为阶梯式跳跃变化,垂直部分表示跳跃大小,水平部分表示两次跳跃等待的时间,磁畴和畴壁这种不连续的跳跃称为巴克豪森跳跃。

将一导体线圈于材料表面,同时施加一交变磁场,则材料畴壁的不可逆跳跃将在线圈内感应一系列电压脉冲信号,放大后通过扩音器可听到沙沙的噪声,这一现象是由德国科学家巴克豪森(Barkhausen)于 1919 年发现的,故称为巴克豪森效应,相应的噪声称为巴克豪森噪声,简称 MBN,如图 7-3 所示。

根据畴壁两边磁畴磁化方向所形成的角度,可分为 180°畴壁和 90°畴壁。对 MBN 而言,180°畴壁两边畴的磁化方向相反,不可逆跳跃产生的磁通变化最大,MBN 信号也强,表现在磁滞回线上矫顽力附近,磁畴壁的不可逆跳跃强烈,而 90°畴壁的不可逆跳跃和磁畴转动产生的 MBN 信号较弱。在饱和磁化区域,随磁场变化,产生的 MBN 信号也趋于饱和。

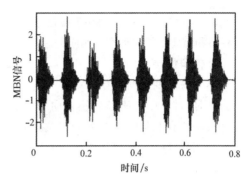

图 7-3　巴克豪森噪声

MBN 信号的频带范围是比较宽的,通常的铁磁性材料频带集中在 1～500 kHz,如图 7-4 所示。不同材料的频带分布是不一样的,与材料的磁畴类型、磁畴分布和受力情况有很大关系,还与材料的组成有关。巴克豪森噪声具有一定的功率谱,在大部分材料中其频率高达 250 kHz,该信号可在材料内传播并随着深度呈指数函数衰减。

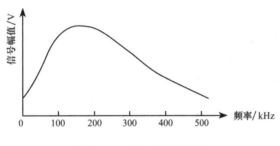

图 7-4　MBN 信号频谱图

7.1.2　巴克豪森噪声检测的特点

近几年来,巴克豪森噪声检测技术已广泛应用航空航天、汽车和冶金机械设备等制造业的在线检测,如评估工件表面及次表面残余应力、评价工件热处理显微组织状态、检测工件表面缺陷等,具有较高的准确性。

巴克豪森噪声检测技术的优点:

(1)检测速度快,一次测量仅需 5～15 s,能对大型工件进行快速检测。

(2)检测结果准确度较高,测量结果可以很快反映给生产过程。

(3)检测仪器易携带,方便野外检测且分析费用便宜。

巴克豪森噪声检测技术的局限性:

(1)检测范围仅限于表面层,目前它可实际测量的深度为 0.01～1.50 mm,与所检测材料的特性有关,也与噪声信号频率范围有关。

(2)材料厚度对检测结果有影响,需要将不同厚度的材料检测结果进行对比校准。

(3)检测方法依赖多个参量,一个因素的变化很可能被其他因素的变化所掩盖。

7.1.3 巴克豪森噪声检测的影响因素

MBN 信号产生的原因在于磁化过程中磁畴和磁畴壁的不连续剧烈跳跃,因此,所有可能对磁畴和磁畴壁的移动产生影响的因素都对 MBN 信号产生一定影响。主要影响因素有:

1. 材料性质

不同铁磁性材料初始磁畴自磁化磁矩方向和晶粒取向之间是不同的,当材料处于外磁场中时,材料中的磁畴磁矩方向与外加磁场的夹角大小将会影响巴克豪森跳跃的时间,而材料硬度和晶粒大小的差异也会影响磁畴分布和磁矩方向,同时材料内部还可能存在夹杂、空洞等缺陷,材料组织也存在不均匀性,这些都会影响 MBN 信号的产生和性质。

2. 外加磁场

外加磁场的幅值决定了磁化场的强度,进而决定最终磁化过程。初始磁化阶段不会产生 MBN 信号,只有在外加磁场强度能够使材料处于强烈磁化阶段时才会产生 MBN 信号。外加磁场频率决定了在一定时间内激发的 MBN 信号的个数,频率越高,MBN 信号个数越多。

3. 应力

对于具有正磁滞伸缩系数的材料,应力对 MBN 信号的影响可用图 7-5 进行简要说明。假定材料单元有四个相等的磁畴,受拉应力时,应力与磁畴相互作用产生附加磁弹性能,磁化方向与应力方向平行的畴扩大,磁化方向与应力方向垂直的畴缩小。当应力增加到一定程度时,磁化方向与拉应力平行的畴将会吞并其他方向的畴,从而形成 180° 畴壁分割的磁畴。单元受到压应力时,与拉应力情况正好相反,磁化方向与压应力垂直方向的畴将会随应力增加逐渐扩大吞并其他方向的磁畴。

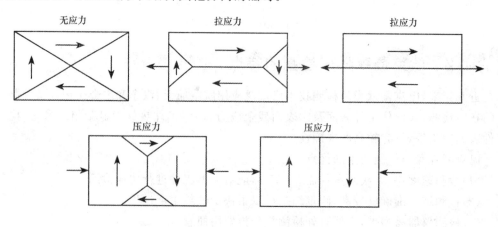

图 7-5 应力作用下磁畴的配置

显然,当拉应力方向平行于磁场方向时,由于 180° 畴增大,畴壁快速不可逆移动所产生的 MBN 信号将增强,而压应力时正好相反。

MBN 信号幅值与应力的关系如图 7-6 所示。A 为磁化方向平行于应力方向,信号随拉应力的增加而增强,随压应力的增加而减弱,当应力达到一定程度(接近屈服强度)时,信号幅值不再增加。可见,材料在应力作用下呈现磁各向异性特征,即与拉应力平行方向为易磁化方向,与拉应力垂直方向为难磁化方向,压应力时正好相反。易磁化轴方向磁化时产生的 MBN 信号较强,难磁化轴方向磁化时产生的 MBN 信号较弱。具有负磁滞伸缩系数的材料如镍,应力对 MBN 信号的影响与钢铁材料相反。

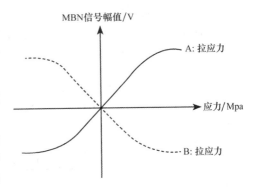

图 7-6　MBN 信号幅值与应力的关系

事实上,材料即使不磁化,在交变应力的作用下,磁畴壁也可发生不可逆跳跃,从而产生噪声,称为机械磁噪声,可用于对材料疲劳特性的研究。

4. 温度

温度对 MBN 信号的影响比较复杂(图 7-7)。一方面,温度变化会造成材料应力发生变化,对 MBN 信号产生影响;另一方面,温度对 MBN 信号会产生直接的影响。一般情况下,随温度降低,MBN 信号的特征值增加,因此,利用该方法测量材料应力时需要进行温度补偿,以保证测量结果的准确性。

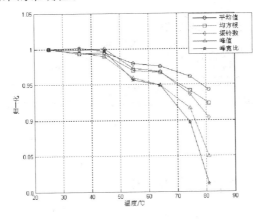

图 7-7　MBN 信号特征值随温度变化曲线

5. 显微组织

MBN 信号与材料的化学成分、微观结构、热处理工艺等多种因素有关。如图 7-8 所示,材料经淬火、渗碳、渗氮等提高硬度的处理工艺后,有肥大的磁滞回线及低的 MBN 信号;若经过回火等降低硬度的处理工艺后,磁滞回线瘦小,而 MBN 信号增强。

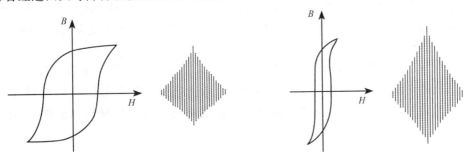

（a）高硬度　　　　　　　　　　（b）低硬度

图 7-8　不同硬度时材料的磁滞回线与 MBN 信号

以进行了不同硬化处理的连杆螺栓为例,随硬度的增加,相应的 MBN 信号降低,但硬度增加到一定程度后,MBN 信号仅有小幅度的变化,如图 7-9 所示。

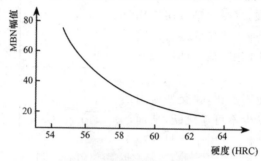

图 7-9　MBN 信号与螺栓硬度的变化关系

MBN 信号与晶粒度也有关系,图 7-10 示出了不同晶粒尺寸时 MBN 信号幅度分布。

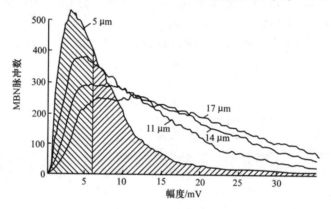

图 7-10　不同晶粒尺寸时 MBN 信号幅度分布

7.1.4　巴克豪森噪声检测仪器

巴克豪森噪声检测仪器一般由以下几部分组成:

(1)传感器和前置放大器

传感器主要由激励线圈、检测线圈和铁芯构成,激励线圈通以低频交流信号对被检件施加交变磁场,巴克豪森跳跃产生的磁通变化在检测线圈内感应出一系列电脉冲信号。为保证信号不失真,要考虑检测线圈的频率响应特性。一般 MBN 信号频率在 1～250 kHz,检测线圈共振频率要远大于此,一般应在 10 倍以上,即检测线圈共振频率要在 2.5 MHz 以上。传感器有平面型、曲面型和笔型等,一般设计两个正交方向的磁场。

(2)激励电源

激励电源由波形发生器和功率放大器构成,其功能是为传感器的激励线圈提供一定频率和强度的电流以在材料中产生变化的磁场。激励频率一般为几个赫兹,波形有正弦信号和三角信号,信号的强弱要考虑到能使低硬度材料到高硬度材料都能得到足够的磁化。

（3）自动增益反馈系统

为了消除材料几何尺寸对磁场的影响，采用自动增益反馈系统实现对信号幅度的自动调节。

（4）信号处理和控制系统

其功能是对信号进行自动采样、处理、显示和存储。

7.1.5　检测参数的选择

（1）磁场强度

对于不同的材料，可以通过调整传感器激励线圈电流得到合适的磁场强度，磁场太强或太弱都会使检测灵敏度降低。

（2）有效检测深度

MBN 信号在材料内部呈指数衰减，将信号强度衰减为初始信号 $1/e$ 的深度定义为有效检测深度。有效检测深度主要与材料的相对磁导率、电导率以及检测频率有关，对于一个给定频率 f 的信号而言，有效检测深度 T 由下式决定：

$$T = \sqrt{\frac{1}{\pi f \mu \sigma}} \tag{7-1}$$

式中　σ——材料的电导率，$1/\Omega \cdot m$；

　　　μ——材料的磁导率，H/m，$\mu = \mu_r \mu_0$；

　　　μ_0——真空磁导率，H/m；

　　　μ_r——材料的相对磁导率。

对于普通碳钢，$\mu_r = 1\ 000$，$\sigma = 5 \times 10^6/(\Omega \cdot m)$，若检测频率 $f = 6\ kHz$，则 $T = 0.09\ mm$。

表 7-1 列出了几种材料在几个检测频率段的有效检测深度。

表 7-1	几种材料的有效检测深度		单位：mm
频率段/kHz	退火低碳钢 $\mu_r = 2\ 000$， $\sigma = 5 \times 10^6/(\Omega \cdot m)$	碳钢 $\mu_r = 1\ 000$， $\sigma = 5 \times 10^6/(\Omega \cdot m)$	淬火后回火的 300 M 钢 $\mu_r = 200$， $\sigma = 10^6/(\Omega \cdot m)$
3～15	0.070	0.09	0.40
20～70	0.035	0.07	0.18
70～200	0.015	0.02	0.10

7.1.6　应用领域

巴克豪森噪声检测技术主要应用于以下几个方面：

（1）检测钢铁材料和构件的残余应力，如焊接、热处理以及服役过程产生的残余应力。

（2）检测钢铁材料显微组织的变化，如淬火、回火、渗碳、渗氮等工艺导致的组织结构及硬度的变化。

（3）检测钢铁材料表面层的缺陷，如热处理缺陷、磨削裂纹、疲劳损伤，评价材料表面质量。

①应力检测

利用 MBN 方法检测应力的有效范围,一般以材料屈服强度的一半左右为宜。工程上应用 MBN 技术可以检测许多零部件如压缩机、涡轮、凸轮、轴承、齿轮等的残余应力,也可以检测工程构件如机翼、铁轨、桥梁等在焊接或服役过程中产生的残余应力。表 7-2 是几种应力测量方法的特点比较。

表 7-2　　　　　　　　　　　　　　几种应力测量方法的特点比较

方法	原理	优点	缺点
电阻应变片法	测量表面应变,根据应力和应变之间的关系确定应力状态	应用最广泛,测量精度和灵敏度高,频率响应好,测量范围广,易于实现自动化测量	一个应变片只能测量表面一点在某个方向的应变,并且应变片与构件要良好接触,若构件无明显应力,则无法进行测量
X 射线法	应力状态引起晶格畸变,通过测量晶格畸变,推算材料宏观应力	适用于各种材料及不同形状和尺寸的构件	影响因素多,对表面状况有严格要求,只能测量表面应力
光弹性法	在偏振光场中加载,测量干涉条纹,通过计算确定应力状态	可以研究几何形状和应力状态比较复杂的工程构件,直观性强	仅适用于由光弹性材料制成的模型试验
超声波法	根据材料中超声波在力学性能相异方向上传播速度的差异来计算应力的大小	快速,简便,既可测量表面应力,又可测量内部应力,适合大型焊接构件残余应力测量	耦合及声速测量误差影响应力测量精度
中子衍射法	与 X 射线法类似	测量深度比 X 射线大得多	被测物体受中子源的限制,并且每次必须测得自由状态下晶格的原子面间距或掠射角
金属磁记忆法	利用金属磁记忆效应	不需要专门的磁化设备,对工件表面无须清理,提离效应小	只能检测铁磁性材料,受检测人员水平和检测仪器精度的影响较大
巴克豪森法	基于巴克豪森噪声信号(MBN)与应力状态的相互依赖关系,通过材料 MBN 来测量应力	测量速度快,灵敏度高,既能测量单轴应力,也能测量复杂应力	只适用于铁磁性材料表面应力的材料

近年来,通过对 MBN 机械效应的理论研究,发展了试验结果分析的物理模型,同时借助计算机技术,为 MBN 多参数、自动在线检测提供了有力支撑手段。

②缺陷检测

为获得最佳的综合性能，对部件进行高频淬火、渗碳、渗氮等工艺得到了广泛应用，处理后的表面硬度多在 HRC58 以上，表面为压应力。但有时处理不当，会出现某些部分未被硬化的软边现象，也可能出现局部脱碳、脱氮或过度回火等，这些都可以通过 MBN 信号的变化进行评估，图 7-11～图 7-13 给出了具体部件产生上述现象时 MBN 的变化情况。

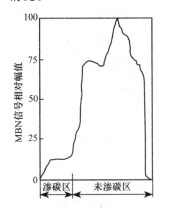

图 7-11　渗碳部件渗碳区和未渗碳区 MBN 信号幅值变化

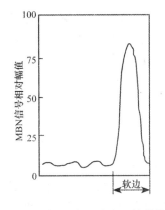

图 7-12　高频淬火凸轮轴软边对 MBN 的影响

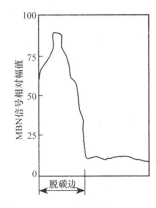

图 7-13　渗碳轴承环脱碳边对 MBN 的影响

③寿命预测

材料或部件承受疲劳载荷时，损伤的累积会影响材料磁特性和磁畴结构的变化，因而可以用 MBN 方法对疲劳过程进行研究。图 7-14 为某种材料在弯曲疲劳试验中，不同应力幅时 MBN 信号随疲劳周次的变化曲线。初期 MBN 随疲劳周次的增加而降低，到一定程度后又随疲劳周次的增加而增加，据此可研究不同材料的疲劳特征，动态监测疲劳过程，预测疲劳寿命，这对承受疲劳载荷的构件如桥梁、轨道、轴承、齿轮等是很有价值的。

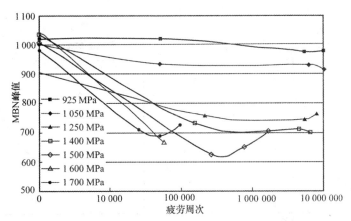

图 7-14　不同应力幅时 MBN 信号随疲劳周次的变化曲线

7.2 漏磁场检测技术

　　漏磁场检测(magnetic fluxleakage testing，MFL)是一种自动化程度较高的检测技术，它是利用磁敏元件检测缺陷形成的漏磁场，从而发现被检件表面和近表面缺陷。

　　铁磁性材料被磁化后，其表面和近表面缺陷在材料表面形成漏磁场，因此，可以通过检测漏磁场来判断缺陷的有无。事实上，磁粉检测也是一种漏磁场检测，二者不同的是漏磁场检测是用高灵敏度的磁敏元件代替磁粉，从而使检测过程具有智能化、简便快捷、可靠性好、可对缺陷定量的特点，更适合于大面积普查检测，特别对壁厚减薄、腐蚀坑等检测效果更加突出。如图7-15所示，对工件进行磁化后，若工件表面或近表面有缺陷，缺陷及附近区域磁导率降低，磁阻增加，磁场发生畸变，其结果是一部分磁力线在工件内部绕过缺陷，少部分磁力线穿过缺陷，还有一部分磁力线在工件外部绕过缺陷，采用相应传感器对这部分磁力线进行检测并进行相应处理，就可以建立缺陷和漏磁场的量化关系，达到检测缺陷的目的。

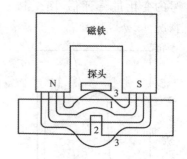

图 7-15　漏磁场检测原理示意图
1—磁力线在工件内部绕过缺陷；
2—磁力线穿过缺陷；
3—磁力线在工件外部绕过缺陷

7.2.1 缺陷的漏磁场

　　实际缺陷的漏磁场非常复杂，一般将复杂的漏磁场进行分类归纳，采用近似模型进行解析和计算，目前最常用的是采用磁偶极子的模拟方法，然后以静磁学计算磁偶极子在空间任意一点的场强。由于裂纹是最危险的缺陷形式，并且其形状的变化对漏磁场影响很大，因此，人们更多地对裂纹形成的漏磁场进行了深入研究，图7-16～图7-19分别是裂纹深度、倾斜角度、埋藏深度及提离值对漏磁场的影响示意图。

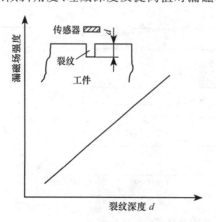

图 7-16　裂纹深度对漏磁场的影响

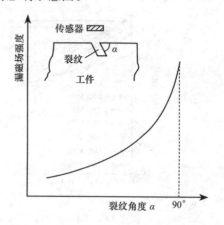

图 7-17　裂纹倾斜角度对漏磁场的影响

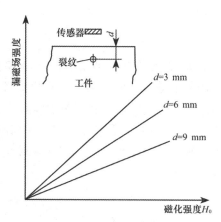

图 7-18　裂纹埋藏深度对漏磁场的影响

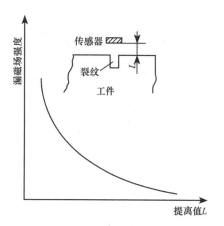

图 7-19　提离值对漏磁场的影响

从上面图中可以看出,不同情况下的裂纹对漏磁场的影响很大,比如,在宽度一定的情况下,裂纹深度与漏磁场大致呈线性关系,而裂纹倾角和提离值与漏磁场大致呈指数关系。

人们很早就采用磁敏元件对漏磁场进行试验测量,但真正较为准确给出漏磁场的分布是近十几年的事情。漏磁场的分布具有如下特点:

(1)影响因素多,缺陷形状、大小、位置、磁化强度、材质、表面状况、检测条件、热处理状态等对漏磁场都有较大影响,甚至可能造成漏磁场有几个数量级的变化。

(2)缺陷的漏磁场在空间的分布是三维的,同样宽度的表面缺陷在不同深度产生的漏磁场也不同,在一定范围内,二者几乎呈线性关系。

(3)缺陷的漏磁场在空间的分布范围较小,仅为缺陷宽度的 2~5 倍。

(4)缺陷的深宽比是影响漏磁场的一个重要因素,深宽比越大,漏磁场越大。

(5)缺陷漏磁场强度与缺陷宽度有关,缺陷宽度很小时,漏磁场随宽度的增加而增加,缺陷宽度较大时,漏磁场随宽度的增加反而减小。

(6)缺陷漏磁场与磁化强度有关,但并非呈线性关系。

图 7-20 为试验测得的管壁凹坑漏磁场垂直分量的分布图。

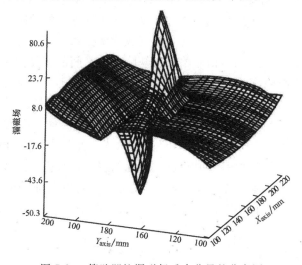

图 7-20　管壁凹坑漏磁场垂直分量的分布图

7.2.2 漏磁场检测技术的特点

漏磁场检测是用磁敏元件检测缺陷形成的漏磁场,现场实施方便快捷,与其他检测方式配合可以取得良好的检测效果,在钢坯、钢棒、钢管、钢丝绳、压力容器、铁轨的检测中得到了广泛的应用。事实上,国外学者早在 20 世纪 30 年代就提出了利用磁敏元件进行漏磁检测的设想,但直到 1947 年第一套漏磁检测系统问世,漏磁检测技术才进入实用阶段,20 世纪 70 年代才开始利用霍尔元件进行了检测试验。我国是从 20 世纪 90 年代开始大量引进国外先进的检测设备,并进行了相关理论和实践技术的研究。

漏磁场检测技术的优点:

(1)对检测环境要求不高,易于实现自动化。

(2)降低了人为因素的影响,具有较高的可靠性。

(3)可以对缺陷的危害程度进行量化评估。

(4)检测过程安全高效,环境友好。

漏磁场检测技术的局限性:

(1)只适用于铁磁性材料。

(2)由于磁敏元件与检测面有一定的提离距离,因而检测灵敏度较低,一般情况下仅能检测出 $0.1\sim0.2$ mm 以上的表面裂纹。

(3)不适合表面有涂层或覆盖层的工件。

(4)不适合形状复杂零部件的检测。

7.2.3 漏磁场检测的磁化技术

漏磁场检测时首先要对工件进行磁化,在实际检测过程中,大多采用的是和磁粉检测相同的磁化技术,但由于漏磁场检测是利用磁敏元件检测漏磁场,因而其磁化方法与磁粉检测又有一些不同,直流磁化和交流磁化是两种最基本的磁化方式,直流磁化对电源的要求较高,激励电流一般为几安培至上百安培,电气设备相对复杂,并且要达到较大的磁化强度比较困难,但直流磁化可以检测出深达几毫米至十几毫米的缺陷,可直接检测管子的内外壁缺陷,并且缺陷信号幅度与缺陷埋藏深度成比例关系。交流磁化实施比较方便,可以用来检测表面粗糙的工件,而且信号幅值与缺陷深度之间的相关性比直流磁化更高,但交流磁化能够检测的缺陷深度较小,为了保证检测的可靠性,交流磁化的频率一般在 1 kHz 以上,几种磁化方式的优缺点见表 7-3。近年来,随着对漏磁场检测技术研究的不断深入,在交流磁化的基础上开发了低频磁化技术,利用其渗透深度大的特点,可以检测埋藏深度更深的缺陷,信号处理时只提取相位信号,用于测量工件厚度的变化,可靠性很高。另一种新发展起来的是利用脉冲电流的脉冲磁化技术,采用方波或尖脉冲,它们都不是单频波,在其基频附近存在一个频带,这种磁化方法既可获得充分的磁化效果,又对杂散信号有一定的抑制作用,同时可以缩小磁化装置的体积和重量。

表 7-3	几种磁化方式的优缺点	
磁化方式	优点	缺点
永磁磁化	体积小,重量轻,无须电源,方便灵活	磁化强度不能任意调节
直流磁化	磁化强度可调,检测深度较大	线圈容易发热,对电源要求高
交流磁化	磁化强度容易控制,结构简单,成本低	有趋肤效应,易产生涡流噪声,检测深度小

7.2.4 漏磁场检测的影响因素

漏磁场检测的影响因素主要有磁化场的大小、材料种类以及缺陷性质等。

(1)磁化场

磁化场的强弱决定了工件的磁化程度,对缺陷漏磁场影响很大。为检出缺陷的漏磁场,被检工件需要被磁化到一定程度,典型铁磁性材料的磁化曲线如图 7-21 所示,一般需将被检件磁化到近饱和区。

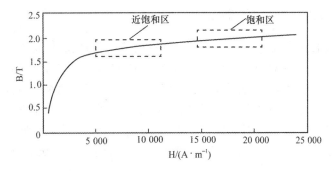

图 7-21　典型铁磁性材料磁化曲线

磁化场的种类也影响漏磁场的分布,直流磁场在工件中分布比较均匀,而交流磁场由于存在趋肤效应,磁场主要集中于工件表面,对表面缺陷比较敏感,对深埋缺陷不敏感。

(2)提离效应

磁敏元件不可能像磁粉一样直接吸附在被检工件表面,总是距表面有一定距离,从而产生提离效应,降低了检测灵敏度。一般情况下提离值越大,漏磁场越小,实际检测时必须保持提离值恒定,否则严重影响对缺陷的判别。

(3)表面覆盖层

被检工件表面有涂层或覆盖层时,会使漏磁场不同程度的减小,造成检测灵敏度降低,覆盖层越厚,灵敏度越低,因此在有条件的情况下,要对被检件表面进行预处理,去掉涂层、覆盖层及其他有可能造成检测灵敏度下降的如氧化皮、铁锈、焊疤等物。

(4)检测速度

漏磁检测过程中应尽可能使检测速度均匀,检测速度的剧烈变化会带来涡流噪声。一般情况下,检测速度越快,漏磁信号越小,且产生失真,试验表明,当检测速度大于 8 m/s 时,难以进行漏磁检测。

（5）材料特性

漏磁场的大小除与外加磁化场的强度有关外，还与材料成分（尤其是碳含量）、热处理状态及加工状态有关，同样的磁化场及缺陷大小，在不同的材料中所表现出的漏磁场是不一样的，易于磁化的材料产生的漏磁场大。材料在正火或退火状态时，磁性差别不大，淬火可以提高材料的矫顽力，使漏磁场增加。

（6）缺陷性质

缺陷的深宽比越大，产生的漏磁场越强，所以裂纹就比气孔容易检出。缺陷方向对漏磁场有重要影响：缺陷方向与磁化方向平行时，产生的漏磁场最小，而当缺陷方向与磁化方向垂直时，产生的漏磁场最大。缺陷位置对漏磁场检测也有一定影响，缺陷埋藏深度越小，漏磁场越大。

（7）表面粗糙度

被检件表面粗糙度不同时，检测探头与被检件的提离值也会改变，一般情况下，表面越粗糙，检测灵敏度也越低，有研究表明，最小可检裂纹深度大约为表面粗糙度值的 2 倍。

7.2.5　漏磁场检测仪器

典型的漏磁场检测仪器一般包括传感器模块、信号处理模块和扫查模块，如图 7-22 所示。其中传感器模块可对被检对象进行磁化，拾取原始漏磁信号并转换为电信号，主要包括磁化器和磁敏元件等，目前磁化器大多采用永磁铁与衔铁的组合方式；信号处理模块可以处理传感器模块转换来的电信号，包括放大器、滤波器、数据采集器及计算机等；扫查模块可搭载传感器模块对被检对象进行扫查，主要有电动、流体压差驱动、手动扫查等方式。漏磁检测仪器一般采用多通道设计，以增加传感器数量，扩大检测区域，提高检测效率。

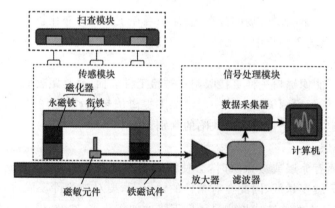

图 7-22　典型的漏磁场检测仪器结构示意图

上述几个模块中，漏磁场检测传感器是漏磁场检测的关键部分，要完整、准确、及时地反映缺陷的漏磁场，传感器必须具有动态范围宽、响应时间短、空间分辨力好、灵敏度高、抗干扰能力强、稳定性和可靠性好等特点。常用的传感器有线圈传感器、巨磁阻传感器、霍尔器件等。

（1）线圈传感器

由数匝铜丝缠绕成的感应线圈构成，线圈移动过程中处于漏磁场附近时，磁感应线穿过线圈导致磁通量发生变化，从而产生感应电动势，可以通过感应电动势的大小判断缺陷信息。线圈传感器具有稳定性好、灵敏度高、成本低的特点，还可以根据不同检测要求制成不同形状。但线圈传感器测量的是磁感应强度随时间的变化情况，即磁场变化率，仅对高频信号比较敏感，主要用于高频磁场的检测领域。

（2）巨磁阻传感器

巨磁阻传感器是利用具有巨磁阻效应的磁性纳米多层薄膜材料，利用半导体集成工艺制作而成，具有灵敏度高、体积小、线性范围宽、响应频率高、温度特性好、可靠性高等特点，近年来得到了越来越广泛的应用。

（3）霍尔器件

霍尔器件的传感原理是霍尔效应，是目前漏磁检测应用最广泛的传感器，它的优点有：

①尺寸较小，可以做到 25 μm×25 μm 以下，空间分辨力高，适合测量非均匀磁场。

②有较宽的响应频带，可以测量毫秒到微秒级的脉冲磁场。

③稳定性好，噪声小，不受环境及检测速度的影响。

④测量范围大，可以从 10^{-6} 特斯拉到几十个特斯拉。

但霍尔器件也存在着易损坏、灵敏度不够高等缺点。

除上述三种传感器外，还有磁敏二极管、磁带、磁探头等器件，不过由于其各自的局限性，在实际检测过程中应用较少。

7.2.6 漏磁信号处理

漏磁检测过程中会产生多种噪声，如磁化场的噪声、空间电磁噪声、电路噪声、被检件或磁极的形状噪声等。磁化场噪声主要指磁化电流频率成分不纯引起的磁化场波动，空间噪声主要指空间的工频噪声，被检件或磁极的形状噪声是指试件某些形状引起的磁场的特定分布或者磁极本身引起的磁场的梯度或不均匀分布等。图 7-23 是用漏磁方法检测轿车变速箱端盖时得到的一个典型的噪声信号，它的脉动成分是晶闸管对 50 Hz 工频电流进行全波整流后的残留部分。噪声的存在掩盖了缺陷信号，因此必须对实际信号进行降噪处理。

图 7-23 轿车变速箱端盖的噪声信号

信号降噪的方法有多种，比如中值滤波、低通滤波、多项式拟合、小波去噪等，信号降噪过程应遵循两个基本原则：

（1）光滑性

即在大部分情况下，降噪后的信号应该至少和原信号具有同等的光滑性。

（2）相似性

即降噪后的信号和原信号方差的估计值应该是在最坏的情况下最小。

基于计算机和数字化技术，可以用一种简单的方法降低噪声，称为"程序滤波"，它的基本原理是把周期性噪声信号其中一个频率成分看作是一个正弦信号，用噪声信号的整数倍频进行采样形成数字序列，再叠加到噪声信号中进行重构，以此降低噪声的影响，图7-24是利用"程序滤波"对轿车变速箱端盖噪声信号的处理结果，图7-25是一个缺陷检测信号处理前后的波形，其信噪比提高了5倍。

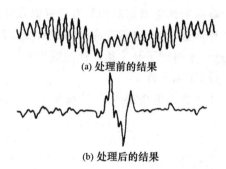

(a) 处理前的结果

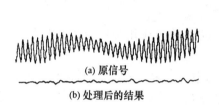

(a) 原信号

(b) 处理后的结果

(b) 处理后的结果

图7-24　轿车变速箱端盖噪声信号的降噪处理　　图7-25　一种缺陷信号处理前后的波形

小波降噪技术是利用小波变换和小波包分解的方法在时间域组件不同频段得到信号，通过阈值方法消除噪声成分，降噪效果良好，在漏磁信号处理领域是一种很有前途的信号处理方法，更适合于随机突发信号的处理，给出的信息量更大，图7-26为小波降噪前后的信号比较，图7-27是采用小波去噪方法处理钢丝绳检测中的一个实例。

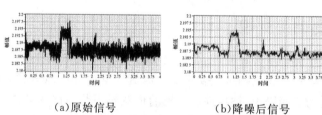

（a）原始信号　　　　　　（b）降噪后信号

图7-26　小波降噪前后信号对比

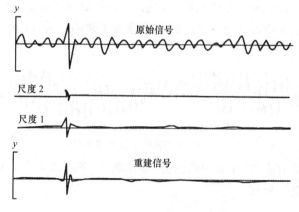

图7-27　钢丝绳检测信号的小波处理结果

但很多方法随着噪声的减少，缺陷信号也随之减小，同时会产生不同程度的畸变，因此，信号进行降噪后的后期处理就显得尤为重要。根据漏磁检测信号的特点，可采用硬件信号处理方法、软件信号处理方法及软硬件结合处理方法来抑制干扰信号，提高信噪比和检测灵敏度。

7.2.7　漏磁检测应用领域

漏磁检测广泛应用于钢坯、管道、压力容器、钢丝绳、螺纹等部件的检测。

1. 管道检测

为解决管道安全输运问题，一些发达国家早在 20 世纪 60 年代就开展了管道内检测设备的研制，目前，在非开挖情况下进行的管道内检测技术有漏磁检测、超声检测、涡流检测、激光法、电视法等，其中漏磁检测因对环境要求低、高效可靠，成为应用最广泛、技术最成熟的铁磁性管道缺陷检测技术，适用于多种传输介质，已开发出各种专门的检测仪器，检测速度可达 10 km/h，能够检出深度为 5% 壁厚的缺陷。

管道漏磁检测系统以管道输送介质为行进动力，对管道进行在线检测，有跟踪定位装置确定检测器所处的位置。同步采集缺陷有无、壁厚变化、材质变化，可进行管道特征（管箍、补疤、弯头、焊缝、三通等）识别，可提供缺陷面积、深度、方位等信息，典型的管道漏磁内检测器如图 7-28 所示。

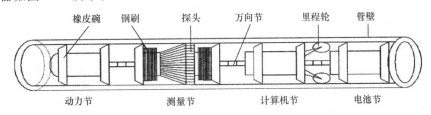

图 7-28　典型的管道漏磁内检测器

管道漏磁内检测器利用永磁铁将管道饱和磁化，与被测管壁形成磁回路，管壁没有缺陷时，磁力线处于管壁之内，管道存在缺陷时，磁力线会穿出管壁形成漏磁，利用磁敏元件拾取漏磁信号，进行缺陷判别，典型的管道漏磁内检测器主要有以下几部分组成：

橡皮碗：一般由耐油橡胶或聚氨酯制作，形状像碗一样，其外径略大于管道内径，可以紧紧撑在管壁上，隔离前后两端的输送介质，使其产生压差，从而推动检测装置前行。橡皮碗有一定弹性，可在弯头处产生变形，使之顺利通过。

钢刷：与管壁接触形成永磁铁、磁轭和管壁的闭合磁路。

探头：又包括主探头和辅助探头，主探头由磁敏元件组成，完成缺陷的检测，辅助探头完成内、外缺陷分辨信号的检测。

万向节：装置的各节之间采用万向节连接，前后两节之间可以在任意方向转动，并可沿轴向旋转。

计算机节：由数据处理计算机和电池组组成，包括各种处理软件，完成检测、定位、信号处理、存储和供电。管道漏磁信号被绘成色图，可以很直观地从色图上判断缺陷及腐蚀程度。

里程轮：由管道外标记标定、管道内外时间同步标定和行走轮记录组成，完成缺陷位置的标定。

图 7-29 是实测的管道缺陷和漏磁信号。

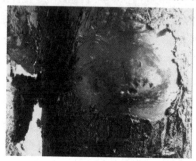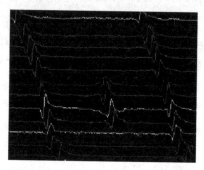

图 7-29　管道缺陷和漏磁信号

2. 储罐检测

立式金属储罐是油库、港口、石油化工行业存储液体燃料的重要设备，长期服役过程中，储罐受到存储介质及环境的腐蚀作用，还承受应力集中、交变载荷、震动等多种因素的综合作用，特别是罐底板位于储罐的最底层，内表面接触存储介质，外表面接触罐基础，是腐蚀和泄漏的高发区域，需定期进行检测。漏磁检测技术能对罐底板的腐蚀状况进行评价，检测效率高，准确可靠，操作方便。

对储罐底板进行漏磁检测是采用磁化装置（永磁铁或电磁铁）与阵列磁场探头一体化通过扫描进行的，传感器将底板上有缺陷部位产生的漏磁信号转换为电信号，通过放大、滤波和信号分析处理，可以得到储罐底板缺陷、减薄等信息，图 7-30 是一种型号的储罐底板检测仪。

图 7-30　储罐底板检测仪

某公司使用 TMS-08 型储罐底板漏磁检测仪对 2 台储罐进行漏磁检测以确定底板腐蚀状况，该检测仪采用由 30 个霍尔元件组成的阵列传感器，最大检测厚度 15 mm，最大穿透防腐层厚度 6 mm，检测灵敏度为 10％壁厚，检测速度为 0.7 m/s，每次检测宽度为 260 mm，检测比例 100％。首先制作校准试板和对比试板，校准试板用于对检测仪器各独立通道进行功能测试，应选用储罐底板常用的 8 mm 厚钢板制作，试板宽度至少为探头阵列宽度的 2 倍，长度至少为 1 250 mm，在试板上加工出长为探头阵列宽度的 1.5 倍，深为板厚的 20％、40％、60％和 80％的四条横槽，槽之间的间距至少为 200 mm，校准试板示意图如图7-31 所示。

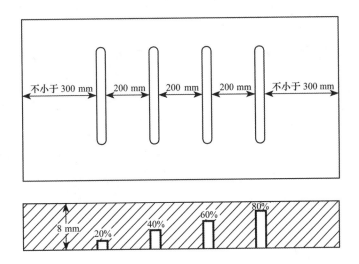

图 7-31　校准试板示意图

对比试板用于缺陷深度当量的评定,应采用与被检底板相同或铁磁性性能相近的材料制作,试板宽度至少为探头阵列宽度的 2 倍,长度至少为扫查器长度的 3 倍再加 400 mm,在试板中心分别加工出深度为板厚的 20％、40％、60％和 80％的四个球形孔或阶梯平底孔,对比试板示意图如图 7-32 所示。

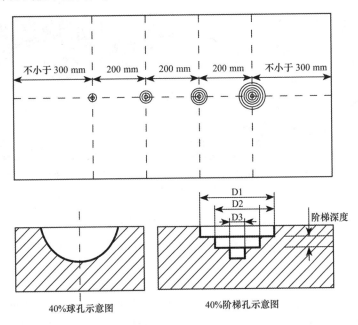

图 7-32　对比试板示意图

完成必要的清理、打磨、仪器标定、底板编号、设定基准点、确定扫查模式等准备工作后进行检测,两台储罐的检测结果如图 7-33 所示,图中浅色阴影表示壁减当量为 20％～39％的缺陷板,交叉方格阴影表示壁减当量为 40％～49％的缺陷板。

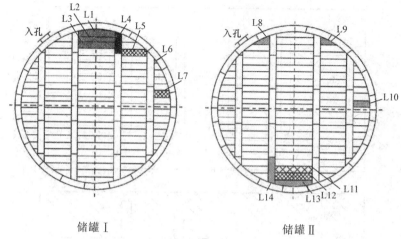

储罐Ⅰ　　　　　　　　　　　　　　　　储罐Ⅱ

图 7-33　储罐底板检测结果

从图中可以看出,储罐Ⅰ中 2 块底板中幅板存在缺陷深度当量超过 40% 的腐蚀缺陷,最大蚀坑深度为 3.7 mm,另有 5 块底板存在缺陷深度当量超过 20% 的腐蚀缺陷,最大蚀坑深度 2.0 mm。储罐Ⅱ中 2 块底板中幅板存在缺陷深度当量超过 40% 的腐蚀缺陷,最大蚀坑深度为 4.2 mm,另有 5 块底板存在缺陷深度当量超过 20% 的腐蚀缺陷,最大蚀坑深度 2.0 mm。储罐Ⅰ中 L5 板缺陷和储罐Ⅱ中 L12 板缺陷如图 7-34 所示。

(a)储罐Ⅰ中 L5 板单个腐蚀缺陷　　　　　　(b)储罐Ⅱ中 L12 板密集分布的腐蚀缺陷

图 7-34　实际缺陷分布

对漏磁检测中缺陷当量值超过门槛值的区域进行宏观检查和超声波测厚复检并进行比较,测量误差小于 10%,在仪器本身误差范围以内,证明了漏磁检测的有效性和准确性。

3. 钢丝绳检测

钢丝绳工作环境恶劣,长期服役后会出现磨损、锈蚀、断丝等情况,严重时会造成重大安全事故。目前,国内外对钢丝绳检测的方法有目视检测、超声检测、射线检测、声发射检测、光学检测、电磁检测、磁致伸缩检测等,其中大部分方法或可靠性不高,或成本高昂,或操作复杂,影响因素多,在实际检测中难以实施。漏磁检测以其灵敏度好、容易实施、成本低、检测速度快等特点,可以较好地实现对钢丝绳的检测。

钢丝绳中的钢丝是由优质碳素结构钢经冷拔及热处理得到的,钢丝的接触方式有点接触、线接触和面接触三种方式,绳股主要有圆股、三角股、椭圆股、扁带股等,结构有西鲁式、瓦林吞式、填充式等,其结构如图 7-35 所示。

　　钢丝绳损伤主要有两类:局部缺陷型损伤和局部截面积损伤,最常见、危害最大的损伤是局部断丝。钢丝绳具有良好的导磁性能,在外磁场作用下磁化至饱和状态时,若钢丝绳材质均匀,使用状况良好,其磁感应线将被约束在钢丝绳内部。若钢丝绳存在断丝、磨损、腐蚀等损伤,这些部位的磁

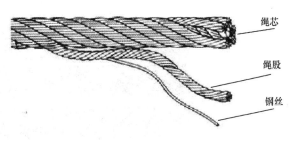

图 7-35　钢丝绳结构示意图

阻变大导致磁导率下降,磁感应线的传播路径将发生改变,此时即可采用漏磁检测方法进行有效检测。

　　钢丝绳的磁化方式可以分为交流励磁和直流励磁,但交流励磁产生的趋肤效应导致钢丝绳发热,并且检测内部缺陷灵敏度低,所以目前多采用直流励磁方式。直流励磁又分为电磁铁励磁和永久磁铁励磁,电磁铁励磁需要在钢丝绳外缠绕线圈,实施不方便,只在特定场合使用,实际检测时大多采用永磁铁励磁方式。为了保证钢丝绳磁化到饱和,可以采用双回路励磁器结构,如图 7-36 所示。

　　通常情况下,检测探头采用的霍尔传感器数量应根据钢丝绳的绳股数确定,传感器数量过少,会使检测范围过小,导致缺陷漏检。传感器数量过多,增加了电路的复杂性,成本增加,在较小的结构上也无法实现,一般传感器数量为钢丝绳股数的 2~3 倍为宜,采用周向布置,如图 7-37 所示。

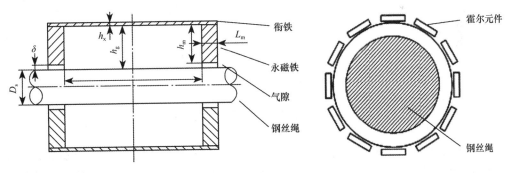

图 7-36　钢丝绳典型励磁器结构　　　　图 7-37　霍尔元件的周向布置

　　钢丝绳检测系统如图 7-38 所示。利用滚珠丝杆副搭载励磁装置运动,通过调节步进电机控制检测速度。

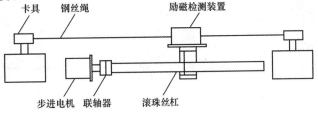

图 7-38　钢丝绳检测系统

钢丝绳没有断丝时,采集的波形信号平稳,而有断丝时,信号产生较大的波动,如图7-39所示。

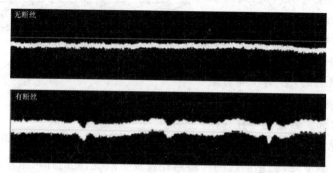

图 7-39　钢丝绳信号波形

采集的钢丝绳漏磁信号中含有大量的噪声信号成分,必须进行降噪处理,如前所述,小波降噪技术是一种比较适合漏磁信号的处理方法,图7-40是对有3个断丝故障钢丝绳漏磁信号处理前后的信号比较,可见,经小波降噪处理后,波形信噪比明显提高。

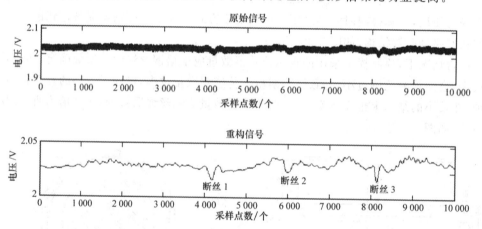

图 7-40　小波降噪处理后的波形对比

4. 钻杆检测

钻杆是钻柱的基本组成部分,承受拉、压、扭转、弯曲等复杂的交变载荷和腐蚀介质作用,容易产生磨损、刺穿、腐蚀、裂纹等缺陷,如图7-41所示,采用漏磁检测技术对钻杆进行无损检测是目前比较适用的方法。

(a)刺穿　　　　　　　(b)腐蚀　　　　　　　(c)裂纹

图 7-41　钻杆常见缺陷

　　钻杆的漏磁检测方法示意图如图 7-42 所示,通过轴向布置的 2 个直流励磁线圈对钻杆杆体进行饱和磁化,安装于励磁线圈中部的检测探头拾取钻杆表面磁场变化,并将缺陷的漏磁信号转换为电压信号,经放大、调理、采集后进入上位机软件进行处理和显示。

　　探头采用 90°圆弧状形式,以实现钻杆杆体 360°全覆盖检测。为了使钻杆上同一缺陷在不同角度检测时得到相同的检测信号幅值,采用双层布置相邻串联的传感器布置方式,如图 7-43 所示,该方式将相邻传感器的输出进行串联作为一个通道输出,并在轴向进行双层布置。

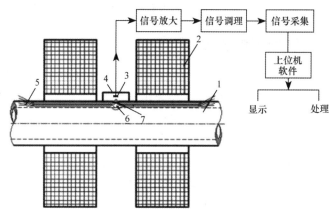

图 7-42　钻杆的漏磁检测方法示意图

1—钻杆管体;2—励磁线圈;3—漏磁传感器;4—检测探头;

5—钻杆内部磁力线;6—缺陷漏磁场;7—钻杆缺陷

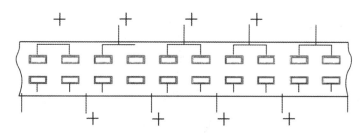

图 7-43　双层布置相邻串联漏磁传感器阵列展开图

　　为了保证钻杆在摆动过程中检测的可靠性,保证固定的提离值,采用如图 7-44 所示的探头跟踪机构,为避免经过接箍时探头和杆体碰撞,在探头上安装导向块,检测过程中探头和杆体的压力通过弹簧提供。

　　在提离值为 5 mm 的情况下,可以较好地检测出直径为 3.2 mm 和 1.6 mm 的通孔缺陷以及尺寸为 25 mm× 1 mm×1 mm 和 25 mm×1 mm×0.5 mm 的横向缺陷,如图 7-45 所示。

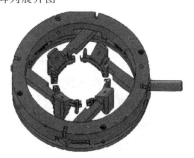

图 7-44　探头跟踪机构

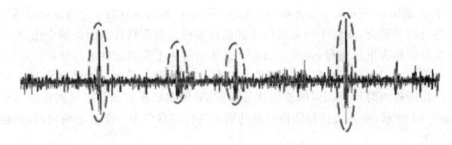

图 7-45　钻杆漏磁检测信号

7.2.8　多频漏磁检测技术

漏磁检测作为一种能够将检测信号与缺陷特征联系起来的检测技术,在许多领域得到了广泛应用,但就目前状况而言,定量化程度还比较低,多频漏磁检测方法将漏磁检测(MFL)原理与交流电磁场检测原理(ACFM)结合起来,大大提高了缺陷的定量水平。

多频漏磁检测技术的主要特点:

(1)对各种损伤均具有较高的检测精度,如铁磁性材料表面、近表面裂纹、锈蚀等。

(2)探头结构简单,成本低且易于实现,操作简单。

(3)磁场信号受表面状态的影响小,检测效率高。

(4)与单频漏磁检测技术相比,信号中包含的信息更加丰富,探测层次不再单一,对缺陷的识别更加准确。

多频漏磁检测的原理是采用多个频率的信号同时激励探头线圈,传感器通过检测缺陷漏磁场的变化判断缺陷特征,原理示意图如图 7-46 所示。

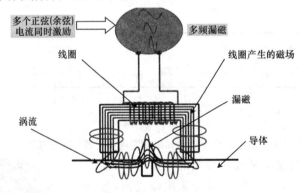

图 7-46　多频漏磁检测原理示意图

多频漏磁检测技术的原理与多频涡流检测技术相似,也是采用多个频率的信号同时激励探头线圈,传感器通过检测缺陷漏磁场的变化来确定缺陷的形态。由于不同激励所产生的磁化范围不同,所以不同深度缺陷的漏磁也不同,通过实验测得不同频率的检测范围,再与缺陷信号进行比较,结合多频涡流的理论成果,能够实现缺陷深度的定量分层检测。

影响多频漏磁检测结果的因素很多,如材料性质、温度、激励电流的频率及频率组合、提离距离、检测速度、工件性质、缺陷性质等,比如由于存在趋肤效应,对同样的人工伤缺陷,采用 100 Hz 的电流频率,表面缺陷和近表面缺陷均可检测出来,如图 7-47 所示,但采用 20 kHz 频率时,表面缺陷可以很好地检测出来,而近表面缺陷却无法检测,如图 7-48 所示。

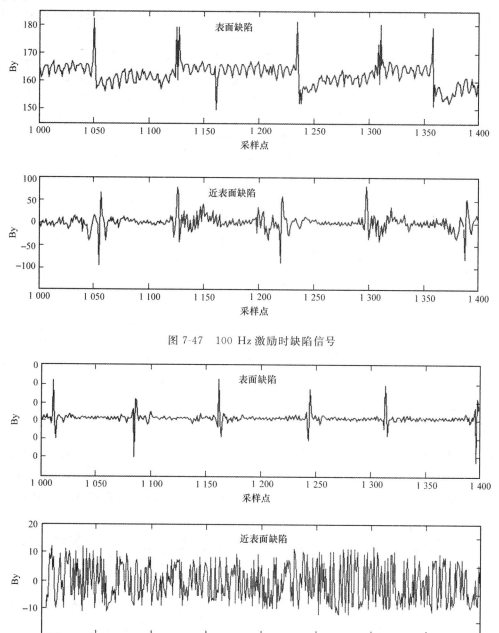

图 7-47　100 Hz 激励时缺陷信号

图 7-48　20 kHz 激励时缺陷信号

　　频率组合应根据实际情况而定,比如检测对象较薄时,两个频率的组合就已经足够了,更多的频率组合反而给信号处理带来麻烦。当检测对象比较厚,或检测气孔类的缺陷时,就需要采用三频甚至四频的组合,以便进行准确定量。

多频检测时,可以采用整体磁化方式,也可以采用局部磁化方式。整体磁化装置体积较大,比较笨重,检测后有较大的剩磁。局部磁化装置体积小,检测后的剩磁也小,但当频率过小、试件较厚时不能保证磁力线完全穿过试件,在实际检测时可以选择合适的磁化方式,或者将二者结合起来。

多频漏磁检测通常也使用霍尔元件检测漏磁场的变化,如图7-49所示,根据检测对象或结构的不同,可以改变霍尔元件的放置方式,通常有水平放置和垂直放置两种。为了增大探头的有效扫描宽度,实际检测中往往采用霍尔元件阵列。

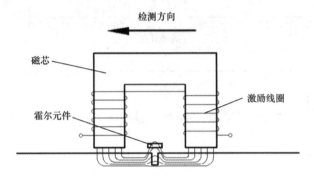

图7-49　霍尔元件的放置

多频漏磁检测时,漏磁信号所包含的信息更多,例如,对于一个中等深度的缺陷,采用高、中、低三种不同频率的组合时,高频信号能够完整反映的可能是缺陷的宽度,低频信号能够完整反映的可能是缺陷的深度,因此需要建立相应的理论模型,通过相应算法来得到实际缺陷的特征。

7.3　电流微扰检测技术

电流微扰检测属于电磁无损检测方法,其基本原理是:将电流导入试件受检区域,此时在这一区域将产生磁场,缺陷或其他异常的存在将干扰电流的正常流动,从而使该区域的磁场发生变化,用磁敏器件探测这一变化,就可对该区域的状况做出评价,如图7-50所示。

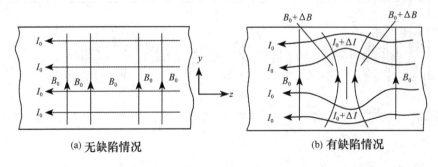

图7-50　电流微扰检测原理示意图

电流微扰检测技术具有以下特点：

(1)可以检测形状复杂的试件。

(2)可以检测较小的缺陷。

(3)适用于非铁磁性材料如钛合金、铝合金等。

(4)只能检测表面和近表面缺陷。

典型的交流电流微扰检测系统示意图如图 7-51 所示。

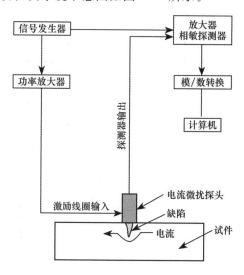

图 7-51　典型交流电流微扰检测系统示意图

信号发生器通过功率放大器以单一频率的恒定电流供给探头中的激励线圈,用以在被检区域激发未受扰动的密度为 I_0 的电流(涡流),探头中的探测器位于激励线圈和被检区域表面之间,用于探测磁场的微小变化 ΔB,探头中探测器的输出进入放大器和相敏探测器,相敏探测器提供两个输出,分别为与电流信号同相的信号 A 和有 90°相移的信号 B,通过模/数转换输入计算机进行处理,可以利用高通滤波抑制与缺陷无关的低频信号,以提高信噪比。

在实际检测中,探头激励线圈和探测器线圈是互相垂直的,如图 7-52 所示,这种布置可以减少或消除磁场的直接耦合。此外,探测器线圈采用差动配置也有助于抵消剩余的耦合作用,保证检测灵敏度。

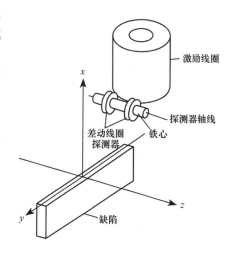

图 7-52　激励线圈和探测器线圈的配置

电流微扰法不仅可以用交流电注入,也可用直流电注入,此时应用霍尔元件代替线圈,会得到相似结果。

利用电流微扰法可以检测双层紧固件孔中底层孔边裂纹、空心轴螺纹根部疲劳裂纹、叶片榫槽表面裂纹等。

7.4 带电粒子检测技术

带电粒子检测适用于所有非导电材料,如玻璃、陶瓷、塑料、油漆涂层等的开口于试件表面的裂纹或其他缺陷,适用于任何尺寸的单件或批量产品,灵敏度优于普通的渗透技术,可检出宽度小于 $0.1~\mu m$ 的裂纹或其他缺陷。

带电粒子检测既可以用于带金属背衬的非导电材料,也可用于不带金属背衬的非导电材料。对于带金属背衬的非导电材料,喷洒在试件表面上的粉末在通过喷嘴时因摩擦带有正电荷,此时非导电层中的电子将有某种程度的重新取向,但不自由移动,金属层中的电子则被吸引到非导电层和金属层间的界面上,形成极化场,如图 7-53(a)所示。当非导电层中出现缺陷时,其中产生的极化程度要低得多,由于表面正电荷引起电场的影响比其他部位强,因此使负电荷聚集在缺陷下面的金属部位,如图 7-53(b)所示,继续喷洒带正电荷的粉末时,便可聚集在缺陷处,形成显示,如图 7-53(c)所示。

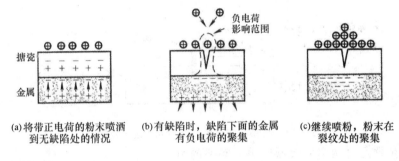

(a)将带正电荷的粉末喷洒到无缺陷处的情况

(b)有缺陷时,缺陷下面的金属有负电荷的聚集

(c)继续喷粉,粉末在裂纹处的聚集

图 7-53 带金属背衬的非导电材料的检测

对于不带金属背衬的材料,可采用特殊的液体渗透剂,这种渗透剂除了含水和润湿剂外,还含有其他成分,可以提供一个微导电良好的负离子源,将其施加到试件表面,然后去除并干燥,此时在缺陷中截留少量渗透剂。当施加带有正电荷的粉末时,渗透剂中的负离子往往迁移到缺陷上部,缺陷底部变成带正电荷,粉末便被吸附在缺陷处,如图 7-54(a)和(b)所示。当非导电材料较薄时,在其背面喷洒粉末也可被吸附,有时即使不使用渗透剂,粉末也会被吸附,这可能是因为缺陷部位介电常数的不连续变化引起的感应带电现象造成的。

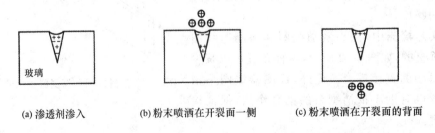

(a)渗透剂渗入

(b)粉末喷洒在开裂面一侧

(c)粉末喷洒在开裂面的背面

图 7-54 不带金属背衬的非导电材料的检测

要达到在喷洒时使粉末带电的目的,需要该粉末具有带电量大的特性,一般使用碳酸

钙或碳酸钡,这些材料与橡胶摩擦时就能带电,能得到良好的检测效果,且防潮性能好,对人体和环境无害。

7.5　电晕放电检测技术

电晕放电是指气体在不均匀电场中的局部自持放电现象。通常情况下气体是由不带电的分子或原子组成的,是良好的绝缘体,当气体中出现电子和离子时,在外电场的作用下,电子或离子的定向运动,气体就导电了,电晕放电检测就是通过施加电场使缺陷中含有的气体产生电离,通过检测元件检测缺陷中气体电离产生的微小电流脉冲或辐射的电磁波谱,就可以获得缺陷部位的信息。

在被检试件两端施加一足够强度的电场,足以使缺陷中含有的气体产生电离,当缺陷中的气体电离时,电子向缺陷壁加速产生强的放电场,这种放电的持续时间是缺陷尺寸和气体密度的函数,可用变压器次级绕组中所得的微小电流脉冲来检测,也可通过电子与缺陷壁碰撞时所辐射的电磁波谱来检测,通过放电气体的体积确定缺陷的大小,典型的电晕放电检测电路如图 7-55 所示。

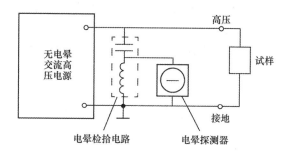

图 7-55　典型的电晕放电检测电路

电晕放电检测可以用于不同形状和尺寸的非金属和电介质材料,如电绝缘材料、纤维、缠绕构件和叠层制品,可以探测与表面相连或表面下的裂纹、孔洞、分层等缺陷。

参考文献

[1]　李家伟. 无损检测手册 [M]. 2 版. 北京:机械工业出版社,2012.

[2]　丁守宝,刘富君. 无损检测新技术及应用[M]. 北京:高等教育出版社,2012.

[3]　LUO X Y,WANG Y L,ZHU B, et al. Super-resolution spectral analysis and signal reconstruction of magnetic Barkhausen noise[J]. NDT&E International-al, 2015,70:16-21.

[4]　JARRAHI F,KASHEFI M,AHMADZADE-BEIRAKI E. An investigation into the applicability of Barkhausen noise technique in evaluation of machining properties of high carbon steel parts with different degrees of spheroidization [J]. Journal of Magnetism and Magnetic Materials,2015,385:107-111.

[5]　VOURNA P,KTENA A,TSAKIRIDIS P E,et al. An accurate evaluation of the residual stress of welded electrical steels with magnetic Barkhausen noise[J]. Measurement,2015,71:31-45.

［6］　朱秋君. 巴克豪森噪声钢轨应力检测仪的开发和研究［D］. 南昌:南昌航空航天大学,2012.

［7］　MOORTHY V, SHAW B A, HOPKINS P. Surface and subsurface stress evaluation in case-carburised steel using high and low frequency magnetic Barkhausen emission measurements［J］. Journal of Magnetism and Magnetic Materials, 2006, 299:362-375.

［8］　ATHERTON D L, WELBOURN. A rotating-drum rig for testing pipeline anomaly detectors under simulated line pressure［J］. Materials Evaluation, 1988,46(1):101-107.

［9］　孙若. 大型原油储罐底板的漏磁检测［J］. 广东化工,2016,8:170-171.

［10］　沈功田,王宝轩,郭锴. 漏磁检测技术的研究与发展现状［J］. 检测技术,2017, 33(9):43-52.

［11］　孙建功. 钢丝绳故障检测实验系统的研究［D］. 石家庄:石家庄铁道大学,2017.

［12］　伍剑波,陶云,康宜华,邵双方. 基于直流磁化的钻杆漏磁检测方法［J］. 石油机械,2015,43(3):39-44.

［13］　丁红霞. 多频漏磁检测原理及应用研究［D］. 武汉:华中科技大学,2009.

附 录

附录1 无损检测相关学术期刊

表1 综合类期刊

期刊名称	刊号	影响因子 （综合影响因子）	5年影响因子 （复合影响因子）
Chinese Journal of Mechanical Engineering	1000-9345	1.413	1.349
Experimental Mechanics	0014-4851	2.256	2.518
IEEE Transactions on Instrumentation and Measurement	0018-9456	3.067	2.980
Insight	1354-2575	0.792	0.886
Journal of Applied Physics	0021-8979	2.328	2.224
Journal of Nondestructive Evaluation	0195-9298	2.139	2.279
Journal of Testing And Evaluation	0090-3973	0.711	0.734
Materials Characterization	1044-5803	3.220	3.460
Materials Evaluation	0025-5327	0.481	0.429
Measurement	0263-2241	2.791	2.826
Measurement Science and Technology	0957-0233	1.861	1.937
NDT & E International	0963-8695	2.934	3.625
Nondestructive Testing and Evaluation	1058-9759	1.735	1.457
Research in Nondestructive Evaluation	0934-9847	1.517	1.394
Russian Journal of Nondestructive Testing	1061-8309	0.677	0.627
传感技术学报	1004-1699	1.269	1.707
机械工程学报	0577-6686	1.363	2.153
物理学报	1000-3290	0.880	1.250
无损检测	1000-6656	0.555	0.725
无损探伤	1671-4423	0.133	0.187
仪器仪表学报	0254-3087	2.420	3.134
中国机械工程	1004-132X	0.749	1.271

表2 声学检测类期刊

期刊名称	刊号	影响因子 （综合影响因子）	5年影响因子 （复合影响因子）
Acoustical Physics	1063-7710	0.860	0.824
Acoustics Australia	0814-6039	0.630	0.614
Acta Acustica United with Acustica	1610-1928	1.037	1.046
Applied Acoustics	0003-682X	2.297	2.323

期刊名称	刊号	影响因子 （综合影响因子）	5年影响因子 （复合影响因子）
IEEE Transactions on Ultrasonics, Ferroelectrics, and Frequency Control	0885-3010	2.989	2.959
Journal of Computational Acoustics	0218-396X	1.217	0.868
Journal of Sound and Vibration	0022-460X	3.123	3.330
Journal of Vibration and Acoustics	1048-9002	1.929	2.010
Journal of Vibration and Control	1077-5463	2.865	2.459
Shock and Vibration	1070-9622	1.628	1.708
Ultrasonic Imaging	0161-7346	2.490	2.135
Ultrasonics	0041-624X	2.598	2.627
Wave Motion	0165-2125	1.576	1.757
声学技术	1000-3630	0.413	0.752
声学学报	0371-0025	0.674	0.995
应用声学	1000-310X	0.541	0.774

表 3 电磁检测类期刊

期刊名称	刊号	影响因子 （综合影响因子）	5年影响因子 （复合影响因子）
Applied Computational Electromagnetics Society Journal	1054-4887	0.584	0.543
Electromagnetics	0272-6343	0.609	0.523
IEEE Transactions on Magnetics	0018-9464	1.651	1.588
International Journal of Applied Electromagnetics and Mechanics	1383-5416	0.684	0.684
Journal of Electromagnetic Waves and Applications	0920-5071	1.351	0.991
Journal of Magnetism and Magnetic Materials	0304-8853	2.683	2.597
Sensors and Actuators A-Physical	0924-4247	2.739	2.780
电工技术学报	1000-6753	2.825	3.857

表 4 光学、红外检测类期刊

期刊名称	刊号	影响因子 （综合影响因子）	5年影响因子 （复合影响因子）
Applied Optics	0003-6935	1.973	1.880
Applied Physics B-Lasers and Optics	0946-2171	1.769	1.739
Chinese Optics Letters	1671-7694	1.907	1.223
Infrared Physics and Technology	1350-4495	2.313	2.170
Journal of Laser Applications	1042-346X	1.443	1.919
Journal of Optics	2040-8978	2.753	2.246
Laser Physics	1054-660X	1.231	1.018
Laser Physics Letters	1612-2011	2.328	1.988
Optical Engineering	0091-3286	1.209	1.151

续表

期刊名称	刊号	影响因子 (综合影响因子)	5 年影响因子 (复合影响因子)
Optics and Laser Technology	0030-3992	3.319	2.643
Optics and Lasers in Engineering	0143-8166	4.059	3.486
Ukrainian Journal of Physical Optics	1609-1833	0.804	0.726
光学技术	1002-1582	0.554	0.813
光学精密工程	1004-924X	1.724	2.324
红外技术	1001-8891	0.596	0.907
红外与毫米波学报	1001-9014	0.527	0.802
红外与激光工程	1007-2276	1.012	1.248
激光与红外	1001-5078	0.614	0.841
激光杂志	0253-2743	0.464	0.627
应用激光	1000-372X	0.482	0.691
中国激光	0258-7025	1.432	1.816

注:英文期刊影响因子来自 Thomson Reuters 的 InCites-JCR:Journal Citation Reports (2018 年);
中文期刊影响因子来自中国知网的期刊综合影响因子和复合影响因子(2018 年),其中综合影响因子是以基础研究、技术研究、技术开发类科技期刊及引证科技期刊的人文社会科学基础研究、应用研究和工作研究期刊作为期刊综合统计源文献进行计算,复合影响因子是以期刊、博硕士学位论文、会议论文为复合统计源文献进行计算。

附录2 部分工业无损检测常用标准

表1 无损检测总则

序号	标准编号	标准名称	实施日期
1	GB/T 12604—2014	无损检测 术语	2014/12/1
2	GB/T 31213—2014	无损检测 铸铁构件检测	2015/5/1
3	DL/T 1105—2010	电站锅炉集箱小口径接管座角焊缝无损检测技术导则	2010/10/1
4	JB/T 12727—2016	无损检测 仪器 试样	2017/1/1
5	NB/T 20003—2010	核电厂核岛机械设备无损检测	2010/10/1
6	NB/T 20328—2015	核电厂核岛机械设备无损检测另一规范	2015/9/1
7	NB/T 47013—2015	承压设备无损检测	2015/9/1
8	SH/T 3545—2011	石油化工管道无损检测标准	2011/6/1
9	SY/T 6423—2014	石油天然气工业 钢管无损检测方法	2015/3/1
10	SY/T 6858—2012	油井管无损检测方法	2012/12/1
11	TB/T 1558—2010	机车车辆焊缝无损检测	2011/6/1
12	TB/T 2047—2011	铁路用无损检测材料技术条件	2011/11/1
13	TB/T 3105—2009	铁道货车铸钢摇枕、侧架无损检测	2010/5/1
14	TB/T 3256—2011	机车在役零部件无损检测	2011/10/1

表2 目视检测标准

序号	标准编号	标准名称	实施日期
1	GB/T 20967—2007	无损检测 目视检测 总则	2007/12/1
2	GB/T 20968—2007	无损检测 目视检测辅助工具 低倍放大镜的选用	2007/12/1
3	GB/T 32259—2015	焊缝无损检测 熔焊接头目视检测	2016/7/1
4	JB/T 11601—2013	无损检测仪器 目视检测设备	2014/7/1
5	MH/T 3019—2009	航空器无损检测 目视检测	2009/7/1

表3 红外检测标准

序号	标准编号	标准名称	实施日期
1	GB/T 12604—2008	无损检测 术语 红外检测	2009/5/1
2	GB/T 26253—2010	塑料薄膜和薄片水蒸气透过率的测定 红外检测器法	2011/6/1
3	GB/T 26643—2015	无损检测 闪光灯激励红外热像法	2016/6/1
4	GB/T 28706—2012	无损检测 机械及电气设备红外热成像检测方法	2013/3/1
5	DL/T 907—2004	热力设备红外检测导则	2005/6/1
6	DL/T 1524—2016	发电机红外检测方法及评定导则	2016/6/1

表 4　　　　　　　　　　　　　　　超声检测标准

序号	标准编号	标准名称	实施日期
1	GB/T 4162—2008	锻轧钢棒超声检测方法	2008/11/1
2	GB/T 6402—2008	钢锻件超声检测方法	2008/11/1
3	GB/T 7233—2009	铸钢件　超声检测	2010/4/1
4	GB/T 7734—2015	复合钢板超声检测方法	2016/11/1
5	GB/T 11259—2015	无损检测　超声检测用钢参考试块的制作和控制方法	2016/6/1
6	GB/T 11343—2008	无损检测　接触式超声斜射检测方法	2008/11/1
7	GB/T 11344—2008	无损检测　接触式超声脉冲回波法测厚方法	2009/2/1
8	GB/T 11345—2013	焊缝无损检测　超声检测　技术、检测等级和评定	2014/6/1
9	GB/T 12604—2005	无损检测　术语　超声检测	2005/12/1
10	GB/T 15830—2008	无损检测　钢制管道环向焊缝对接接头超声检测方法	2009/2/1
11	GB/T 18256—2015	钢管无损检测　用于确认无缝和焊接钢管（埋弧焊除外）水压密实性的自动超声检测方法	2016/6/1
12	GB/T 18694—2002	无损检验　超声检验　探头及其声场的表征	2002/8/1
13	GB/T 18852—2002	无损检验　超声检验　测量接触探头声束特性的参考试块和方法	2003/5/1
14	GB/T 19799—2012	无损检测　超声检测	2013/3/1
15	GB/T 20490—2006	承压无缝和焊接（埋弧焊除外）钢管分层缺欠的超声检测	2007/2/1
16	GB/T 20935—2009	金属材料电磁超声检验方法	2010/5/1
17	GB/T 23900—2009	无损检测　材料超声速度测量方法	2009/12/1
18	GB/T 23902—2009	无损检测　超声检测　超声衍射声时技术检测和评价方法	2009/12/1
19	GB/T 23904—2009	无损检测　超声表面波检测方法	2009/12/1
20	GB/T 23905—2009	无损检测　超声检测用试块	2009/12/1
21	GB/T 23908—2009	无损检测　接触式超声脉冲回波直射检测方法	2009/12/1
22	GB/T 23912—2009	无损检测　液浸式超声纵波脉冲反射检测方法	2009/12/1
23	GB/T 25759—2010	无损检测　数字化超声检测数据的计算机传输数据段指南	2011/10/1
24	GB/T 27664—2011	无损检测　超声检测设备的性能与检验	2012/5/1
25	GB/T 27669—2011	无损检测　超声检测　超声检测仪电性能评定	2012/5/1
26	GB/T 28704—2012	无损检测　磁致伸缩超声导波检测方法	2013/3/1
27	GB/T 28880—2012	无损检测　不用电子测量仪器对脉冲反射式超声检测系统性能特性的评定	2013/2/15
28	GB/T 29302—2012	无损检测仪器　相控阵超声检测系统的性能与检验	2013/6/1
29	GB/T 29461—2012	聚乙烯管道电熔接头超声检测	2013/7/1
30	GB/T 29711—2013	焊缝无损检测　超声检测　焊缝中的显示特征	2014/6/1

序号	标准编号	标准名称	实施日期
31	GB/T 29712—2013	焊缝无损检测　超声检测　验收等级	2014/6/1
32	GB/T 31211—2014	无损检测　超声导波检测　总则	2015/5/1
33	GB/T 32073—2015	无损检测　残余应力超声临界折射纵波检测方法	2016/6/1
34	DB35/T 902—2009	在役高压水晶釜超声检测	2009/4/1
35	DB44/T 1852—2016	奥氏体不锈钢薄板对接焊接接头超声检测	2016/8/17
36	DB53/T 419—2012	在用超高压水晶釜超声检测规程	2012/12/1
37	DL/T 330—2010	水电水利工程金属结构及设备焊接接头衍射时差法超声检测	2011/5/1
38	DL/T 694—2012	高温紧固螺栓超声检测技术导则	2012/12/1
39	JB/T 1581—2014	汽轮机、汽轮发电机转子和主轴锻件超声检测方法	2014/11/1
40	JB/T 1582—2014	汽轮机叶轮锻件超声检测方法	2014/11/1
41	JB/T 8428—2015	无损检测　超声试块通用规范	2015/10/1
42	JB/T 8467—2014	锻钢件超声检测	2014/11/1
43	JB/T 9212—2010	无损检测　常压钢质储罐焊缝超声检测方法	2010/7/1
44	JB/T 9214—2010	无损检测　A型脉冲反射式超声检测系统工作性能测试方法	2010/7/1
45	JB/T 10411—2014	离心机、分离机不锈钢锻件超声检测及质量评级	2014/10/1
46	JB/T 10554—2015	无损检测　轴类球墨铸铁超声检测	2015/10/1
47	JB/T 10559—2006	起重机械无损检测　钢焊缝超声检测	2006/10/1
48	JB/T 10814—2007	无损检测　超声表面波检测	2008/3/1
49	JB/T 11604—2013	无损检测仪器　超声波测厚仪	2014/7/1
50	JB/T 11610—2013	无损检测仪器　数字超声检测仪技术条件	2014/7/1
51	JB/T 11276—2012	无损检测仪器　超声波探头型号命名方法	2012/11/1
52	JB/T 11731—2013	无损检测　超声相控阵探头通用技术条件	2014/7/1
53	JB/T 11779—2014	无损检测仪器　相控阵超声检测仪技术条件	2014/10/1
54	JB/T 12458—2015	无损检测仪器　多通道数字超声检测仪	2016/3/1
55	JB/T 12466—2015	无损检测　超声探头通用规范	2016/3/1
56	JB/T 12725—2016	无损检测仪器　超声自动检测系统	2016/6/1
57	JJG 070—2006	混凝土超声检测仪	2006/10/1
58	MH/T 3002—2006	航空器无损检测　超声检测	2006/10/1
59	SL 581—2012	水工金属结构T形接头角焊缝和组合焊缝超声检测方法和质量分级	2012/11/6

表 5		涡流检测标准	
序号	标准编号	标准名称	实施日期
1	GB/T 12604—2008	无损检测　术语　涡流检测	2009/2/1
2	GB/T 14480—2015	无损检测仪器　涡流检测设备	2016/7/1
3	GB/T 23601—2009	钛及钛合金棒、丝材涡流探伤方法	2010/2/1
4	GB/T 25450—2010	重水堆核电厂燃料元件端塞焊缝涡流检测	2011/5/1
5	GB/T 26832—2011	无损检测仪器　钢丝绳电磁检测仪技术条件	2011/12/1
6	GB/T 26954—2011	焊缝无损检测　基于复平面分析的焊缝涡流检测	2012/3/1
7	GB/T 28705—2012	无损检测　脉冲涡流检测方法	2013/3/1
8	GB/T 30565—2014	无损检测　涡流检测　总则	2014/12/1
9	DL/T 1451—2015	在役冷凝器非铁磁性管涡流检测技术导则	2015/9/1
10	JB/T 5525—2011	无损检测仪器　单通道涡流检测仪性能测试方法	2012/4/1
11	JB/T 10658—2006	无损检测　基于复平面分析的焊缝涡流检测	2007/5/1
12	JB/T 11259—2011	无损检测仪器　多频涡流检测仪	2012/4/1
13	JB/T 11279—2012	无损检测仪器　线阵列涡流探头	2012/11/1
14	JB/T 11611—2013	无损检测仪器　涡流—磁记忆综合检测仪	2014/7/1
15	JB/T 11612—2013	无损检测仪器　涡流—漏磁综合检测仪	2014/7/1
16	JB/T 11780—2014	无损检测仪器　阵列涡流检测仪性能和检验	2014/10/1
17	MH/T 3015—2006	航空器无损检测　涡流检测	2006/10/1
18	YS/T 478—2005	铜及铜合金导电率涡流检测方法	2005/12/1

表 6		磁粉检测标准	
序号	标准编号	标准名称	实施日期
1	CB/T 3958—2004	船舶钢焊缝磁粉检测、渗透检测工艺和质量分级	2004/6/1
2	GB/T 5097—2005	无损检测　渗透检测和磁粉检测　观察条件	2005/12/1
3	GB/T 9444—2007	铸钢件磁粉检测	2008/1/1
4	GB/T 15822—2005	无损检测　磁粉检测	2006/4/1
5	GB/T 23906—2009	无损检测　磁粉检测用环形试块	2009/12/1
6	GB/T 23907—2009	无损检测　磁粉检测用试片	2009/12/1
7	GB/T 24606—2009	滚动轴承　无损检测　磁粉检测	2010/4/1
8	GB/T 25757—2010	无损检测　钢管自动漏磁检测系统　综合性能测试方法	2011/10/1
9	GB/T 26951—2011	焊缝无损检测　磁粉检测	2012/3/1
10	GB/T 26952—2011	焊缝无损检测　焊缝磁粉检测　验收等级	2012/3/1
11	GB/T 31212—2014	无损检测　漏磁检测　总则	2015/5/1
12	JB/T 6061—2007	无损检测　焊缝磁粉检测	2008/1/1
13	JB/T 6063—2006	无损检测　磁粉检测用材料	2006/10/1
14	JB/T 7367—2013	圆柱螺旋压缩弹簧　磁粉检测方法	2014/7/1
15	JB/T 7411—2012	无损检测仪器　电磁轭磁粉探伤仪技术条件	2012/11/1
16	JB/T 8290—2011	无损检测仪器　磁粉探伤机	2012/4/1
17	JB/T 8468—2014	锻钢件磁粉检测	2014/11/1

续表

序号	标准编号	标准名称	实施日期
18	JB/T 9744—2010	内燃机 零、部件磁粉检测	2010/7/1
19	JB/T 10765—2007	无损检测 常压金属储罐漏磁检测方法	2008/1/1
20	JB/T 11784—2014	往复式内燃机 大功率柴油机 连续纤维锻钢曲轴 检验方法:湿法连续法磁粉检测	2014/10/1
21	MH/T 3008—2012	航空器无损检测 磁粉检测	2012/8/1

表 7   渗透检测标准

序号	标准编号	标准名称	实施日期
1	GB/T 5097—2005	无损检测 渗透检测和磁粉检测 观察条件	2005/12/1
2	GB/T 9443—2007	铸钢件渗透检测	2008/1/1
3	GB/T 18851—2014	无损检测 渗透检测	2014/12/1
4	GB/T 23911—2009	无损检测 渗透检测用试块	2009/12/1
5	GB/T 26953—2011	焊缝无损检测 焊缝渗透检测 验收等级	2012/3/1
6	CB 1417—2008	舰船用铜合金锻件渗透检测	2008/10/1
7	CB/T 3290—2013	民用船舶铜合金螺旋桨渗透检测	2014/7/1
8	CB/T 3958—2004	船舶钢焊缝磁粉检测、渗透检测工艺和质量分级	2004/6/1
9	JB/T 6062—2007	无损检测 焊缝渗透检测	2008/1/1
10	JB/T 6064—2015	无损检测 渗透试块通用规范	2015/10/1
11	JB/T 6902—2008	阀门液体渗透检测	2008/7/1
12	JB/T 8466—2014	锻钢件渗透检测	2014/11/1
13	JB/T 9218—2015	无损检测 渗透检测方法	2015/10/1
14	JB/T 12582—2015	泵产品零件无损检测 渗透检测	2016/3/1
15	TB/T 2984—2000	滑动轴承 金属多层滑动轴承渗透无损检测	2000/11/1

表 8   磁记忆检测标准

序号	标准编号	标准名称	实施日期
1	GB/T 12604—2011	无损检测 术语 磁记忆检测	2012/3/1
2	GB/T 26641—2011	无损检测 磁记忆检测 总则	2012/3/1
3	DL/T 370—2010	承压设备焊接接头金属磁记忆检测	2010/10/1
4	JB/T 11605—2013	无损检测仪器 金属磁记忆检测仪 技术条件	2014/7/1
5	JB/T 11606—2013	无损检测仪器 金属磁记忆检测仪 性能试验方法	2014/7/1
6	JB/T 11611—2013	无损检测仪器 涡流—磁记忆综合检测仪	2014/7/1

表 9   射线检测标准

序号	标准编号	标准名称	实施日期
1	GB/T 7704—2008	无损检测 X射线应力测定方法	2009/2/1
2	GB/T 12605—2008	无损检测 金属管道熔化焊环向对接接头射线照相检测方法	2008/11/1
3	GB/T 16544—2008	无损检测 伽玛射线全景曝光照相检测方法	2009/2/1

序号	标准编号	标准名称	实施日期
4	GB/T 19348—2003	无损检测　工业射线照相胶片	2004/5/1
5	GB/T 19802—2005	无损检测　工业射线照相观片灯　最低要求	2005/12/1
6	GB/T 19803—2005	无损检测　射线照相像质计　原则与标识	2005/12/1
7	GB/T 19943—2005	无损检测　金属材料 X 和伽玛射线　照相检测　基本规则	2006/4/1
8	GB/T 21355—2008	无损检测　计算机射线照相系统的分类	2008/5/1
9	GB/T 21356—2008	无损检测　计算机射线照相系统的长期稳定性与鉴定方法	2008/5/1
10	GB/T 23600—2009	镁合金铸件 X 射线实时成像检测方法	2009/9/1
11	GB/T 23901—2009	无损检测　射线照相底片像质	2009/12/1
12	GB/T 23909—2009	无损检测　射线透视检测	2009/12/1
13	GB/T 23910—2009	无损检测　射线照相检测用金属增感屏	2009/12/1
14	GB/T 25758—2010	无损检测　工业 X 射线系统焦点特性	2011/10/1
15	GB/T 26141—2010	无损检测　射线照相底片数字化系统的质量鉴定	2011/10/1
16	GB/T 26592—2011	无损检测仪器　工业 X 射线探伤机　性能测试方法	2011/11/1
17	GB/T 26593—2011	无损检测仪器　工业用 X 射线 CT 装置性能测试方法	2011/11/1
18	GB/T 26594—2011	无损检测仪器　工业用 X 射线管性能测试方法	2011/11/1
19	GB/T 26595—2011	无损检测仪器　周向 X 射线管技术条件	2011/11/1
20	GB/T 26642—2011	无损检测　金属材料计算机射线照相检测方法	2012/3/1
21	GB/T 26830—2011	无损检测仪器　高频恒电位工业 X 射线探伤机	2011/12/1
22	GB/T 26833—2011	无损检测仪器　工业用 X 射线管通用技术条件	2011/12/1
23	GB/T 26834—2011	无损检测仪器　小焦点及微焦点 X 射线管有效焦点尺寸测量方法	2011/12/1
24	GB/T 26835—2011	无损检测仪器　工业用 X 射线 CT 装置通用技术条件	2011/12/1
25	GB/T 26836—2011	无损检测仪器　金属陶瓷 X 射线管技术条件	2011/12/1
26	GB/T 26837—2011	无损检测仪器　固定式和移动式工业 X 射线探伤机	2011/12/1
27	GB/T 26838—2011	无损检测仪器　携带式工业 X 射线探伤机	2011/12/1
28	GB/T 28266—2012	承压设备无损检测　射线胶片数字化系统的鉴定方法	2012/9/1
29	GB/T 29034—2012	无损检测　工业计算机层析成像(CT)指南	2013/10/1
30	GB/T 29067—2012	无损检测　工业计算机层析成像(CT)图像测量方法	2013/10/1
31	GB/T 29068—2012	无损检测　工业计算机层析成像(CT)系统选型指南	2013/10/1
32	GB/T 29069—2012	无损检测　工业计算机层析成像(CT)系统性能测试方法	2013/10/1
33	GB/T 29070—2012	无损检测　工业计算机层析成像(CT)检测　通用要求	2013/10/1
34	GB/T 29071—2012	无损检测　火工装置工业计算机层析成像(CT)检测方法	2013/10/1

续表

序号	标准编号	标准名称	实施日期
35	GB/T 30371—2013	无损检测用电子直线加速器工程通用规范	2015/3/1
36	CB/T 3558—2011	船舶钢焊缝射线检测工艺和质量分级	2011/10/1
37	CB/T 3929—2013	铝合金船体对接接头 X 射线检测及质量分级	2013/12/1
38	JB/T 5453—2011	无损检测仪器　工业 X 射线图像增强器成像系统	2012/4/1
39	JB/T 6215—2011	无损检测仪器　工业 X 射线管系列型谱	2012/4/1
40	JB/T 6220—2011	无损检测仪器　射线探伤用密度计	2012/4/1
41	JB/T 6221—2012	无损检测仪器　工业 X 射线探伤机　电气通用技术条件	2012/11/1
42	JB/T 7808—2010	无损检测仪器　工业 X 射线探伤机主参数系列	2010/7/1
43	JB/T 7902—2015	无损检测　线型像质计通用规范	2016/3/1
44	JB/T 8387—2010	无损检测仪器　工业用 X 射线管主参数	2010/7/1
45	JB/T 8543—2015	泵产品零件无损检测　泵受压铸钢件射线检测	2016/3/1
46	JB/T 9394—2011	无损检测仪器　X 射线应力测定仪技术条件	2012/4/1
47	JB/T 10815—2007	无损检测　射线透视检测用分辨力测试计	2008/3/1
48	JB/T 11234—2011	无损检测仪器　工业软 X 射线探伤机	2012/4/1
49	JB/T 11278—2012	无损检测仪器　工业 X 射线探伤机　通用技术条件	2012/11/1
50	JB/T 11602—2013	无损检测仪器　X 射线管电压的测量和评定	2014/7/1
51	JB/T 11607—2013	无损检测仪器　工业用 X 射线轮胎检测系统	2014/7/1
52	JB/T 11608—2013	无损检测仪器　工业用 X 射线探伤装置	2014/7/1
53	JB/T 12456—2015	无损检测仪器　线路板检测用 X 射线检测仪技术条件	2016/3/1
54	JB/T 12457—2015	无损检测仪器　线路板检测用 X 射线检测仪性能试验方法	2016/3/1
55	JB/T 12464—2015	无损检测　机翼数字射线成像检测方法	2016/3/1
56	MH/T 3009—2012	航空器无损检测　射线照相检测	2012/8/1
57	SY/T 4120—2012	高含硫化氢气田钢质管道环焊缝射线检测	2012/3/1

表 10　　　　　　　　　　　　　声发射检测标准

序号	标准编号	标准名称	实施日期
1	GB/T 12604—2005	无损检测　术语　声发射检测	2005/12/1
2	GB/T 19800—2005	无损检测　声发射检测　换能器的一级校准	2005/12/1
3	GB/T 19801—2005	无损检测　声发射检测　声发射传感器的二级校准	2005/12/1
4	GB/T 26644—2011	无损检测　声发射检测　总则	2012/3/1
5	GB/T 26646—2011	无损检测　小型部件声发射检测方法	2012/3/1
6	DB37/T1879—2011	承压系统泄漏声发射检测规程	2011/6/1
7	JB/T 5754—2011	无损检测仪器　单通道声发射检测仪　技术条件	2012/4/1
8	JB/T 6916—1993	在役高压气瓶声发射检测和评定方法	1994/7/1
9	JB/T 7667—1995	在役压力容器声发射检测评定方法	1996/7/1
10	JB/T 8283—1999	声发射检测仪器性能测试方法	2000/1/1

序号	标准编号	标准名称	实施日期
11	JB/T 10764—2007	无损检测　常压金属储罐声发射检测及评价方法	2008/1/1
12	JB/T 11603—2013	无损检测仪器　声发射	2014/7/1
13	JJF 1505—2015	声发射检测仪校准规范	2015/4/30

表 11　　　　　　　　　　　　　　　　　其他检测标准

序号	标准编号	标准名称	实施日期
1	GB/T 17455—2008	无损检测　表面检测的金相复型技术	2009/2/1
2	GB/T 20129—2015	无损检测用电子直线加速器	2016/5/1
3	GB/T 22039—2008	航空轮胎激光数字无损检测方法	2009/2/1
4	GB/T 26140—2010	无损检测　测量残余应力的中子衍射方法	2011/10/1
5	GB/T 31362—2015	无损检测　热中子照相检测　中子束 L/D 比的测定	2015/10/1
6	GB/T 31363—2015	无损检测　热中子照相检测　总则和基本规则	2015/10/1
7	GB/T 32074—2015	无损检测　氨泄漏检测方法	2016/6/1
8	HG/T 4635—2014	轮胎激光散斑无损检测机	2014/10/1
9	JB/T 11260—2011	无损检测仪器　声脉冲检测仪	2012/4/1
10	JB/T 11277—2012	无损检测仪器　单通道声阻抗检测仪	2012/11/1
11	JB/T 12454—2015	无损检测仪器　声扫频检测仪	2016/3/1

附录3 常用符号表

第一章 目视检测

符号	含义	单位	符号	含义	单位
Φ	光通量	流明(lm)	$V(\lambda)$	视觉函数	
I	发光强度	坎德拉(cd)	n_1、n_2	折射率	
Ω	立体角	球面度(sr)	θ	入射角	°
E	照度	勒克斯(lx)	θ_M	入射角极限值	°
L	亮度	cd/m²			

第二章 红外检测

符号	含义	单位	符号	含义	单位
ΔE	温度不同物体之间传递的能量	J	E_θ	定向辐射力	$W/(m^2 \cdot sr)$
T	热力学温度	K	E_b	黑体辐射力	$W/(m^2 \cdot sr)$
Q_t	总的红外辐射能	J	$E_{b\theta}$	黑体定向辐射力	$W/(m^2 \cdot sr)$
Q_γ	反射能	J	ε	发射率	
Q_α	吸收能	J	ε_θ	定向发射率	
Q_τ	透射能	J	$E(\lambda,T)$	单位面积黑体在半球面方向的光谱辐射力	W/m^3
γ	辐射能反射率		C_1	第一辐射常数	$W \cdot m^2$
α	辐射能吸收率		C_2	第二辐射常数	$m \cdot K$
τ	辐射能透射率		$E_{b\lambda}$	黑体光谱辐射力	W/m^3
λ	波长	μm	E_n	表面法线方向的定向辐射力	$W/(m^2 \cdot sr)$
$L(\theta,\varphi)$	定向辐射强度	$W/(m^2 \cdot sr)$			
$L(\theta)$	辐射强度	$W/(m^2 \cdot sr)$	σ	黑体辐射常数	$W/(m^2 \cdot K^4)$
L_λ	光谱辐射强度	$W/(m^3 \cdot sr)$	R	电阻	Ω
E	辐射力	W/m^2	E_{AB}	温差电动势	V
E_λ	光谱辐射力	W/m^3	α_s	温差电动势率(塞贝克系数)	V/℃

第三章　超声检测

符号	含义	单位	符号	含义	单位
A	振幅	m	P_0	入射波声压	Pa
f	频率	Hz	P_r	反射波声压	Pa
c	声速	m/s	P_t	透射波声压	Pa
λ	波长	m	I_0	入射波声强	W/cm^2
T	周期	s	I_r	反射波声强	W/cm^2
ω	角频率	rad/s	I_t	透射波声强	W/cm^2
p	声压	Pa	αL	纵波入射角	°
ρ	密度	kg/m^3	β_L	纵波折射角	°
I	声强	W/cm^2	γ_L	纵波反射角	°
Z	声阻抗	g/(cm^2·s)	β_T	横波折射角	°
c_L	纵波声速	m/s	γ_T	横波反射角	°
c_T	横波声速	m/s	α_I	第一临界角	°
c_R	表面波声速	m/s	α_{II}	第二临界角	°
c_P	相速度	m/s	α_{III}	第三临界角	°
E	弹性模量	Pa	α	衰减系数	dB/mm
G	切变模量	Pa	α_a	吸收衰减系数	dB/mm
υ	泊松比		α_s	散射衰减系数	dB/mm
K	体积弹性模量	Pa	F	各向异性系数	
β	绝热压缩系数	Pa	η	黏滞系数	Pa·s
Y	比热容		N	近场区长度	m
r	声压反射率		e_{max}	最大正偏差	%
t	声压透射率		$-e_{max}$	最大负偏差	%
R	声强反射率		Δe	垂直线性偏差	%
T	声强透射率		ΔL	水平线性偏差	%

第四章　磁粉检测

符号	含义	单位	符号	含义	单位
H	磁场强度	A/m	H_c	矫顽力	A/m
B	磁感应强度	T	B_r	剩磁	T
μ	磁导率	H/m	I	电流强度	A
μ_0	真空中的磁导率	H/m	J	磁极化强度	T
Φ	磁通量	Wb	R_m	磁阻	H^{-1}

第五章　涡流检测

符号	含义	单位	符号	含义	单位
q	电荷量	C	δ	透入深度	mm
Ψ	相位角	rad	R_e	折合电阻	Ω
R	电阻	Ω	X_e	折合电抗	Ω
X	电抗	Ω	Z_e	折合阻抗	Ω
E_i	感应电动势	V	X_M	互感抗	Ω
E_L	自感电动势	V	R_s	视在电阻	Ω
L	自感系数	H	X_s	视在电抗	Ω
M	互感系数	H	Z_s	视在阻抗	Ω
K	耦合系数		μ_{eff}	有效磁导率	H/m
μ	磁导率	H/m	f_g	特征频率	Hz
σ	电导率	S/m	η	填充系数	

第六章　渗透检测

符号	含义	单位	符号	含义	单位
α	表面张力系数	N/m	P	液体的附加压强	Pa
F_s	固体与气体的表面张力	N	$H.L.B$	亲憎平衡值	
F_{SL}	固体与液体的表面张力	N	K	消光系数	
F_L	液体与气体的表面张力	N	I_0	入射光强	cd
θ	接触角	°	I	透射光强	cd
P	附加压强	Pa	C	渗透液浓度	mol/L
g	重力加速度	m/s²	L	光透过液层的厚度	mm
ρ	密度	kg/m³	SP	静态渗透参量	N/m
h	液面上升高度	m	KP	动态渗透参量	N·s/m
P_0	大气压强	Pa	η	液体的黏度	Pa·S
P_g	缺陷内气体压强	Pa